KB154156

일본
온천
여행

일본
온천
여행

2016년 4월 30일 초판 1쇄 펴냄
2023년 1월 25일 개정2판 2쇄 펴냄

지은이 인페인터글로벌
발행인 김산환
책임편집 서수빈
디자인 렐리시, 르마
펴낸곳 꿈의지도
인쇄 다라니
종이 월드페이퍼

주소 경기도 파주시 경의로 1100, 604호
전화 070-7535-9416
팩스 031-947-1530
출판등록 2009년 10월 12일 제82호

979-11-6762-036-1(13980)

일본 온천 여행

인페인터글로벌 지음

꿈의지도

저자의 말

박성희

일본 관광 홍보 관련 기획 및 마케팅을 하면서 일본 여러 지역을 다녔다. 일본 총영사관, 나가사키현청에서 근무했고, 2002년 서울시청에서 월드컵 기획을 담당했다. 지금은 지역 홍보, 문화 기획, 예술 교류 등을 하고 있다. 일본과 한국을 오가며 온천은 개인적인 취미가 되었다. 그 어떤 여행지보다 편안한 안식을 준 겨울의 눈 덮인 온천, 지쳐 있던 나를 위로해준 숲 속 온천, 이렇게 온천은 매년 찾는 특별한 장소가 되었다.
리스트에 담아둔 곳들을 포함해 아마 앞으로도 계속 온천을 찾게 될 것 같다. 잠시 일상을 벗어나 온천에 몸을 담그고 정갈한 계절 음식을 맛볼 수 있는 온천 여행, 우선 떠나보시길. 오랜 시간 준비한 이 책이 조금이나마 도움이 되기를 바란다.

이윤정

언젠가부터 찬바람이 불거나, 몸이 조금 힘들거나 하면 바로 떠오르는 생각이 "온천 가고 싶다"가 되었다. 아무 것도 안 해도 된다는 휴식의 장소라는 이미지가 바닥에 깔려 있어서 그런지, 아니면 일본 온천 료칸이 가진 비싼 숙소라는 이미지 때문인지, 온천은 여유로움의 상징처럼 느껴진다.
각 방에 온천이 딸려 있는 프라이빗 온천에서 하루 종일 들락날락하는 것도, 길가에 가만히 서서 찾아오는 이를 반기는 공영 온천을 산책 삼아 여럿 들르는 것도 좋다. 온천이라고 비싼 것만도 아니고, 모두가 친절하게 반겨주는 것도 아니지만 따뜻한, 혹은 뜨거운 물에 몸을 담그고 물소리를 듣는 그 시간이 주는 치유 효과는 생각보다 중독성이 강하다.
저마다가 가진 온천에 대한 로망이 이 책으로 인해 더 다양해지고 구체적이 되었으면 한다.

이정선

온천은 세계 곳곳에서 유구의 역사를 이어온 인류의 공통된 문화양식이다. 그중에서도 일본은 가장 섬세한 목욕 문화를 발전시켜온 곳 중 하나다. 화산지대에서 솟아난 자연의 선물을 나름의 법칙을 세워 세분하고, 보다 많은 사람이 즐길 수 있도록 금기 사항을 공유했으며, 일본 전통문화가 집결된 '료칸'이라는 숙박 형태를 탄생시켰다. 지난 1년간 일본 전역의 온천을 돌며 이러한 차이에 집중했다. 아침저녁으로 보통 하루 두 번, 많을 때는 하루에 너덧 군데의 온천을 돌며 사계절 다른 온천의 풍경과 만났다. 울울창창한 너도밤나무 원시림과 파도가 철썩 밀려오는 바닷가, 안개가 내려앉은 강가의 노천탕에서 아침을 맞았다. 노천탕이 딸린 최고급 객실의 료칸이 남부럽지 않은 휴가를 선사한다면, 동네 주민들이 향유하는 소박한 공동 온천탕에서는 생활의 진한 향기를 맡을 수 있다. 일본의 온천은 그 사이 어디에서 하루의 피로와 먼지를 씻어주고 고단한 일상에 마침표를 찍어준다. 그래서 세상살이가 퍽퍽할 때면 여지없이 일본 온천으로의 여행을 꿈꾼다. 다시 일상으로 돌아올 힘을 얻기 위해서.

김태용

'내 안의 아날로그 감성을 만나다'를 주제로 세계 곳곳을 여행하며 사진을 촬영하고 있는 여행사진가이다. 여행에서 만나는 사람들과 교감을 하고 그들의 삶을 사진 속에 담아내려는 작업을 하고 있다. 일본의 온천은 여행의 피로를 풀어주는 나만의 가장 좋은 힐링 테마이기도 하다.

Contents

Contents

Contents

일본 온천 알아보기

주부

17 히라유 온천 P222
18 히다타카야마 온천 P 216
19 게로 온천 P208
20 우나즈키 온천 P 229

간사이

21 기노사키 온천 P 250
22 아리마 온천 P 244
23 류진 온천 P 270
24 난키시라하마 온천 P 258
25 난키카쓰우라 온천 P 262
26 가와유 온천P 266
27 유노미네 온천 P 266

주고쿠

28 미사사 온천 P 290
29 가이케 온천 P 294
30 다마쓰쿠리 온천 P 300

규슈

33 유후인 온천 P 337
34 벳푸핫토 온천 P 330
35 이부스키 온천 P 355
36 운젠 온천 P 371
37 후루유 온천 P 364
38 우레시노 온천 P 360
39 구로카와 온천 P 346

주부
이시카와현
후쿠이현
기후
돗토리현
효고현
교토부
시가현
주고쿠
시마네현
오카야마현
히로시마현
오사카부
나라현
미에현
야마구치현
가가와현
와카야마현
도쿠시마현
후쿠오카현
에히메현
고치현
사가현
오이타현
간사이
나가사키현
시코쿠
구마모토현
규슈
미야자키현
가고시마현

시코쿠

31 곤피라 온천향 P 315

32 도고 온천 P 306

홋카이도
1 조잔케이 온천 P 080
2 노보리베쓰 온천 P 074
홋카이도
홋카이도
에치고유자와 온천 P 188
유다나카 온천 P 178
벳쇼 온천 P 182
시라호네 온천 P 174
도호쿠
3 다마가와 온천 P 104
4 뉴토 온천향 P 098
5 나루코 온천 P 113
6 다케 온천 P 120
7 긴잔 온천 P 134
8 자오 온천 P 129
아오모리현
이와테현
아키타현
도호쿠
신에쓰
야마가타현
미야기현
니가타현
후쿠시마현
도치기현
간토
9 구사쓰 온천 p 164
10 하코네 온천 P 152
11 아타미 온천 P 194
12 이토 온천 P 194
나가노현
군마현
간토
사이타마현
이바라키현
야마나시현
도쿄도
지바현
가나가와현
시즈오카현

01

온천이란?

국토가 화산지대에 속한 일본은 예로부터 곳곳에 화산성 온천이 뿜어져 나왔고 이를 치료와 휴양의 목적으로 활용하였다. 이러한 지리적 이점과 더불어 일본이 세계적인 온천왕국이 된 배경에는 다양한 문화적 · 역사적 이유가 존재한다.

귀족문화에서 대중 속으로

일본의 온천 문화에서 역사적 · 문화적 근거로 강조되는 개념이 '탕치', 일본어로는 도지湯治다. 탕치는 온천지역에서 장기간 체류하며 요양하는 것으로, 예로부터 부와 권력이 있는 고위층을 중심으로 이루어졌다. 또한 중세 일본의 불교 사원에서는 수행의 하나로 목욕을 권장했다. 정해진 일곱 가지 도구를 갖추고 입욕을 하면 일곱 가지의 병을 물리치고 칠복을 얻는다는 '세요쿠施浴'가 그것이다. 유서 깊은 탕이나 온천지 중에 승려 또는 왕족, 막부의 장군(쇼군)과 관련된 곳이 많은 것은 이러한 연유에서다. 귀족과 사원의 전유물이던 온천은 에도 시대 들어 서민층을 포괄한 문화 트렌드로 떠오른다. 도로가 정비되면서 근거리의 온천으로 떠나는 탕치 여행이 유행하게 된 것이다. 문인과 시인의 각종 온천 기행서가 유행하기 시작한 것도 이즈음이다. 민간요법으로 구전되던 온천은 메이지유신을 거치며 과학적인 검증을 통한 근대화의 길을 걷는다. 오이타현의 벳푸 온천, 돗토리현의 미사사 온천 등 치료 온천으로 유명한 곳에는 온천요법과 최신 의료기술을 접목한 병원과 연구소가 들어섰다.

달라진 온천 여행 풍경

1900년대 초반 일본 철도청에서 발간한 온천 여행 가이드북을 비롯해 각종 미디어의 보급은 온천이 탕치의 공간만이 아닌, 여행의 장소로서 각광받는 계기가 된다. 온천에 대한 인식이 치료에서 관광으로 변모하면서 온천의 풍경에도 변화가 일어난다. 상점가가 조성되고 음식점과 쇼핑이나 각종 오락거리를 즐길 수 있는 다양한 시설이 속속 문을 열었다. 그에 맞춰 숙박 시설의 규모도 커졌고 콘크리트의 고층 호텔이나 리조트 호텔이 지어졌다. 특히 이러한 대형 호텔에선 식사, 쇼핑, 오락 등 모든 것을 해결할 수 있었다. 수학여행, 직장 야유회, 동창 모임 등 단체 여행이 주를 이루던 시절이다. 1990년대 이후 일본 경제의 장기침체와 여행 스타일의 변화로 온천 여행 풍경은 다시 한 번 달라진다. 개별 여행자가 늘어났고 숙소보다는 온천가에서 즐길 거리를 기대하는 이들이 많아졌다. 이에 따라 2001년 벳푸핫토 온천에서 시작된 온천 박람회를 비롯해 매력적인 온천 마을로 거듭나려는 갖가지 노력과 옛 탕치장으로서의 온천으로 돌아가자는 운동 등 온천 마을 스스로 달라진 상황에 적극적으로 대처해나가고 있다.

일본 온천의 정의

일본에선 아예 법으로 온천의 정의를 정해두고 있다. 1948년 제정된 일본 온천법에 따르면, 땅에서 나오는 온수, 광천수, 수증기 중에서 원천의 온도가 섭씨 25도가 넘거나 또는 탄화수소, 라돈, 철분이온, 메타규산, 유황, 리튬이온 등 19가지 성분 중 하나 이상을 일정 수량 이상 함유하고 있는 경우를 의미한다. 즉, 온도가 25도 미만일지라도 온천 성분을 함유하고 있으면 '냉광천'이라는 온천의 한 종류로 분류하고 있다. 수질이나 위생 관리 등을 철저하게 하고는 있지만, 온천의 기준이 비교적 느슨하다는 것을 알 수 있다. 반면, 좀 더 엄격한 기준에 부합해야 하는 '요양천'은 따로 정해두고 있다. 치료 기능이 강조된 것으로 지하수 중에서도 특정 성분이 기존의 함유량보다 많거나 구리이온, 알루미늄이온 등 특수한 성분이 함유된 경우다.

온천의 종류

온천은 크게 두 가지 종류로 나눌 수 있다. 첫 번째는 단순온천單純温泉이다. 25도 이상의 온수지만 온천 성분에 있어서는 함량이 미달한 경우다. 그렇다고 온천 효능이 적을 것이라고 판단하는 것은 오인이다. 단순천에도 수많은 종류가 있어 특기하고 싶은 성분을 추가로 적기도 한다. 두 번째는 특정 성분을 다량 함유한 온천이다. 한 가지 성분이 뚜렷할 경우 그것으로 온천질을 분류하며, 두 가지 이상이라면 (양이온)-(음이온)의 순서대로 적어 표기한다. 즉 나트륨(Na+)-염화물천(Cl-)이 되는 것이다. 또한 '-' 양쪽에 '·'으로 구분하여 다른 성분이나 산성·알칼리성과 같은 부가적인 성질을 적어 넣는다. 이때 함유량이 높은 순으로 적는다. 참고로 강산성은 pH2 미만, 산성은 pH2~4, 약산성은 pH4~6, 중성은 pH6~7.5, 약알칼리성은 pH7.5~8.5, 알칼리성은 pH8.5~10, 강알칼리성은 pH10 이상이다. 특정 성분이 아주 특출할 경우에는 '함-'이라는 단어를 맨 앞에 붙인다.

대표적인 온천질에 따른 일반적 효능과 특징

단순천 대부분 무색무취이고 몸에 부담이 적어 고령자들에게도 추천하는 온천으로, 일본에서는 신경통 및 중풍에 효과가 있다고 알려져 있다.

염화물천 맛이 짭짤하며 염분이 체온 손실을 막아 몸이 쉽게 더워진다. 장기 입욕 금물, 중간중간 꼭 휴식을 취하자.

유황천 계란이 썩는 듯한 독특한 냄새가 나며 자극이 강한 편으로 건조한 피부에는 삼가는 것이 좋다. 은제품을 검게 만든다. 고혈압 등에 좋다.

탄산수소염천 피부를 매끄럽게 하고 온천 후에 산뜻하다. 예전에는 중조천으로 불렸으며 미인탕으로 유명한 온천.

함철천 철 성분으로 인해 용출할 때는 무색투명하지만 산소와 접촉한 후에 불그스름하게 변한다. 빈혈과 치질에 특히 좋은 것으로 알려져 있다.

황산염천 동맥경화 예방에 도움이 된다고 알려져 있다.

이산화탄소천 입욕 후 기포가 몸에 달라붙는 느낌이 든다. 주로 저온인 경우가 많다.

산성천 각종 산을 많이 포함하고 있는 온천으로 살균력이 높아 상처 치료에 좋다. 피부가 약한 사람은 입욕 후 미온수로 몸을 헹구는 것이 좋다.

함알루미늄천 살균소독작용을 해 무좀 등의 피부질환에 효과가 있다.

방사능천 라듐천이라고도 불리며 미량의 방사능이 포함된 온천. 지표로 나온 이후의 방사능 성분은 주로 공기 중으로 흩어진다. 진정 효과가 크고 고혈압, 부인병질환 등에 좋다.

0

일본 온천 100% 즐기기

온천이라고 다 같은 온천이 아니다.
땅에서 솟은 천연온천 그대로를 즐기고 싶다면
이 단어를 기억하자. '가케나가시かけ流し'!

천연온천 구분하기

'가케나가시'는 자연 용출하거나 굴착 후 용출한 원천을 직접 또는 파이프 관을 통해 탕 안으로 끌어들여 사용하고, 탕에서 넘쳐흐르는 온천수는 그대로 흘려 내보내는 방식이다. 따라서 가케나가시 온천이라면 기본적으로 탕에서 온천수가 넘쳐흐르고 있어야 한다. 또한 냄새와 질감으로도 구분이 가능하다. 가케나가시에 대응하는 방식은 순환식이 있는데, 이는 사용한 온천수를 순환기계에서 소독한 후 다시 쓰는 방식으로 특유의 소독약 냄새가 난다. 반면, 가케나가시 온천에선 원천 고유의 냄새가 진하게 느껴진다. 또한 온천 침전물인 유노하나湯の花가 떠 있기도 하다. 일본 온천법에 따라 수돗물을 섞거나加水 열을 가하거나加温 순환 및 여과 장치循環·ろ過装置의 사용, 입욕제入浴剤나 소독제消毒剤 사용 유무를 온천 성분표와 함께 의무적으로 공지하도록 되어 있어 확인이 어렵지 않다. 다만, 가케나가시 방식이 무조건 신선한 온천이라고는 할 수 없다. 수량이 적은 경우 탕의 오염 등을 충분히 배출하지 못할 수 있기 때문이다. 또한 원천의 과도한 사용으로 고갈을 초래할 수 있다는 점 때문에 가케나가시 방식에 대해 회의적인 입장도 있다.

온천의 온도

25도만 넘어도 온천으로 분류하긴 하지만, 대체로 사람들이 좋아하는 온도는 38도에서 42도 사이이다. 즉, 원천의 온도가 낮으면 열을 가하거나 뜨거운 물을 섞고, 반대로 온도가 너무 높으면 찬물을 섞어야 한다. 아무리 가케나가시 방식으로 원천 그대로를 사용한다 해도 온도가 너무 높거나 낮으면 불가피하게 원천이 희석될 수 있다는 것이다. 그래서 군마현의 구사쓰 온천과 같이 원천의 효능을 강조한 곳에서는 전통 방식대로 원천을 식혀서 사용하는 번거로운 과정을 지금껏 유지하기도 한다. 개인적으로 가장 좋아하는 온도는 42.5도. 40도 이상의 온천은 1도만 달라져도 차이가 극명하다. 여러 온천을 돌아본 결과 42도는 약간 아쉬웠고, 43도는 3초도 탕에 들어가 있지 못할 정도였다. 원천의 온도가 자신이 좋아하는 범위에서 많이 벗어나 있지 있다면 찬물을 섞거나 여타의 과정이 최소화된 진정한 가케나가시 온천을 경험할 수 있다.

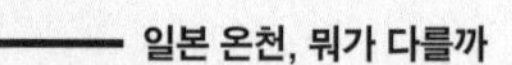

일본 온천, 뭐가 다를까

우리나라에서 온천이 '씻는다'는 개념이 강한 반면, 일본에서는 '담근다'는 의미가 강하다. 이러한 생각의 차이는 탕에 들어가기 전과 후 명확히 다른 모습으로 드러난다. 탕에 들어가기 전과 나온 후에 세신 작업이 긴 우리나라와 달리, 일본에서는 입욕 전 가볍게 비누칠로 몸을 깨끗하게 닦아내는 것이 전부. 대신 탕에서 10분 내외로 온천을 한 후 잠시 쉬었다가 다시 들어가는 등 온천 자체에 시간을 오래 할애한다. 규모가 큰 온천탕의 경우 수질이나 구조가 다른 여러 종류의 탕을 갖추고 있어 좀 더 다양하게 온천을 즐길 수 있다.

일본 온천 이용 순서

❶ 남녀 탈의실로 구분해 들어간 후 비치되어 있는 바구니에 옷을 벗어 놓는다.
❷ 귀중품은 열쇠가 있는 사물함에 따로 보관한다.
❸ 개인 목욕용품과 작은 수건 하나를 들고 욕실로 들어간다.
❹ 샤워 코너에서 비누칠을 해 몸을 깨끗이 닦는다.
❺ 머리는 단정히 묶거나 헤어 캡을 써서 정리한다.
❻ 탕에 들어가기 전 온천수 한 바가지를 몸에 끼얹어 온도에 적응한다.
❼ 탕에 입욕한 후 휴식을 취하고 다시 입욕하는 과정을 서너 번 반복한다.
❽ 따로 샤워할 필요는 없지만, 강한 온천이라면 민감한 부분만 씻어낸다.
❾ 가지고 들어간 작은 수건으로 물기를 가볍게 닦아낸 후 밖으로 나온다.
❿ 시원한 물로 수분을 보충한다.
⓫ 머리를 말리고 옷을 입는다.

온천에서 피해야 할 행동

❶ 개인 수건을 탕에 넣지 않는다.
❷ 탕에서 음료수나 음식을 먹지 않는다.
❸ 휴대폰이나 카메라를 들고 탕에 들어가지 않는다.
❹ 음주 후 바로 온천을 하지 않는다.
❺ 탕 안에서 소란스럽게 떠들거나 뛰어다니지 않는다.

온천을 피해야 할 경우

열이 있는 급성 질환, 활동성 결핵, 악성종양, 심장병, 호흡부전, 신부전, 출혈성 질환, 고도 빈혈 등의 병을 앓고 있다면 온천은 가급적 피하는 것이 좋다. 또한 초기와 말기의 임산부에게도 무리가 갈 수 있으니 의사와 충분히 상담한 후 온천을 이용하도록 하자. 그 밖에 온천에 따라 조심해야 할 질환을 각 온천 홈페이지에 공지하고 있다.

파우더룸

바구니, 사물함

온천 마니아라면 놓칠 수 없는 온천 순례

여러 탕을 돌며 온천을 즐기는 온천 순례, 즉 '유메구리湯めぐり'는 온천 마니아에겐 빼놓을 수 없는 즐거움이다. 온천 마을 내에는 다양한 온천 시설이 있는데, 대표적인 것이 '소토유外湯'다. 소토유는 숙박 시설을 갖추지 않은 공공 온천탕을 뜻한다. 원천 개발 기술이 부족했던 시절, 한정된 수량의 원천을 모두가 공유하던 것에서 비롯됐다. 원천이 용출하는 장소에 목욕 시설을 짓고 그 주변에 숙박 시설이 들어섰다. 원천이라는 뜻에서 '모토유元湯'라고 부르는 곳도 있다. 비슷한 개념으로 공동 목욕탕(교도요쿠조共同浴場)이 있다. 지역 주민이 관리하며 일상적으로 이용하는 소박한 시설로, 입욕료가 무료이거나 매우 저렴하다. 이에 반해 오락과 휴게시설까지 겸비한 현대적인 온천테마시설이 있는 곳도 있다. 우리나라의 워터파크처럼 각종 놀이기구부터 먹거리를 즐길 수 있도록 편의 시설을 갖춘 만큼 입장료가 다소 비싸다. 료칸이나 온천 호텔에서 숙박하지 않더라도 그곳의 온천을 즐길 수 있는 방법도 있다. 당일치기 입욕, 즉 '히가에리뉴요쿠日帰り入浴'라는 팻말이 입구나 프런트에 붙어 있는 곳에서 이용 가능하다. 각 시설에서 지정한 시간에 1회 입욕 요금에 해당하는 500~1,000엔 정도를 지불하면 된다. 몇몇 온천향에서는 약간 저렴하게 여러 곳의 탕을 체험할 수 있도록 쿠폰 형식의 증표를 판매하기도 한다. 한 곳을 들를 때마다 보통 스탬프를 찍어주기 때문에 나중에 기념품으로도 좋다. 유메구리를 할 때 꼭 챙겨야 할 1호 품목은 수건, 즉 타오루タオル(영어 'towel'의 일본식 발음)다. 샴푸, 바디워시 등 각종 목욕용품은 갖추고 있는 경우가 많지만 수건만은 따로 비치해두고 있지 않다. 미처 준비하지 못했다면 프런트나 자판기에서 100~200엔 정도에 구입할 수 있다.

유메구리 데가타

데유

아시유

일본 온천에서의 특별한 경험, 혼욕

일본의 혼욕 문화는 대중 목욕 시설이 생기기 전, 자연 상태에서 형성된 온천수를 마을에서 공동으로 이용하던 것에서 비롯되었다. 남녀노소 한데 어울려 온천을 즐기던 풍경은 근대화를 거치면서 점점 사라졌고, 여러 가지 문제로 인해 법적으로도 금지되었다. 다만, 전통이나 관습이 뿌리 깊은 산골 오지의 몇몇 지역은 예외적으로 유지되고 있다. 즉, 혼욕은 온천이 발달한 일본 내에서도 흔히 할 수 없는, 아주 특별한 경험이라는 의미다. 또한 오랜 역사를 이어온 만큼 현대의 온천과는 전혀 다른 특색과 분위기를 뽐낸다. 혼욕탕은 보통 탈의실은 남녀로 나뉘어 있으며 온천으로 향하는 입구가 하나의 혼탕으로 이어져 있는 구조다. 투명한 온천수도 있지만, 아예 탁해서 바닥조차 보이지 않는 경우도 있으니 입문자에겐 훨씬 부담이 덜하다. 또한, 최근에는 여성에게 몸을 가릴 수 있는 큰 타월이나 입욕 시 입는 원피스 타입의 옷인 '유기湯着'를 대여해주는 곳도 늘었다. 만약 부부 또는 가족끼리 혼욕 온천을 하게 될 기회가 생긴다면, 분명 특별한 추억이 될 테니 용기를 내어 꼭 한 번 경험해보길 권한다.

일본 온천 용어 사전

일본 온천에서 흔히 쓰이는 몇몇 단어와 실제 활용법에 대해 알아보자.
일본어를 잘 못하더라도 온천 마니아처럼 즐길 수 있다.

온센 温泉

온천을 뜻하는 일본어. 일본 고유의 목욕 문화를 함의하는 고유명사로 취급해 영어로도 'Hot Spring' 대신 'Onsen'으로 표기하는 경우가 많다.

후로 風呂

목욕탕 또는 목욕을 의미한다. 참고로 '목욕하다'는 일본어로 'お風呂に入る(오후로니 하이루)'로, 직역하자면 '탕으로 들어가다'가 된다. 때를 밀고 더러운 곳을 씻는 행위가 중요한 우리의 목욕과 달리, 탕에 몸을 담그고 피로를 푸는 일본의 목욕 문화가 말에서도 고스란히 드러나는 셈이다. 앞에 말이 붙으면 '~부로'로 발음되기도 한다.

다이요쿠조 大浴湯

대중목욕탕을 뜻한다. 료칸 내에서 가장 중요한 시설로 로비나 복도에 찾아가는 길을 표시해두고 있다. 일반적으로 고층의 호텔식 료칸이라면 꼭대기 층에, 일본 전통 료칸이라면 가장 안쪽 깊숙한 곳에 자리한다.

우치부로 内風呂

온천의 가장 기본이 되는 실내탕을 가리킨다. 실내탕만 있는 곳은 우리나라의 목욕탕과 시설이나 규모가 크게 다르지 않다. 단, 물은 많이 다를 수 있다.

덴보부로 展望風呂

유리창을 통해 밖의 전경을 볼 수 있는 전망탕을 의미한다. 노천탕처럼 외부 공기를 맡을 수는 없지만 건물의 상층에 위치해 시원스레 펼쳐지는 주변의 경관을 바라보며 온천을 즐길 수 있다.

로텐부로 露天風呂

노천탕을 의미하는 말로, 없으면 어쩐지 섭섭하다. 청정한 계곡 아래, 광활한 바다 옆에, 그리고 깊고 깊은 산중에 자리한 노천탕에서의 온천은 태초의 자연으로 돌아간 듯한 기분마저 만끽할 수 있다.

가시키리부로 貸切風呂

흔히 가족탕 또는 전세탕으로 불리는 가시키리부로는 30분 내지 1시간 단위로 예약해 이용할 수 있다. 가족 또는 연인끼리 호젓하게 온천을 즐기고 싶을 때 이용하기 좋다. 료칸에 따라 무료인 곳도 있고 별도의 요금을 내는 경우도 있다.

무시부로 蒸し風呂

한증막 또는 습식 사우나 시설. 온천에서 뿜어져 나오는 수증기를 쐬며 땀을 내는 방식이다. 머리

만 내밀고 몸은 상자 안에 들어가는 1인용 사우나 '하코무시부로箱蒸し風呂'도 있다.

우타세유 打たせ湯

폭포처럼 위쪽에서 거세게 떨어지는 물줄기를 맞을 수 있는 시설. 뻐근한 어깨와 목덜미를 시원하게 풀어주는 효과가 있어서 은근히 인기가 좋다.

네유 寝湯

누워서 입욕을 할 수 있도록 깊이가 얕고 머리 쪽에 목침이 있는 탕. 편안한 자세로 오랫동안 온천을 즐길 수 있다.

간반요쿠 岩盤浴

암반욕을 뜻하며, 옷을 입고 뜨겁게 데운 돌 위에 누워 땀을 낸다. 인공이 아닌, 지열을 이용한 천연 간반요쿠도 있다.

가케유 掛け湯

탕에 몸을 담그기 전과 나온 후, 몸에 물을 뿌릴 수 있도록 바가지가 놓인 작은 탕. 혹은 그 행위. 뜨거운 온천수에 몸을 적응시키는 역할을 한다. 또한 사우나에서 땀을 흘린 후에 바로 탕에 들어가기보다 가케유에서 한 번 몸을 씻어낸 후 들어가는 것이 온천 매너.

스나유 砂湯

열원에 의해 뜨거워진 바닷모래를 이용한 찜질 온천. 스나유용 유카타를 입고 그 위에 모래를 덮는다. 보통 50도 정도의 모래로 찜질하기 때문에 단시간에 땀이 샘솟는다.

아시유 足湯

대부분의 온천에서는 발바닥에서 무릎 아래까지 담글 수 있는 족탕, 즉 아시유를 거리 곳곳에 마련해둔다. 온천가를 거닐다 틈틈이 피로를 풀기 좋다. 대부분 무료. 아시유가 여러 곳 있는 온천가를 거닐며 아시유 메구리足湯めぐり를 즐겨보자.

데유 手湯

서서 온천수에 손을 담글 수 있는 작은 탕. 아시유보다 더욱 간편하게 온천을 즐기는 방법이다.

03

료칸에서의 하룻밤

다다미방에서 유카타를 입고 향토음식을 맛보며 온천을 즐길 수 있는 료칸.
일본의 전통 문화와 생활을 몸소 체험할 수 있는 료칸에서의 하룻밤은 특별하다.

정성과 대접의 대명사, 료칸

'료칸旅館'을 한자 그대로 읽으면 여관이지만 우리나라의 허름한 여관과는 사뭇 다르다. 일본 료칸에서는 최고급 시설에서 극진한 접대를 받을 수 있다. 특히, 대를 이어 내려온 전통 료칸에서는 모든 대접에 있어 소홀함이 없다. 료칸 서비스의 핵심은 결국 사람이다. 선대의 뜻을 이어받아 료칸을 지켜나가고 있는 여주인 오카미女将는 료칸의 상징과도 같은 존재다. 보이지 않는 구석구석 오카미의 손길이 닿지 않은 곳이 없으며, 식단에서부터 객실에 놓인 작은 화병까지 그의 취향과 자부심이 반영되었다고 봐도 무방하다. 또한 각 객실에는 전용 직원인 나카이仲居를 두고 있다. 나카이는 묵는 내내 불편함이 없는지 수시로 체크하고, 식사 준비와 잠자리 정리 등을 도맡아 챙긴다. 가장 많이 부딪히는 사이이다 보니 나카이의 자질은 곧 그 료칸의 인상을 결정하는 중요한 요인이 되기도 한다. 료칸을 떠나는 날, 전 직원이 나와 손님이 보이지 않을 때까지 인사하고 손을 흔드는 모습은 감동적인 서비스의 화룡정점이다. 과거 전통의 모습만을 강조하던 료칸은 현대의 흐름에 발맞춰 다양하게 진화하고 있다. 가이세키 요리가 훌륭한 료칸, 온천탕이 특색 있는 료칸, 온천의 질이 뛰어난 료칸, 아름다운 일본식 정원을 갖춘 료칸 등 각자 고유의 개성을 강조하며 고객의 입맛을 사로잡기 위해 노력 중이다.

다다미방 구석구석 살펴보기

객실의 기본은 다다미たたみ가 깔린 일본 전통의 와시쓰和室다. 다다미는 속에 볏짚을 5cm 정도 두께로 채우고 앞뒤 판을 골풀로 마무리한 돗자리로, 3지×6자(910mm×1820mm) 크기의 직사각형이 기본이다. 자연 소재로 만든 다다미는 관리가 까다로워 현재 일본에서도 료칸에서나 볼 수 있는 희귀품이 되었다. 밟을 때의 푹신한 느낌과 오래된 다다미에서 올라오는 퀴퀴한 풀 냄새는 일본 료칸에 왔다는 가장 확실한 감각적 반응이다. 또한 다다미의 장수로 방의 크기를 가늠할 수 있다. 방문을 열고 신발장을 들어서면 가장 먼저 화장실 및 욕실이 보이고 그곳을 지나면 좌식 테이블과 좌식 의자가 놓인 방이 나온다. 테이블 위의 차 세트와 다과는 휴식을 취할 때 함께 즐기면 좋다. 의자 뒤쪽으로는 단을 높여 장식품과 꽃병 등을 놓은 도코노마床の間가 마련되어 있고 벽에 붓글씨나 그림이 있는 족자가 걸려 있기도 하다. 도코노마 옆 벽장에는 갈아입을 수 있는 유카타浴衣가 네모반듯하게 개어져 있다. 또 다른 벽장은 요와 이불, 즉 후톤布団이 쌓여 있는 이불장으로, 저녁 식사 후 나카이상이 손수 깔아준다. 미닫이문 너머 가장 안쪽에는 작은 테이블과 의자가 놓인 간단한 휴게 공간이 마련되어 있다. 보통 그 한구석에 작은 냉장고가 있다.

료칸에서의 1박 2일

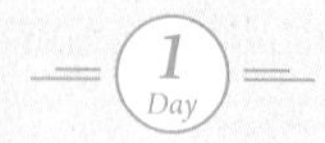

❶ 여느 호텔과 마찬가지로 료칸의 체크인 시간은 보통 오후 3시부터다.

❷ 입구에는 손님을 맞는 직원이 기다리고 있다가 손님의 짐을 받아 들고 로비 프런트 또는 응접실로 안내해준다.

❸ 응접실로 안내받는 경우에는 웰컴 티가 먼저 나오고 그곳에서 체크인 카드를 작성한 후 지배인으로부터 온천의 위치와 이용 시간, 식사 장소 및 시간 등 료칸 전반에 관한 안내를 받는다. 규모가 큰 시설의 경우에는 이 안내 시간이 꽤 길다.

❹ 설명이 끝나면 객실 열쇠를 건네받고, 담당 나카이상이 짐을 든 채 객실로 안내해준다.

❺ 객실로 들어가면 나카이상이 객실에 대해 설명해준다. 만약 처음에 프런트에서 체크인 카드만 작성한 경우라면, 나카이상이 료칸 전반에 대한 설명을 겸하기도 한다.

❻ 옷장에서 유카타浴衣를 꺼내 갈아입는다. 날씨가 쌀쌀하면 일본식 양말인 다비足袋와 겉옷인 하오리羽織도 챙긴다.

❼ 저녁 식사 전까지 료칸 내의 정원을 산책하거나 온천을 즐긴다. 참고로 온천은 저녁 식사 전과 아침 식사 전으로 다녀오는 것이 좋다. 입맛도 살아나고 소화도 더 잘된다.

❽ 료칸 내 온천에는 샴푸, 바디워시는 물론 각종 화장품까지 구비되어 있는 경우가 많지만 수건은 거의 없다. 온천 이용 시 다른 건 몰라도 객실에 있는 수건은 꼭 챙겨서 가자.

❾ 만약 전세탕(가시키리부로貸切風呂)이 있는 곳이라면 부부나 가족이 함께 이용하기 좋다. 프런트에서 체크인할 때 전세탕 이용 여부를 물어보는데, 이때 시간을 예약하면 된다. 단, 별도의 비용이 있을 수도 있으니 확인하자.

❿ 저녁 식사는 방으로 나카이상이 가져다주거나 연회장에서 먹는 경우로 나뉜다. 코스로 나오기 때문에 식사 시간은 대략 1시간 정도다.

⓫ 식사 후 시간에 맞춰 나카이상이 후톤布団을 준비해놓는다.

⓬ 잠시 차를 마시며 쉬다가 자기 전 한 번 더 온천에 몸을 담그면 노곤하니 잠이 더 잘 온다.

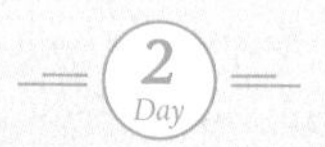

❶ 기상 후 아침 식사 전 온천을 즐긴다. 남탕과 여탕이 하루씩 번갈아 바뀌는 곳에서는 특히 아침 온천을 놓치지 말자.

❷ 온천 후 7시와 8시 사이에 아침 식사를 한다.

❸ 차 한잔하며 휴식 후 짐을 싼다.

❹ 짐을 들고 로비로 내려가 프런트에서 숙박비와 별도의 추가 요금(음료수, 술 등)을 계산하고 체크아웃한다. 료칸의 체크아웃 시간은 오전 10시 또는 11시 정도다.

❺ 송영 차량이 있다면 탑승하거나 도보로 역 또는 버스정류장으로 이동한다.

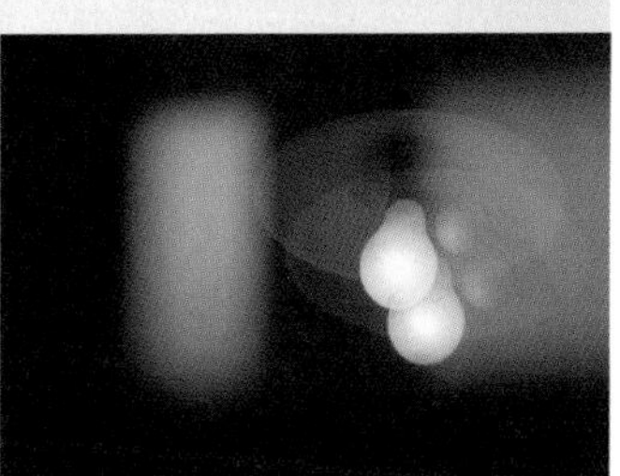

유카타 입고, 게다 신고

유카타浴衣는 유카타비라, 즉 목욕한 후에 몸을 닦는 수건이라는 말에서 유래했다. 원래 왕이나 귀족들이 목욕한 후에 입는 옷이었으나 지금은 주로 젊은 사람들이 불꽃축제나 국가기념일에 입는 옷으로 바뀌었다. 료칸에서 제공하는 유카타의 경우 축제에서 입는 것보다 훨씬 단조로운 형태다. 그래서 각 객실에 비치된 유카타 외에 색과 무늬가 좀 더 화려한 '이로유카타色浴衣'를 주로 여자 고객에게 무료로 서비스하는 경우가 있다. 유카타의 대大 · 중中 · 소小는 길이로 구분된다. 깃 안쪽에 쓰여 있는데 대체로 남자는 대 사이즈가, 여자는 중 사이즈가 준비되어 있을 것이다. 사이즈가 맞지 않는다면 프런트에 전화를 걸어 교환하면 된다. 유카타와 함께 유카타를 여미는 데 쓰이는 허리끈 오비帶, 추울 때 입는 상의 하오리羽織, 발가락이 두 개뿐인 일본식 양말 다비足袋(다비는 없는 경우도 많다)로 구성되어 있다. 또한 밖에 나갈 때는 로비의 신발장에 놓여 있는 일본 전통 나막신 게다下駄를 신으면 된다. 장마에는 우산을, 겨울에는 장화를 따로 마련해두기도 한다.

유카타 입는 법

유카타의 오른쪽 천을 몸에 대고 왼쪽을 밖으로 나오게 여민다. 여미고 나면 오른손으로 갈라진 틈(천)을 잡을 수 있게 된다. 여자는 가슴 아래 윗배 부근에, 남자는 배꼽 아래 골반 근처에 오비(허리끈)를 묶는다. 숙박 시설의 오비는 폭 4cm 정도의 여미기 위한 목적의 끈이라 특별히 묶는 방법이 다양하지는 않다. 단정하게 리본으로 묶는 법은 아래와 같다.

오비 리본 깔끔하게 묶는 법

* 좌우는 본인이 내려다본 방향

❶ 양쪽에 30cm 정도 남도록 끈을 두른다.

❷ 오른쪽 끝으로 왼쪽 끈의 밖에서 안쪽으로 한 번 묶는다. 이때 좌우 끈 방향이 바뀐다.

❸ 오른쪽 끝을 매듭 위치에서 10cm 정도 부분까지 접고 왼쪽으로 고를 만든다.

❹ 왼쪽 끈을 안에서 밖, 위에서 아래로 말아 매듭을 지은 다음 왼쪽으로 가는 고의 아래쪽으로 고를 만들어 뺀다.

❺ 매듭 중앙을 오각형 모양으로 잘 다듬는다.

료칸의 꽃, 가이세키 요리

가이세키 요리会席料理는 일본식 코스 요리로, 료칸에 따라 온 힘을 기울이는 부분이기도 하다. 지역의 제철 식재료와 향토 요리법을 접목해 형형색색의 그릇에 먹기 아까울 정도로 장식을 해 내놓는 가이세키 요리는 단지 음식이 아닌 하나의 예술품처럼 보이기도 한다. 입맛을 돋우는 식전주와 전채요리 사키즈케先付를 시작으로 국물요리 스이모노吸い物, 생선회 오쓰쿠리お造り, 구이 요리 야키모노焼物, 찜 요리 니모노煮物, 식사인 쇼쿠지食事, 디저트가 순차적으로 나온다. 메뉴를 적은 작은 종이가 각 손님 앞에 하나씩 놓여 있고, 나카이상이 음식을 내올 때마다 설명을 곁들인다. 이 지역만의 특별한 재료라든가, 계절에서 영감을 받은 데커레이션이라는 등의 이야기를 들으면 어쩐지 더 맛있게 느껴지기도 한다. 대부분의 일본 요리가 그렇듯, 모두 1인분씩 따로 개인 접시나 냄비, 석쇠 등에 나온다. 손님의 식사 속도에 맞춰 하나씩 음식을 내오며, 전체 식사 시간은 대략 1시간에서 1시간 30분 정도 소요된다.

온천 여행 만들기 04

일본 각지에 자리한 수많은 온천, 그 가운데 이번 여행에 꼭 맞는 곳을 고르기 위해 반드시 짚고 넘어가야 할 온천 여행 체크리스트.

누구와 갈까?

온천 여행만큼 취향 차가 확연한 경우도 드물다. 깊은 역사가 느껴지는 고풍스러운 료칸을 누군가는 낡고 불편하다 느낄 수 있다. 사람마다 좋아하는 온천의 종류나 온도도 다르고 선호하는 온천가의 분위기도 제각각이다. 따라서 누군가와 함께 간다면, 나와 상대방의 취향을 제대로 파악해 분란의 씨앗을 싹둑 잘라야 한다. 서로 충분히 대화하고 마음에 드는 곳을 공유한 후 결정하자. 몇 명인지도 중요하다. 사람이 많을수록 방의 크기와 편의 시설의 유무가 중요해진다. 연령층도 고려해야 한다. 아무리 시설이 멋있어도 엘리베이터가 없는 곳을 나이 지긋한 어르신이 여러 번 오르내리기란 쉽지 않다. 어린 자녀가 있다면 식사가 고민거리다. 어린아이가 먹지 못하는 회나 가시가 많은 생선 대신에 어린이용 식단을 예약 시 따로 준비해주는 곳도 있으니 알아보자. 온전한 휴식을 위해 혼자 온천 여행을 떠나는 사람도 부쩍 늘었다. 그런데 어떤 료칸은 2인 이상의 숙박객만 받기도 하고, 역으로 마중을 나오는 송영 차량도 2인 이상이 보통이다. 각 숙소 홈페이지를 통해 미리 확인해두자.

예산은?

온천 여행 경비에서 핵심은 온천 숙소 비용이다. 일본 각지로 저가항공이 여럿 생기고 일본 내 교통비도 외국인을 위한 패스나 송영 차량을 활용하는 등 절약할 수 있는 여지가 많다. 반면, 숙박에 더해 아침과 저녁 하루 두 끼의 식사, 온천 시설까지 겸비한 료칸 또는 온천 호텔에서의 하룻밤은 일반 호텔보다 비싼 편이다. 심지어 1인당 하루 숙박료가 90,000엔이 넘는 최고급 료칸도 있다. 이에 반해 식사를 빼고 잠만 자는 형식, 즉 스도마리素泊まり가 가능한 곳도 있어서 8,000~9,000엔의 저렴한 가격으로 묵을 수도 있다. 가장 무난한 수준은 1인당 1박에 15,000~20,000엔 선으로, 깨끗한 시설에서 잘 차려진 가이세키 요리를 즐길 수 있는 가격이다. 노천탕이 딸린 방을 원한다면 적어도 1인당 30,000엔은 예상해야 한다. 숙소 예약은 각 홈페이지 및 전화로 가능하며, 홈페이지의 예약 항목을 눌렀을 때 자란넷 같은 숙박 예약 사이트로 연결되기도 한다. 책에서는 스탠다드 플랜 2인 1실(조,석식 포함)을 기준으로 소개하니 참고하자.

* 엔화 환율(2022년 10월 기준) 100엔=약 980원

온천 관광안내소

역 관광안내소

꿀팁

일본 숙소 예약 메일

한국 여행사나 대행업체를 통하지 않을 경우 이메일을
이용하면 손쉽게 숙소를 예약할 수 있다. 확인 메일이 일본어로 오더라도
각종 번역기를 이용하면 간단히 해결할 수 있다.

안녕하세요. 예약을 부탁드립니다.	こんにちは。 予約をお願いします。
1 체크인 날짜 2018년 2월 1일	1 Check in 2018年2月1日
2 체크아웃 날짜 2018년 2월 3일	2 Check out 2018年2月3日
3 방 2개, 4명	3 部屋 2室、4人
4 루밍(방별 사용자 명단) 방1 2명 KIM/LOVE (M), YI/PEACE (F) 방2 2명 PARK/WORLD (F), CHOI/SAVE (M)	4 部屋割り 部屋1 2人、KIM/LOVE (M), YI/PEACE (F) 部屋2 2人、PARK/WORLD (F), CHOI/SAVE (M)
5 플랜 ▸ 원하는 예약 플랜(인터넷에서 복사해서 붙이기) ▸ 플랜이 따로 없는 숙소의 경우에는 생략	5 プラン ▸ 원하는 예약 플랜(인터넷에서 복사해서 붙이기) ▸ 플랜이 따로 없는 숙소의 경우에는 생략
6 송영 예약 OO역에 14시 30분 도착합니다. 송영 부탁드립니다.	6 送迎のお願い OO駅に14時30分到着します。送迎をお願いします。

기간은 얼마나?

숙박료가 가장 큰 비중을 자지하는 온천 여행의 특성상, 장기보다는 주말을 낀 2박 3일 일정이 가장 많다. 3박 4일의 경우에도 첫날 또는 마지막 날 도심의 비즈니스호텔을 주로 이용하게 된다. 첫날 일본 공항으로 입국한 후 바로 온천 숙소로 이동해 체크인을 하고 일정을 시작하면 된다. 이때 이틀 연속으로 같은 곳에 묵을지, 아니면 다른 온천 숙소로 옮길지 고민될 것이다. 관광보다는 휴식에 무게를 둔 경우에는 전자가, 새로운 곳에 대한 호기심이 많고 다양한 온천질을 경험하고 싶다면 후자가 맞다. 숙소는 옮기지 않되, 다른 종류의 온천도 즐기고 싶다면 원천의 종류가 다양한 온천 숙소 또는 지역을 선택하면 된다. 마지막 날은 아침 식사 후 곧장 공항으로 가거나, 저녁 비행기라면 반나절 정도 시내 관광 후 일정을 갈무리한다.

언제 갈까?

일본 온천 하면 상상되는 장면이 있다. 새하얀 눈이 곱게 쌓여 있는 고즈넉한 노천탕. 겨울은 단연 온천의 계절이다. 특히 폭설 지역으로 유

명한 홋카이도와 도호쿠 지역, 또는 신에쓰의 나가노와 니가타가 그러하다. 경치로만 따지자면 벚꽃이 흐드러진 봄과 붉게 물든 단풍이 산야를 뒤덮는 가을도 뒤지지 않는다. 여름에는 더위 때문에 아무래도 피하게 되는데, 고원 지대나 바닷가라면 또 이야기가 다르다. 여름 휴가철 이외에도 일본에는 4월 말부터 5월 초까지 일주일간의 골든위크가 있다. 이 골든위크와 연말연시 기간에는 부르는 게 값일 정도로 숙박료가 치솟으니 신중히 판단하도록 하자.

온천 여행 정보는?

가보고 싶은 온천지의 목록을 작성한 후, 각 온천 홈페이지를 방문한다. 온천 숙박 정보와 함께 음식점, 쇼핑, 주변 관광지 등이 자세하게 나와 있어 상당히 유용하다. 경우에 따라 한국어 또는 영어 페이지가 따로 있기도 하고, 없더라도 일본어 번역기를 사용하면 뜻은 웬만큼 통한다. 만약 가고 싶은 지역 중 현지에 관한 정보가 더 필요한 경우, 일본정부관광국에 문의해보자. 홈페이지에서도 정보를 얻을 수 있고, 서울의 시청역 근처에 위치한 서울사무소에서는 일본 전 지역의 관광지 가이드북 등을 얻을 수 있다. (*이번 가이드북 취재에도 많은 도움을 받았다)

현지에 도착해서는 역내 인포메이션 센터나 온천 마을 입구의 관광안내소를 충분히 활용하자. 가장 최신 정보를 담은 각종 지도와 안내책자를 구비하고 있고, 관광지나 온천 할인권을 배포하기도 한다. 교통 정보를 확인할 수도 있다.

일본정부관광국(JNTO)

일본정부관광국(JNTO) Japan National Tourism Organization

WEB www.welcometojapan.or.kr

TEL 02-777-8601

OPEN 평일 09:30~17:30(점심시간 12:00~13:00)

ADD (서울사무소 주소)서울시 중구 을지로16 프레지던트호텔 2층

재미로 보는 일본 온천 기네스

가장 오래된 료칸

야마나시현 니시야마 온천西山温泉의 '게이운칸慶雲館'은 705년 문을 열어 세계에서 가장 오래된 숙박 시설로 기네스북에 등재되어 있다. 참고로, 비슷한 시기의 숙박 시설로는 효고현 기노사키 온천城崎温泉의 '센넨노유 고만千年の湯 古まん'(717년)과 이시카와현 아와즈 온천粟津温泉의 '호시法師'(718년)가 있다.

가장 오래된 공공 온천탕

시기는 정확하지 않지만 와카야마현 유노미네 온천湯の峰温泉의 쓰보유つぼ湯가 가장 오래된 공공 온천탕이라는 데는 이견이 없다. 약 1,800년의 역사를 가졌다고 전해진다. 작은 탕 아래 여전히 90도가 넘는 유백색의 원천이 흐르고 있다.

가장 뜨거운 온천

나가사키현의 운젠다케雲仙岳 산자락에 자리한 오바마 온천小浜温泉은 원천 온도가 섭씨 105도로, 용출량과 온천 온도에 따른 방열량이 일본 최고이다.

가장 원천을 많이 보유한 온천

오이타현의 벳푸핫토 온천別府八湯温泉의 원천 개수는 총 2,300여 개. 2위인 오이타현의 유후인 온천由布院温泉이 852개, 3위인 시즈오카현의 이토 온천伊東温泉이 780개인 것에 비하면 가히 압도적인 수치다.

가장 큰 노천탕

강바닥에서 온천수가 솟아나는 와카야마현 가와유 온천川湯温泉에서는 겨울 한정 강변 노천탕인 센닌부로仙人風呂가 조성된다. 폭 15~20m, 너비 50m에 달하는 이 노천탕은 이름처럼 천 명의 사람도 거뜬히 들어가서 온천을 즐길 수 있다.

가장 산성도가 높은 온천과 낮은 온천

치유 온천으로 이름 높은 아키타현의 다마가와 온천玉川温泉은 pH1.05의 강산성 온천으로 강력한 살균력을 자랑한다. 반면, 가장 산성도가 낮은 온천은 사이타마현의 도키가와 온천都幾川温泉으로 pH11.3에 달해 매끌매끌하고 열이 잘 식지 않는다.

우리나라에선 개인 여행보다 여행사의 단체 관광 상품이 대세인 일본 온천 여행. 아무래도 대중교통 이용에 대한 부담 때문인데, 일본어를 못하더라도 약간의 요령만 익힌다면 그리 어렵지 않다.

열차

일본 철도교통의 발달로 온천여행 붐이 일어났다는 사실에서 알 수 있듯, 일본 전역의 온천지 상당수가 열차로 가기 좋다. 편안하고 빠르며 정확하기 때문. 특히, '温泉(온센)'이란 명칭이 붙은 역은 온천가까지 도보로 갈 수 있을 정로로 가깝다. 단점이라면 열차 요금이 비싸다는 것. 특히 고속철도인 신칸센은 같은 구간의 항공 요금과 맞먹을 정도다. 하지만 재팬 레일 패스(Japan Rail Pass, 이하 JR패스) 등의 할인 교통 패스를 이용하면 부담을 덜 수 있다. 일본 전역을 커버하는 JR패스 외에도 각 지역에 한정한 JR패스도 있다. JR 홋카이도 패스는 홋카이도 전역에서, JR 이스트 패스는 홋카이도를 제외한 도쿄 북쪽의 지역에서, JR 웨스트 패스는 간사이공항을 중심으로 한 서쪽 지역에서, JR 규슈 패스는 규슈 전역에서 이용이 가능하다. JR패스보다 사용기간이 짧아 2박 3일 또는 3박 4일 일정의 온천 여행에는 이쪽이 더 알맞다. 또한 일본에는 우리나라 국철에 해당하는 JR 외에도 민간 기업이 운영하는 사철私鉄이 있다. JR패스로는 사철을 이용할 수 없기 때문에 사철 구간에서는 따로 열차 티켓을 발급받아야 한다.

JR패스 이용법

판매 대상 일본에 관광을 위해 입국한 단기 체재 외국인 여행자

적용 범위 JR에서 운영하는 신칸센, 특급열차, 보통열차, 관광열차, 일부 JR버스와 페리. 단, 신칸센 일부 구간의 노조미のぞみ, 미즈호みずほ 제외

열차 좌석 JR패스는 자유석만 해당되는 티켓으로, 신칸센이나 특급열차의 지정석에 앉으려면 지정석권을 따로 발급받아야 한다. 별도의 비용이 들지 않을뿐더러 열차를 타기 위해 미리 줄을 서지 않아도 되고 좌석도 지정석이 더 좋은 경우가 대부분이니 지정석을 적극 이용하자.

지정석 발급 역 티켓 창구(미도리노마도구치みどりの窓口)에서 JR패스를 제시한 후 역 구간을 지정하면 별도의 지정석권을 발급해준다.

버스

구마모토현의 구로카와 온천처럼 아예 주변에 가까운 역이 없는 곳이 있는가 하면, 효고현의 아리마 온천과 같이 열차보다 버스가 월등히 편리한 경우가 있다. 또한 도시 간 이동은 열차로 하더라도 역에서 각 온천지 또는 숙소까지는 버스로 이동하기도 한다. 각 온천 또는 숙소의 홈페이지 상단에 있는 'アクセス' 또는 '交通' 항목에서 운행하는 버스 회사 이름과 정류장을 확인하자. 유명 온천으로 가는 대부분의 노선버스는 열차 시간에 맞추어 운행하기 때문에 크게 걱정이 없다. 버스조차 다니지 않는 외진 곳일 경우에는 숙박 시설의 송영 차량을 알아보거나 택시를 이용해야 한다.

송영 차량

숙박객을 위해 각 료칸 또는 온천 호텔에서 차량으로 마중을 나가거나 배웅하기 위한 서비스. 역이나 버스정류장에서 숙소가 멀거나 언덕배기에 있을 때 송영 차량을 이용하면 한결 편리하다. 유료인 경우에도 일반 대중교통보다 저렴하고, 중심 도시에서 2시간 거리를 무료로 제공하는 경우도 있어 교통비를 절감하는 효과도 있다. 간혹 인근의 유명 관광지까지 서비스하기도 한다. 송영 차량은 대부분 2명 이상부터 이용할 수 있으며, 사전 예약이 필수다.

온천 순례 버스

여러 온천을 한 마을에서 체험할 수 있는 온천마을의 경우, 온천 순례 수첩과 버스를 함께 이용할 수 있는 유메구리 버스를 운영하고 있는 곳이 있다. 아키타현의 뉴토온천향은 온천마을 숙박객이면 유메구리 수첩으로 7곳 온천 입욕과 셔틀 승합차를 무료로 이용할 수 있다.

꿀팁

전화로 송영 차량 예약하기

다른 경로를 통해 숙소만 따로 예약했다면 직접 숙소에 전화를 걸어 송영 차량을 예약해보자. 일부 일본의 전화는 한국 통화 중처럼 '뚜뚜뚜~' 신호가 간 뒤에 '뚜루루루~' 하고 소리가 들리는 경우가 있으니 끊지 말고 잠시 기다린다. 미리 체크인, 인원수, 도착 예정 시간 등의 정보를 준비해두면 상대방의 질문에 긴장하지 않아도 된다. 실제 해보면 의외로 어렵지 않으니 용기를 갖고 한번 도전해보자.

시설 OOです。 OO데스. ▸ OO료칸입니다.

나 OO月OO日チェックインのOOOです。
OO가츠 OO니치 첵쿠인노 OOO데스.
▸ OO월 OO일 료칸을 예약한 OOO입니다.

시설 お名前をもう一度お願いいたします。
오나마에오 모-이치도 오네가이이타시마스.
▸ 성함을 다시 한 번 말씀해주시겠습니까?

나 OOOです。 OOO데스. ▸ OOO입니다.

시설 OO月OO日ご予約のOOO様ですよね。少々お待ちください。
OO가츠OO니치 고요야쿠노 OOO사마데스요네. 쇼-쇼- 오마치쿠다사이.
▸ OO월 OO일 예약하신 OOO 님이시죠? 잠시만 기다려 주세요.

나 OO駅にOO時到着しますが, 送迎お願いできますでしょうか。
OO에키니 OO지 토-차쿠 시마스가, 소-게- 오네가이 데키마스 데쇼-카.
▸ OO역에 OO시에 도착하는데요, 송영을 부탁드립니다.

시설 何人様でいらっしゃいますか？
난닌사마데 이랏샤이마스카?
▸ 몇 분이신가요?

나 2人です。 후타리데스. ▸ 두 명입니다.

시설 到着にあわせお迎えにあがります。
토-차쿠니 아와세 오무카에니 아가리마스.
▸ 도착편에 맞추어 모시러 가겠습니다.

나 ありがとうございます。
아리가토-고자이마스.
▸ 감사합니다.

일본어 숫자 읽는 법

숫자		개수		인원수	
1	이치	한 개	히토츠	한 명	히토리
2	니	두 개	후타츠	두 명	후타리
3	산	세 개	밋츠	세 명	산닌
4	시/욘/요	네 개	욧츠	네 명	요닌
5	고	다섯 개	이츠츠	다섯 명	고닌
6	로쿠/롯	여섯 개	뭇츠	여섯 명	로쿠닌
7	시치/나나	일곱 개	나나츠	일곱 명	시치닌
8	하치	여덟 개	얏츠	여덟 명	하치닌
9	큐-/쿠	아홉 개	코코노츠	아홉 명	큐-닌
10	주-/짓	열 개	토오	열 명	주-닌

► 20, 30 등은 우리나라와 같은 방법으로 수를 나란히 읽으면 된다. (ex. 35: 산주-고, 54: 고주-욘)

► 시간은 숫자 뒤에 '~지(時)'를 붙이면 된다. (ex. 3시: 산지, 4시: 요지)

► 분은 숫자 뒤에 '~훈(分)'을 붙이면 된다. 때에 따라 푼으로 발음이 변하기도 한다. 헷갈릴 때는 일단 훈으로 발음하자. (ex. 15분: 주-고훈, 30분: 산짓푼)

일본어 날짜 읽는 법

월		일			
1월	이치가츠	1일	츠이타치	17일	주-시치니치/ 주-나나니치*
2월	니가츠	2일	후츠카	18일	주-하치니치
3월	산가츠	3일	밋카	19일	주-쿠니치
4월	시가츠/욘가츠*	4일	욧카	20일	하츠카
5월	고가츠	5일	이츠카	21일	니주-이치니치
6월	로쿠가츠	6일	무이카	22일	니주-니니치
7월	시치가츠/ 나나가츠*	7일	나노카	23일	니주-산니치
8월	하치가츠	8일	요-카	24일	니주-욧카
9월	쿠가츠	9일	코코노카	25일	니주-고니치
10월	주-가츠	10일	토오카	26일	니주-로쿠니치
11월	주-이치가츠	11일	주-이치니치	27일	니주-시치니치/ 니주-나나니치*
12월	주-니가츠	12일	주-니니치	28일	니주-하치니치
		13일	주-산니치	29일	니주-쿠니치
		14일	주-욧카	30일	산주-니치
		15일	주-고니치	31일	산주-이치니치
		16일	주-로쿠니치		

* 기본은 앞쪽 발음으로 읽지만 숙박업소 등에서 다른 월과 헷갈리지 않도록 뒤쪽 발음으로 일부러 말하기도 한다.

렌터카

도호쿠와 홋카이도 지역의 온천은 대중교통이 불편한 곳이 많아 시간이나 비용 면에서 렌터카가 더 유리할 수 있다. 출국 전 미리 국제운전면허증을 발급받아 국내운전면허증, 여권과 함께 챙겨가도록 하자. 인터넷과 전화로 렌터카 예약이 가능하며, 일부 지점에서는 영어 또는 한국어를 지원하기도 한다. 동승하는 어린이가 만 6세 이하라면 어린이용 카시트를 의무적으로 예약해야 한다. 주요 공항 내에는 렌터카 업체의 지점이 있으니 입국장을 빠져 나와 바로 자동차 키를 건네받을 수 있다. 도로 주행이 한국과 반대로 좌측통행이라 처음에는 헷갈릴 수 있으니 앞의 차량을 따라가는 편이 좋다. 방향지시등과 와이퍼 역시 우리와 반대다. 도호쿠와 홋카이도는 겨울에 도로가 상당히 미끄러워 초보자는 가급적 운전은 피하는 것이 좋다. 가로등이 적어 야간 운전 또한 금물이다.

일본 주요 렌터카 회사 홈페이지

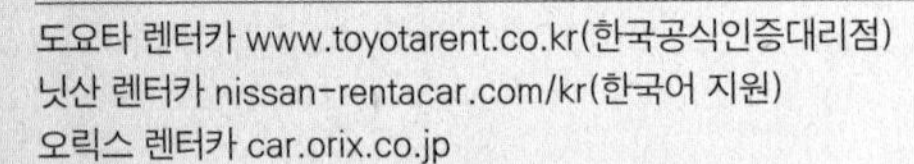

도요타 렌터카 www.toyotarent.co.kr(한국공식인증대리점)
닛산 렌터카 nissan-rentacar.com/kr(한국어 지원)
오릭스 렌터카 car.orix.co.jp

국제운전면허증 발급받기

일본에서 렌터카 이용 시 필요한 국제운전면허증은 전국 운전면허시험장 및 경찰서에서 당일 발급받을 수 있다. 국제면허증의 유효기간은 발급일로부터 1년이다.

국제운전면허증 발급 신청 준비물

- 국제운전면허증 발급 신청서(해당기관에 구비)
- 본인 여권(사본 가능)
- 본인 운전면허증
- 여권용 사진(가로 3.5cm×세로 4.5cm) 또는 컬러 반명함판(가로 3cm×세로 4cm) 1매
- 수수료 8,500원

택시

이도 저도 안 되는 상황에서는 택시만큼 속 편한 수단도 없다. 일본어로 주소 또는 숙박 시설을 적은 메모지를 택시기사에게 보여주면 끝. 대신 운임은 가장 비싸다. 지역에 따라 조금 다르지만 기본요금이 대략 우리나라 택시 요금의 2배 정도. 거리가 멀어질수록 요금이 가파르게 상승하니, 만약 30분 이상 택시를 탈 계획이라면 마음 단단히 먹는 것이 좋다. 우리나라 택시와 달리 문이 자동으로 열리고 닫힌다.

온천에만 있다, 온천 특산품

온천으로 목욕만 할 수 있는 것이 아니다. 피부 미인을 만들어줄 미용 제품의 원료가 될 뿐 아니라 각종 요리에 활용하면 독창적인 온천 요리로 재탄생한다.

천연 입욕제

온천 성분 중 유황 · 칼슘 · 알루미늄 · 철 · 규소 등의 불용성 성분은 바닥에 가라앉거나 뭉쳐서 떠다니는데 이를 유노하나湯の花라 한다. 채취한 유노하나는 질 좋은 천연 입욕제다. 벳푸 묘반 온천과 구사쓰 온천의 유노하나가 특히 유명하다. 단, 유황을 다량 함유한 유노하나의 경우 욕조를 부식시킬 수 있으니 주의할 것.

온천수 미스트

원천을 주원료로 하는 미스트 제품뿐 아니라 화장품의 주요 성분인 메타규산을 다량 함유한 온천수는 그대로 스프레이 용기에 넣어 얼굴에 뿌려도 될 정도로 피부를 매끌매끌하게 하는 효과가 뛰어나다.

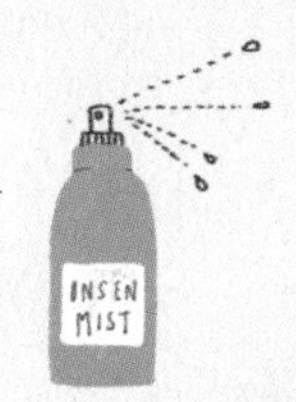

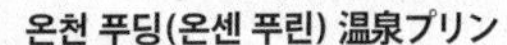

온천 달걀(온센다마고) 温泉卵

온천가에서 가장 많이 볼 수 있는 온천 간식. 65~68도 정도의 온천수에 달걀을 30분 정도 담그면 노른자는 부드럽게 익고 흰자는 보들보들한 온천 달걀이 만들어진다. 또한 유황 온천에서는 화학 반응에 의해 달걀 껍데기가 새까맣게 변하기도 하고, 염분을 함유한 온천에서는 짠맛이 스며들기도 하는 등 다양한 온천 달걀을 맛볼 수 있다.

온천 푸딩(온센 푸린) 温泉プリン

달걀, 설탕, 우유 등을 주원료로 만든 푸딩을 온천수 또는 온천 증기를 이용해 익힌 온천 푸딩. 오븐에서 만든 것과 다른 독특한 식감을 느낄 수 있고, 특히 증기에서 익히면 독특한 향까지 배어난다.

온천 사이다(온센사이다) 温泉サイダー

그 지역 샘물로 만든 사이다는 톡 쏘는 청량감이 온천 후 마시기 딱 좋다. 구사쓰 온천, 아리마 온천, 이부스키 온천, 유후인 온천, 도고 온천 등 유명 온천지에서 저마다의 브랜드로 탄생한 사이다를 즐길 수 있다.

07

테마별로 추천하는 일본 온천

숨겨진 비탕

울퉁불퉁한 산길을 지나 산속 깊은 자리에 숨겨져 있는 비밀스러운 탕. 텔레비전도 핸드폰도 연결되지 않는 작은 다다미방에 짐을 풀고, 유황 냄새 진한 유백색 온천탕을 들어갔다 나왔다 반복하기를 여러 번. 그리 대단하지도 않은 슴슴한 산채요리 밥상이지만, 소박한 맛에 조금 더 건강해진 것 같다. 밤하늘에는 쏟아질 듯 빼곡한 별이 있고, 겨울엔 내 키보다 높은 눈 벽이, 가을에는 붉게 물든 화려한 단풍이 있다. 이곳에서 긴 시간을 이어가는 것에 대해, 세상에 휘둘리지 않고 지켜간다는 것에 대해, 그리고 시간이 흘러도 변함없이 든든한 자연에 대해 생각한다. 가끔 어깨에 힘이 들어가고 내 속이 점점 무거워지면, 이곳을 다시 찾고 싶다.

아키타현

쓰루노유 온천

p100

부드러운 곡선의 산 아래, 사계절 졸졸 흐르는 냇가의 따끈한 온천. 누구에게나 자신 있게 추천하는 분위기 있는 곳.

아키타현

아베료칸

p110

여름의 신록을 지나면 가을은 불타는 단풍, 겨울에는 수북이 쌓인 눈 사이에서 풀풀 솟아오르는 수증기가 유황 냄새를 실어 나르는 곳

나가노현

시라호네 온천향

p174

최대한 손대지 않은 와일드한 온천향. 온천도 사람도 자연의 한 부분이라는 것을 실감하게 된다.

이와테현

구니미 온천 이시즈카 료칸

p141

찾고 또 찾아가 찾아낸 온천. 그만큼 다른 곳에서 경험하기 힘든 온천을 선사해준다.

와카야마현

쓰보유

p268

세계유산에서 온천을! 항아리(쓰보) 안 뜨거운 원천에 몸을 담그자. 정말 익어버리지 않으려면 온도 조절 필수.

계곡, 바다 등 풍광 좋은 온천

눈을 뜨자마자 부스스한 채로 온천으로 달려간다. 비몽사몽 잠이 덜 깬 상태지만 온천 수증기로 촉촉하게 시작하는 하루는 일상의 고민을 조금은 여유롭게 마주할 수 있게 해준다. 바다 위 황금빛 태양도, 맨몸을 어루만지는 부드러운 바람도 마치 이제껏 내 곁에 없었던 것처럼 새로 느끼는, 여행은 그렇게 혼자 감상에 빠질 수 있는 특별한 시간을 준다. 깜깜한 어둠 속, 감히 우러러보지 못할 깎아지른 절벽 옆 계곡을 흐르는 물소리가 천둥처럼 웅장했던 그날도 온천은 몇 번이고 따뜻한 위로가 되었다.

시즈오카현

아마기소

p198

숲, 계곡, 폭포, 온천. 그리고 그 속의 나. 마이너스 이온을 마시며 몸 안팎으로 힐링하는 곳.

와카야마현

구마노벳테이 나카노시마

p264

규칙적으로 들려오는 파도 소리는 듣고만 있어도 마음이 가라앉는다. 그 소리를 듣는 곳이 온천 속이라면 더할 나위 없다.

시즈오카현

호텔 아카오

p196

바다를 굽어보는 노천탕에 바람이 불면 향긋하게 솟아나는 장미향…. 우아한 한때를 보장하는 곳.

아오모리현

후로후시 온천

p125

파란 바다와 하늘가에 대조되는 황금빛의 온천. 파도 거품이 온천에 더워진 몸을 식혀준다.

홋카이도

료운카쿠

p087

손 뻗으면 닿을 듯한 하늘 가까운 온천에서 산봉우리를 내려다보며 즐기는 절경의 온천.

럭셔리 프라이빗 온천 료칸

소중한 사람과 함께하는 특별한 여행. 모처럼 아무것도 하지 않고 조용하고 한적한 료칸에서 두 사람만의 오붓한 시간을 보내고 싶다. 눈앞에 펼쳐진 자연, 기분 좋은 배경 음악처럼 찰랑거리는 물소리, 바람 소리, 새소리. 어깨에 기댄 채 나란히 발을 담그고 있다가 스르르 잠이 들어도 좋다. 오롯이 우리에게 집중할 수 있는 편안한 공간과 시간이 필요하다면, 한 번쯤은 욕심내도 좋지 않은가. 꿈처럼 달콤한 휴식이 있는 그곳에서의 시간은 오랫동안 잊을 수 없는 추억이 된다.

아키타현
미야코와스레
p109

단 둘이, 내가 꾸민 것보다 더 예쁜 방에서 하루 종일 방해받지 않고 지낼 수 있는 프라이빗 온천.

아키타현
하나야노모리
p108

모험하듯 들어선 옛 학교 건물의 온천에 꾸며진 아늑한 시설에서 도란도란 추억을 얘기할 수 있는 온천.

이와테현

야마도

p142

나만을 기다리고 있는 객실의 노천 온천과 예약제로 사용할 수 있는 자연과 하나된 노천온천에서 온전한 내 시간을 가질 수 있는 곳.

나가사키현

료테이 한즈이료

p373

한 동에 한 팀, 다른 팀과는 공기 섞어 마실 일도 드문 이곳에서 잠시나마 내 집 같은 온천 별장을 가져보자.

와카야마현

하마치도리노유 가이슈

p260

넋 놓고 하루 종일 바다를 보며 로비에 앉아만 있어도 좋을 별장 같은 곳. 방에도 로비에도 바다가 넘쳐난다.

전통적인 료칸

구석구석 정갈한 일본 전통 공간, 잘 정돈된 일본 정원, 계절감이 느껴지는 가이세키 요리. 무엇보다 숙박하는 동안 받는 최고의 서비스는 료칸을 좋아하는 가장 큰 이유다. 마치 닌자처럼 소리 없이 필요한 것을 준비해주는 특별한 능력을 가진 사람들. 필요한 것을 눈으로 이야기하면 쓱 나타나서 가져다주고, 잠시 산책하려고 방을 나서면 어느 새 신발을 나란히 놓아둔다. 힘이 잔뜩 들어간 친절이 아니라, 나도 모르는 사이에 필요한 모든 것이 스리슬쩍 준비되어 있는 편안함. 기분 좋은 배려란 이런 것이다.

돗토리현

가이케 쓰루아

p296

몸의 안팎으로 건강하게 아름다워지고 싶은 욕심쟁이를 위한 료칸. 매끈매끈한 피부 미인으로 만들어준다.

와카야마현

가미고텐

p271

진중하면서 마음이 담긴, 문화재 건물에서 사람과 지내는 소중한 시간을 경험할 수 있는 료칸.

오사카
난텐엔
p277

정원 연못에 비친 모습이 자꾸 눈에 아른거리는 오사카의 귀중한 전통 료칸.

구마모토현
이코이 료칸
p350

하나하나 훌륭한 구로카와의 료칸들 중에서도 빛을 발하는 '모단' 스타일의 료칸.

트레킹과 연계된 산속 온천

도시 뒷골목을 걷기 시작하다가 산속 둘레길을 걷고, 조금씩 해발이 높은 산을 찾으면서 어느새 트레킹이 취미가 되었다. 일본 곳곳에는 산속 트레킹 코스와 연결되어 있어 등산 후에 피로를 풀 수 있는 온천이 많다. 길을 걷다가 강에서 즐길 수 있는 자연 그대로의 강 온천, 코끝을 자극하는 냄새에 고개를 들어보면 뭉게뭉게 피어오르는 연기 사이로 숨어 있는 온천 등 풍경을 즐기며 지친 다리도 쉬일 수 있다. 자연을 걷고, 저녁에는 온천에서 피로를 풀 수 있는 온천 여행. 온천을 즐길 수 있는 또 다른 방식이다.

아키타현

후케노유

p111

국립공원 하치만타이 등산과 더불어 즐긴다. 삼림 테라피 로드라는 트레킹 코스의 시작점이기도 해서 초심자에게도 문제없다.

미야기현

나루코 온천 마스야

p115

나루코 협곡의 산책로 트레킹과 더불어 머물자. 겨울에는 일부 통행이 금지되는 구간도 있다.

니가타현
다카한
p190

기요쓰쿄 협곡의 등산, 트레킹과 함께 머물 수 있는 에치고유자와 온천. 특히 이 다카한은 소설 『설국』이 집필된 곳이기도 하다.

와카야마현
산스이칸 가와유 미도리야
p269

순례길 구마노고도와 함께. 강가로 난 노천탕에서 피로를 풀고 다음 날의 여정을 준비하자.

이와테현
스카와 고원 온천
p138

첩첩산중 산속이라 온천의 고마움을 더 절실하게 느낄 수 있다. 겨울에는 문을 닫는다.

치유 온천

온몸에 병마와 싸운 흔적이 역력한 작은 몸집의 할머니는 그래도 온천 덕분에 많이 좋아졌다며 미소 짓는다. 여행 삼아 가벼운 마음으로 찾았던 온천이, 누군가에겐 생애 끝자락에서 낮은 숨소리를 평온하게 지켜주는 최후의 보루일 수 있다. 예부터 특정 질환에 대한 치료 효능이 뛰어나다고 소문난 온천지에는 장기간 머물면서 요양하는 환자가 적지 않다는 사실을 알게 된 후, 온천을 가벼이 볼 수 없었다. 그렇게 마지막 희망을 찾아온 사람들은 온천에서 작은 평안을 구한다.

아키타현
다마가와 온천
p104

물에 몸을 담그고, 지열로 달구어진 암반 위에 몸을 눕혀 건강을 기원하는 온천.

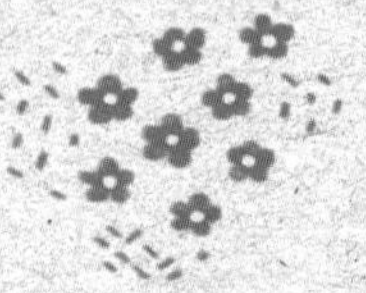

돗토리현
미사사 온천
p290

현대적인 온천 시설과 옛 분위기의 온천가가 그대로 남아 있는 방사능천의 온천. 아토피에도 좋다.

군마현
구사쓰 온천
p164

힘들게 찾아가면 배로 보상받을 수 있는 온천다운 온천. 지역민의 건강과 생활에 뿌리내린 온천을 경험할 수 있다.

특이한 온천

10년 전 지인과 함께했던 온천 여행에서 나무통 사우나 속에 나란히 들어가 얼굴만 내밀고 그 모습에 누구 할 것 없이 웃음이 터져 깔깔댔던 기억은 지금도 잊을 수가 없다. 모래 해변의 지열로 찜질 온천을 즐기는 스나유나 약재를 섞어 발효시킨 효소로 찜질을 즐기는 효소 온천 등 여럿이 함께 하면 즐겁고 특이한 온천은, 재미를 공유할 수 있어 더 좋다.

아키타현

고쇼가케 온천 나무통 사우나

p111

나무통에 가려진 맨몸이 민망할 틈도 없이, 쏙 고개 내밀어 서로 웃게 되는 재미있는 사우나가 있는 곳!

홋카이도

마루코마 온천료칸

p086

호수의 수위와 온천의 수위가 함께 변하는 호수 속 온천. 자갈 사이로 몽글몽글 온천수를 느낄 수 있다.

가고시마현

하쿠스이칸 모래찜질 온천

p358

검은 모래가 뜨끈뜨끈, 적당한 무게감으로 온몸을 감싸 땀을 쏙 빼게 하는 곳.

혼탕이 있는 곳

일본의 특이한 온천 문화일 뿐이라고 머리로는 이해하지만, 막상 들어가려니 용기가 나지 않았다. 큰 맘 먹고 혼탕 세계에 입문한 결과는 성공적이었다. 혼탕이 있는 온천은 남녀 따로 있는 노천탕보다 더 크거나 좋은 위치에 있는 경우가 많다. 유백색 온천은 물속이 투명하지 않기 때문에 조용히 들어가 살금살금 움직이면 속살을 보이지 않고 혼탕을 즐길 수 있으니 지레 겁먹지 말고 도전하자!

아오모리현

스카유

p127

일단 입구에는 칸막이가 있다. 탕에 들어가서는 벌떡 일어나기 전 수건을 잘 활용할 것.

오이타현

유후인 온천 시탄유

p338

구경은 금물이지만 입욕료를 냈다면 문을 열어 살짝 분위기를 살피자. 사람이 있다면 조금 기다려보는 것도 방법.

외카야마현

센닌부로

p266

강 속의 온천이라 입욕용 옷이나 수영복 등을 입고 들어갈 수 있어 안심. 주변 숙소에 묵으면 빌릴 수도 있다.

기후현

게로 온천 분천지

p209

함께 입욕하는 사람뿐 아니라 길을 지나가는 사람에게도 훤히 공개된 아시유.

지정 문화재 건물 온천

국가에서 지정한 문화재 건물에서 하룻밤 보낼 수 있는 온천 숙박 시설이 있다. 오랜 세월을 지켜온 가족들의 정감 어린 분위기와 그들의 소명감 같은 비장함이 느껴지는 곳이다. 회중시계에서도 차를 담아내는 쟁반에서도 오랜 세월을 지나온 이야기를 읽을 수 있다. 전통과 현대적인 편리함이 어우러진 아담한 노천온천에서는 어쩐지 마음이 편안해진다. 아무렇지 않게 놓인 장식품은 박물관에 있을 법한 문화재급이고, 마룻바닥과 계단 난간에는 세월이 머물고 간 흔적이 있어 더욱 특별하다.

기후현

유노시마칸

p210

게로 온천의 번잡함에서 벗어나 중후한 문화재 건물에서 숲을 즐길 수 있다. 새벽녘의 족욕을 빼먹지 말자.

돗토리현

료칸 오하시

p293

강과 어우러진 건물의 모습은 건너편에서 감상하고, 방 하나하나 천장도 꼭 바라보자.

나가노현

요로즈야

p180

건물도 그렇지만 욕탕이 문화재다. 둥그런 탕에 들어가 눈높이의 레트로 타일을 보고 있노라면 타임슬립이라도 한 듯하다.

효고현

미키야

p253

건물과 함께 소설의 무대가 되었던 정원의 산책을 잊지 말자. 일본 문학에 관심이 있다면 더욱 추천.

온천 순례를 할 수 있는 온천향

어떤 온천향에서는 '숙소는 방이고 거리는 복도이고 곳곳의 온천 시설은 집 안의 탕'과 같다. 수건 한 장을 목에 걸고 유메구리테가타(온천 이용 티켓)를 옆에 차면 준비 끝! 여유로운 풍경의 거리를 거닐다가, 혹은 청정한 숲길을 따라 가볍게 트레킹을 하다가 다양한 수질과 서로 다른 분위기의 탕에서 온천을 즐겨보자. 기분 좋은 산책과 뜨끈한 온천, 맛있는 주전부리를 즐기다 보면 어느새 몸도 마음도 한결 깨끗하고 건강하고 가벼워진다.

아키타현
뉴토 온천향
p098

다양한 천질, 분위기의 온천을 돌아볼 수 있는 데다 삼림욕도 가능하다. 다른 오락거리는 없으니 온천에 방점을 둔 순례가 좋겠다.

기후현
게로 온천
p208

강을 따라 온천가가 잘 발달되어 있다. 숍과 레스토랑 등을 돌아보며 합작지붕 건물촌까지, 관광을 겸하기에도 괜찮다.

효고현

기노사키 온천

p250

온천 순례를 위한 마을이라고 해도 과언이 아니다. 바코드로 된 순례티켓으로 각기 정취가 다른 온천을 돌아보자.

구마모토현

구로카와 온천

p346

망설이지 말고 유메구리를 즐겨보자. 선택이 고민된다면 유창한 한국어로 대응해주는 안내소에서 추천을 받는 것도 방법.

일본 비탕을 지키는 모임 日本秘湯を守る会

1975년, 산업화가 진행되면서 숙소도 대형화되고 콘크리트 건물이 많아지던 시기에 옛 향수와 인간성을 찾아 진정한 여행자가 찾아올 그런 료칸을 이어가자는 취지로 33개의 시설이 모여 만든 모임이다. 모임의 창시자인 고故 이와키 씨는 일본 온천의 좋은 점을 유지하면서 환경보전과 경영이 상충하지 않도록 계발 · 계몽하는 내용의 료칸 공동선언을 제창했다. 이 뜻에 공감하는 시설들이 모이며 모임은 점점 커졌고, 힘을 합해 『일본의 비탕日本の秘湯』이라는 책을 만들어냈다. 현재 이 책은 여전히 불편을 감수하며 옛 모습을 지켜가면서 여행자를 따뜻하게 맞이하고 있는 147개의 참가시설을 수록한 제22판(2022년)이 나와 있다. 가맹 온천은 홈페이지에서도 지역별로 검색하거나 예약이 가능하며, 시설 입구에 '일본 비탕을 지키는 모임'이라 쓴 등롱을 달고 있다. 일본 내에서도 '일본의 비탕을 알려면 이 리스트를 보는 게 가장 빠르다'고 할 정도이다. 이 모임을 통해 '비탕'이라는 말이 처음 만들어졌으며, 지금은 '자연 속에 숨겨진 좋은 온천'이라는 뜻의 일반명사처럼 쓰이고 있다.

Web www.hitou.or.jp

회원 시설 분포
*2022년 10월 기준

- 홋카이도 7곳
- 도호쿠 54곳
- 간토 · 신에쓰 36곳
- 주부 30곳
- 간사이 5곳
- 시코쿠 · 주고쿠 3곳
- 규슈 12곳

이 책에 소개된 회원 시설
*총 10곳

홋카이도 시코쓰코 마루코마 온천료칸 p086
도호쿠 아키타현 후케노유 p111
쓰루노유 온천 p100
아베료칸 p110
이와테현 마쓰카와 온천 교운소 p140
이시즈카 료칸 p141
스카와 고원온천 p138
간토 군마현 호시 온천 조주칸 p172
간사이 와카야마현 료칸 아즈마야 p269
규슈 구마모토현 야마노야도 신메이칸 p348

회장 사토 요시야스
佐藤好億

1975년 일본 비탕을 지키는 모임 창설, 당시 부회장으로 취임 후
1984년부터 일본 비탕을 지키는 모임 회장 역임
2014년 명예회장 취임

"비탕은 곧 그곳을 지키고자 하는 사람들의 마음입니다."

일본 비탕을 지키는 모임을 만들 당시에는 회원으로 함께 한 많은 온천이 깊은 산속 외딴 곳에 위치해, 제대로 길이 없거나 차가 다니지 않아 짐을 짊어지고 걸어서 가야 하는 소위 문명에서 떨어진 오래된 불편한 온천 숙소로 여겨졌던 곳이 많았어요.

지금은 교통 사정도 좋아지고 비탕이 여행지 선택의 중요한 조건이 되었지만, 오히려 비탕인데 도로도 정비되어 있고 건물도 현대적인 곳도 있고 비탕이라기엔 맞지 않다고 생각하는 분도 있는 것 같습니다.

일본인이 생각하는 오래된 향수를 불러일으키는 풍경, 마음속에서 늘 고향처럼 따뜻하게 언제나 있는 그대로의 모습으로 반겨주는 공간, 다시 일상으로 돌아갈 수 있는 휴식이 되는 온천, 그런 숙소를 지켜가는 것, 이것이 바로 우리가 비탕을 지키고 있는 마음이라고 생각합니다.

우리가 지금 지켜오고 있는 비탕은 오래된 건물이나 온천, 일본 문화를 이야기하는 것이 아니에요. 역사가 오래된 온천, 경관이 뛰어난 온천이라도 온천 숙소를 지키고자 묵묵히 일하는 사람들이 매일 정성을 다해 눈을 쓸고 온천을 지키지 않았다면 비탕은 이어질 수 없었을 거예요. 비탕은 사람이에요. 비탕은 사람과 사람을 잇는 가교와도 같다고 생각합니다.

일본도 노령화 사회가 가속화되면서 엄청난 속도로 세상이 바뀌고 있고, 산속에 숨겨진 작은 온천 숙소를 지켜가는 일은 더욱 어려운 시대가 되었어요. 도심에서 떨어진 불편한 장소에 있지만 그럼에도 비탕을 지키는 것은 자연을 지키고, 일본의 유산을 소중히 여기고, 동시에 지구 환경을 보존하면서 지역을 발전시키는 일본의 비탕을 이어나갈 후계자를 키우는 일이기도 합니다.

규모가 작은 온천 숙소, IT 환경에 익숙하지 않은 숙소도 있고 객실 수가 적어서 불편한 곳도 있지만, 일본의 비경을 지키면서 온천 숙소를 이어가고 있는 비탕에서 다시 일상으로 돌아갈 수 있는 휴식을 얻을 수 있기를 바랍니다.

지역별 일본 온천 가이드

01 홋카이도

02 도호쿠

03 간토, 신에쓰

04 주부

05 간사이

06 주고쿠, 시코쿠

07 규슈

Hokkaido

홋카이도 北海道

노보리베쓰 온천
登別温泉

조잔케이 온천
定山渓温泉

일본 최북단의 큰 섬 홋카이도는 일본인들 사이에서도 이국적인 지역이다. 오랫동안 아이누 민족의 땅이었던 까닭에 그들의 언어와 습성이 곳곳에 남아 있고, 일본 전통의 색도 옅기 때문이다. 온천 역시 마찬가지다. 역사 깊은 료칸도 많지 않거니와, 손님 접대에 대한 격식도 느슨한 편이다. 이 틈을 메우는 것은 홋카이도의 때 묻지 않은 대자연이다. 일본 본섬과는 전혀 다른 풍토와 식생의 다이세쓰 산을 중심으로 활화산과 원시림, 습원, 큰 호수의 아름다운 자연경관은 홋카이도 온천 여행의 배경이 아닌 주연이다. 세계적인 눈 축제가 열리는 한겨울, 순백의 눈밭에서 즐기는 노천온천은 홋카이도 온천의 클라이맥스다.

어느 지역일까?

홋카이도는 그 자체가 하나의 행정구역이지만 우리나라 면적의 85%에 달할 정도로 광대한 면적을 자랑한다. 일본의 혼슈와는 바다 아래를 지나는 세이칸 터널로 연결되어 열차로 이동할 수 있다. 2016년 3월 혼슈(신아오모리역)와 홋카이도(신하코다테호쿠토역)를 잇는 홋카이도 신칸센이 개통하면서 도쿄에서 4시간대에 진입할 수 있을 정도로 가까워졌다. 눈 축제로 유명한 삿포로시는 홋카이도의 최대 도시이다.

날씨는 어떨까?

1년 내내 대체로 쾌적한 날씨를 자랑한다. 장마도 없고 한여름에도 선선해 피서 여행지로도 찾는 이들이 많다. 단, 같은 홋카이도 지역이라도 삿포로 같은 대도시는 여름 기온이 36도를 넘어가는 일도 가끔 있다. 일본에서 가장 늦게 벚꽃이 피는 지역이자, 가장 먼저 단풍을 만날 수 있는 곳이기도 하다. 11월부터 눈이 내리기 시작해 2월에는 절정을 이루며 4월 초까지 오기도 하는, 일본의 대표적인 겨울왕국이다. 폭설로 항공편이 결항되거나 지연되는 경우가 종종 있으니 미리미리 확인하도록 하자.

어떻게 갈까?

대부분의 온천이 역을 중심으로 발달해 있기 때문에 열차로 이동한 후 시내버스 또는 송영 차량을 이용해 쉽게 갈 수 있다. 삿포로에서 가까운 조잔케이 온천으로는 직통 버스가 하루 왕복 4회 운행해(약 1시간 소요) 숙박은 물론 당일치기로 가기에도 괜찮다. 홋카이도에서 가장 유명한 노보리베쓰 온천은 신치토세공항에서 직통 버스가 운행하고 있어서 삿포로 시내를 거치지 않더라도 갈 수 있어 편리하다. 홋카이도의 지붕이라 불리는 다이세쓰 산과 그 동쪽의 아칸국립공원 인근의 몇몇 온천은 렌터카 차량이 아니면 가기 어려운 경우도 있다. 대신, 산과 호수로 둘러싸인 비밀스러운 온천을 즐기고자 한다면 그 정도의 수고는 감수할 만한 값어치가 있다.

어디로 입국할까?

신치토세공항 新千歳空港

홋카이도 삿포로의 관문이 되는 공항. 홋카이도의 매력에 끌려 한국에서도 많은 관광객이 찾는 곳이라 메이저 항공뿐 아니라 저가 항공에서도 자주 운행하고, 여름방학이나 겨울 스키 시즌에는 임시로 증편하는 등 경우에 따라 얼마든지 저렴하게 이용할 수도 있다. 신치토세공항은 국제선과 국내선이 긴 복도로 연결되어 있는데, 국내선이 열차 역과 가깝고 다양한 시설과 숍이 입점해 있으니 두세 시간 일찍 도착해서 출국수속 전 마지막 쇼핑과 식사를 즐기는 것도 좋다. 비행시간이 약 2시간 45분으로 한국에서 일본으로 가는 항공노선 중 가장 멀다.

WEB www.new-chitose-airport.jp

뭐 먹을까? 

❶ 징기스칸 ジンギスカン

대규모로 양을 방목하며 양고기를 즐겨 먹던 홋카이도의 역사에서 비롯한 대표적인 향토요리다. 어린 양고기를 구워 소스에 찍어 먹는 '다루마だるま' 스타일과 늙은 양고기를 양념에 재웠다가 불고기처럼 구워 먹는 '마쓰오松尾' 스타일로 크게 나눌 수 있는데, 최근에는 양고기의 요리법이나 부위를 달리하는 작은 식당들도 있다. 평소 양 꼬치구이를 즐겨 먹는다면 징기스칸도 입맛에 잘 맞을 것이다.

❷ 수프카레 スープカレー

일반적인 카레와 달리 국물이 자작한 카레로, 홋카이도의 추운 겨울에 특히 어울리는 음식이다. 향신료가 절묘하게 배합된 카레 '국'을 떠먹으면 몸이 따뜻해지고 향신료 덕분인지 더부룩함도 없다. 닭고기 육수와 홋카이도의 신선한 채소가 큼직하게 들어간 기본 카레와 함께, 부재료로 들어가는 건더기에 따라 다양한 메뉴가 있다.

❸ 가이센돈 海鮮丼

'해산물 덮밥'을 뜻하는 가이센돈은 홋카이도의 명물 요리이다. 특히 걸쭉한 성게알과 탱글탱글한 연어알을 듬뿍 올린 가이센돈은 맛과 신선도에서 다른 지역과 비교가 되지 않는다. 그 밖에 가리비, 게살, 새우 등 다양한 해산물을 골라 먹을 수 있다.

❶ 로이즈 초콜릿 ROYCE' Chocolate

이제는 일본 여행의 필수 쇼핑품목이 된 로이즈 초콜릿. 대부분의 일본 공항 면세점에서 살 수 있지만 본사가 있는 홋카이도에서는 더욱 다양한 종류의 초콜릿을 구할 수 있다. 녹는 게 걱정이라면 신치토세공항점을 이용하면 된다. 면세점 내에도 점포가 있지만 종류는 국내선 청사 내의 매장이 훨씬 다양하다.

❷ 롯카테이 마루세이 버터샌드

六花亭 マルセイバターサンド

홋카이도의 수많은 과자 중에서도 압도적인 지지를 얻고 있는 마루세이 버터샌드. 부드러운 과자 사이에 농후한 버터와 화이트초콜릿, 건포도로 만든 크림이 샌드되어 있는데 칼로리가 높은 줄 알면서도 멈출 수 없는 맛이다. 유통기한이 짧은 버터크림 때문에 보냉 포장하는 것이 좋다.

❸ 삿포로 맥주 클래식

삿포로 맥주의 고장에 방문한 만큼 한두 캔 정도 구입하면 기념품으로 좋다. 그중에서도 홋카이도가 아니면 구하기 쉽지 않은 삿포로 맥주 클래식은 홋카이도에 갔다 왔다는 가장 확실한 인증품이다. 과거의 방식 그대로 100% 맥아와 파인 아로마 홉으로 만들어 상쾌한 목 넘김과 부드러운 거품을 즐길 수 있다.

01

홋카이도 노보리베쓰 온천 + 삿포로 관광 2박 3일

홋카이도의 도청소재지이자 대표적인 관광지인 삿포로와 홋카이도에서 가장 유명한 온천지인 노보리베쓰 온천을 엮은 일정이다. 모처럼 홋카이도까지 왔으니 하루 더 잡아 노보리베쓰와 가까운 도야코 온천에서 호숫가의 온천을 즐기는 것도 좋다. 출국 날 신치토세공항에 일찍 도착해 마지막 쇼핑도 놓치지 말자.

1 Day

입국 + 노보리베쓰 온천

11:00	신치토세공항 도착
12:00	노보리베쓰 온천 직행 버스 탑승
13:05	노보리베쓰 온천 도착, 점심 식사
14:30	유황 냄새 폴폴 풍기는 지고쿠다니 및 오유누마 산책
16:00	온천가 족욕 및 산책
18:00	저녁 식사
20:00	밤하늘 아래 노천욕 즐기기

2 Day

삿포로 관광

08:00	아침 식사
10:00	노보리베쓰 온천 버스 탑승
11:40	삿포로역 앞 버스터미널 도착, 점심 식사(삿포로 라멘)
13:00	삿포로 맥주 박물관, 시로이 코이비토 파크, 모이와야마 등 삿포로 관광
18:00	지하철 스스키노역 하차, 저녁 식사(징기스칸)
20:00	오도리 공원 밤 산책

3 Day

출국

08:00	아침 식사
09:00	삿포로역에서 열차 탑승
09:40	신치토세공항 도착, 국내선 터미널 쇼핑
12:00	신치토세공항 출국

02
홋카이도 조잔케이 온천+ 삿포로 관광 2박 3일

맑은 물이 흐르는 계곡을 따라 자리한 조잔케이 온천은 홋카이도의 대표적인 온천지 중 하나이다. 최신의 대규모 시설에서 여유로운 온천 여행을 즐길 수 있고, 당일 입욕을 할 수 있는 시설도 여럿이다. 특히 삿포로와 접근성이 좋아 온천 여행과 시내 관광을 좀 더 여유 있게 계획할 수 있다.

1 Day

입국 + 조잔케이 온천

11:00 신치토세공항 도착

12:03 신치토세공항에서 삿포로 방면 열차 탑승

12:40 JR삿포로역 도착, 역내 점심식사(삿포로 미소라멘)

14:00 삿포로역 앞 12번 버스 정류장에서 조잔케이 온천 방면 버스 승차

14:57 조잔케이 온천 도착, 체크인

15:30 온천가 산책 및 당일 입욕 시설 이용

18:00 저녁 식사

20:00 밤하늘 아래 노천욕 즐기기

2 Day

삿포로 관광

08:00 아침 식사

10:30 조잔케이 온천 버스 탑승

11:30 스스키노역 앞 하차, 점심 식사(수프 카레)

13:00 삿포로 맥주 박물관, 시로이 고이비토 파크, 모이와야마 등 삿포로 관광

18:00 지하철 스스키노역 하차, 저녁 식사(징기스칸)

20:00 오도리 공원 밤 산책

3 Day

출국

08:00 아침 식사

09:00 삿포로역에서 열차 탑승

09:40 신치토세공항 도착, 국내선 터미널 쇼핑

12:00 신치토세공항 출국

01

노보리베쓰 온천 登別温泉

부글부글 원천이 끓고 있는 소리가 들리는 온천 지옥 계곡(지고쿠다니)을 따라 사계절 색감이 다른 원생림의 풍경과 하얀 연기가 뿜어내는 산책로를 함께 즐길 수 있는 곳이다. 오래 전부터 병을 치료하던 온천으로 러일전쟁 당시 부상병의 휴양지로 지정되어 온천 여관과 가게 등이 하나둘씩 들어오면서 지금의 온천 마을이 형성되었다. 노보리베쓰의 어원은 아이누어 '누푸르페'로, 이는 '하얗고 뽀얀 탁성이 있는 강'을 의미. 아이누어로 '구스리'는 '온천'을 의미하는데, 노보리베쓰 온천에 흐르는 강을 '구스리산페(약탕 옆에 흐르는 강)'라 불렀다. 특히 9가지의 서로 다른 온천 성분이 자연 용출되어 일명 '온천 백화점'으로 불린다. 한 지역에서 다양한 온천 치유를 체험할 수 있어 일본인들이 가장 가보고 싶은 온천으로 꼽히는 곳이다.

♨ 온천 성분

유황천硫黄泉 · 식염천食塩泉 · 명반천明礬泉 · 망초천芒硝泉 · 녹반천緑礬泉 · 철천-함철천鉄泉-含鉄泉 · 산성천酸性泉 · 중조천-탄산수소염천重曹泉-炭酸水素塩泉 · 라듐천ラジウム泉의 총 9가지 온천 성분을 즐길 수 있는 노보리베쓰 온천. 원천 온도가 45도에서 90도에 달할 정도로 높고 1일 1만 톤의 용량이 자연적으로 용출되며 지옥 계곡의 원천은 각 숙소의 온천으로 사용되고 있다.

♨ 온천 시설

노보리베쓰 온천가를 흐르는 오유누마 강 산책로를 따라 가다 보면 유카타를 입고 여유롭게 산책을 하거나 통나무 의자에 앉아 아시유足湯를 즐기는 여행자를 볼 수 있다. 삼림욕을 하면서 자연 그대로의 방식으로 잠시 쉬었다 갈 수 있는 곳으로, 시원한 공기가 발에 닿으면 마치 온천 위에 떠 있는 기분이다. 공공 온천 시설인 사기리유さぎり湯와 6곳의 온천 숙박 시설*에서 당일 입욕이 가능하다.

***당일 입욕 가능한 숙박 시설:** 다이이치타키모토칸第一滝本館 · 세키스이테이石水亭 · 그랜드호텔グランドホテル · 만세이카쿠万世閣 · 유모토노보리베쓰ゆもと登別 · 하나야はなや

♨ 숙박 시설

온천 마을에는 14곳의 숙박 시설이 있다.

♨ 찾아가는 방법

신치토세공항에서 노보리베쓰온전행 고속버스로 1시간. 또는 JR노보리베쓰登別역에서 노보리베쓰온천행 버스 이용, 15분 후 노보리베쓰온천 버스터미널 하차.

TEL 0143-84-3311 WEB www.noboribetsu-spa.jp

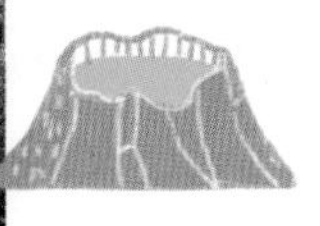

머물고 싶은 료칸, 가보고 싶은 온천

기품 있는 고급 온천 료칸

료테이 하나유라 旅亭花ゆら

노천탕	√
당일 입욕	
족욕탕	
노천탕 객실	√
전세탕	
목욕용품	√

노보리베쓰 온천에서 최상의 서비스를 누릴 수 있는 고급 료칸. 뽀얀 우윳빛의 유황온천으로 온천 후 뽀송뽀송해진 피부를 경험할 수 있다. 시원스럽게 통으로 녹음이 쏟아지는 로비와 정성스럽게 꾸며진 꽃향기 가득한 호텔 내부, 객실 구석구석에서 고급스러움이 배어난다. 대욕장에서는 노천풍의 지붕이 어우러진 히노키 온천과 유황천을 즐길 수 있고, 사계절 달라지는 풍광과 함께 즐기는 노천온천, 특히 눈을 맞으며 하는 온천욕의 정취는 그 무엇과도 바꿀 수 없다. 온천 후에는 객실에서 신선한 제철 식재료로 준비된 가이세키 요리를 맛볼 수 있는데 계절감을 느낄 수 있는 아기자기한 세팅은 보는 것만으로도 눈이 즐거워진다. 일반 다다미 객실과 가케나가시 방식의 노천온천이 딸려 있는 다다미 객실이 있고 객실 노천온천에서는 노보리베쓰의 자연을 프라이빗하게 즐기며, 여유로운 온천을 체험할 수 있다. 호텔에서는 예약제로 삿포로TV탑에서 호텔까지 송영 버스를 운영하는데, 예약제이며 10명 이상 예약 시 운행한다.

ADD 北海道登別市登別温泉町100 **ACCESS** 신치토세공항에서 노보리베쓰온천행 고속버스로 1시간. 또는 JR노보리베쓰역에서 노보리베쓰온천행 버스로 15분 이동 후 노보리베쓰온천 버스터미널에서 도보 8분. 또는 삿포로TV탑 옆에서 마호로바 셔틀버스 이용(13:15 출발 15:00 도착, 편도 1,000엔. 숙박 7일 전에 예약 필수, 예약 011-232-1510) **TEL** 0143-84-2322 **ROOMS** 37 **PRICE** 27,000엔(2인 이용 시 1인 요금, 조석식 포함)부터 **WEB** www.hanayura.com

일본식 정원의 운치를 느낄 수 있는 료칸

다키노야 滝乃家

시계절의 정연한 숲 속 정취를 느낄 수 있는 온천. 폭포가 떨어지는 품격 있는 일본 정원과 노보리베쓰 온천으로 이어진 다리를 건너 차분히 온천가를 산책할 수 있다. 서로 다른 성분을 체험할 수 있는 두 개의 노천탕이 있는데, 특히 한 폭의 그림과 같이 펼쳐진 구모이노유雲井の湯에서는 온천에 몸을 담그고 있으면 마치 갤러리에서 작품을 감상하는 듯한 느낌마저 든다. 또한 숲 속 조용한 정자 같은 노천탕 지엔노유地縁の湯는 콩콩 쏟아나는 온천 소리와 함께 나무 향이 어우러져 도시의 일상에서 벗어나 심신의 피로를 풀기에 좋은 곳이다.

노천탕	√
당일 입욕	√
족욕탕	
노천탕 객실	√
전세탕	
목욕용품	√

ADD 北海道登別市登別温泉町162 **ACCESS** 신치토세공항에서 노보리베쓰온천행 고속버스로 1시간. 또는 열차로 JR노보리베쓰역으로 이동 후 버스로 15분, 노보리베쓰온천 버스터미널에서 도보 3분 **TEL** 0143-84-2222 **ROOMS** 30 **PRICE** 노천탕 딸린 화양실 34,100엔(2인 이용 시 1인 요금, 조·석식 포함)부터 **WEB** www.takinoya.co.jp

노천탕	√
당일 입욕	
족욕탕	
노천탕 객실	√
전세탕	
목욕용품	√

31개의 온천탕을 즐길 수 있는

호텔 마호로바 ホテルまほろば

노보리베쓰 온천의 다양한 성분을 느껴볼 수 있는 온천 호텔. 무려 31종류의 온천탕이 있고, 단순유황천, 식염천, 산성철천과 우윳빛의 유황천까지 남녀 이용 시간대를 바꿔가며 모든 온천을 즐길 수 있게 한 것이 특징. 온천 총집합 수준이라 진정한 온천 팬이라면 만족할 만하다. 노보리베쓰의 울창한 나무들로 둘러싸인 지하 2층 노천탕에서는 조금 여유롭게 즐기기를 추천. 398실의 규모로 비교적 객실 수가 많은 호텔형이지만, 노천온천이 있는 전망 좋은 객실과 다다미 객실, 서양식 침실 등 투숙객의 취향과 예산을 고려한 다양한 객실이 있어 본인이 스타일에 맞추어 숙박할 수 있다. 온천 후 저녁 식사는 푸짐한 게 요리가 나오는 뷔페스타일이 기본이지만 가이세키 요리도 선택할 수 있다.

ADD 北海道登別市登別温泉町65 **ACCESS** 신치토세공항에서 노보리베쓰온천행 고속버스로 1시간. 또는 JR노보리베쓰역에서 노보리베쓰온천행 버스로 15분 이동 후 노보리베쓰온천 버스터미널에서 도보 3분. 또는 삿포로TV탑 옆에서 마호로바 셔틀버스 이용(13:15 출발 15:00 도착, 편도 500엔, 숙박일 8일 전에 예약 필수, 예약 011-232-1510) **TEL** 0143-84-2211 **ROOMS** 398 **PRICE** 12,500엔(객실 2인 이용 시 1인 요금, 조·석식 포함)부터 **WEB** www.h-mahoroba.jp

모든 긴장을 내려놓을 수 있는

다마노유 玉乃湯

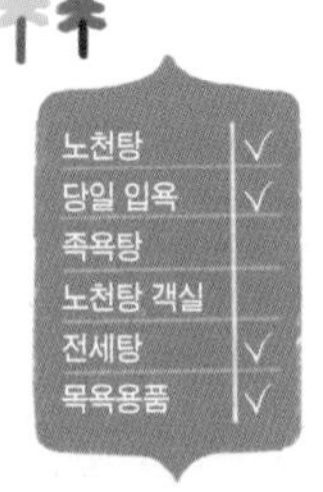

다키노야의 별관. 아늑하게 꾸며진 목조 건물에 아담하고 깔끔한 온천과 정갈한 방이 조용히 맞이하는 시설이다. 온천수는 황화수소천의 유황 냄새가 나며 뽀얗고, 두 명이 들어가면 딱 좋은 전세탕에도 노천탕이 딸려 있다. 저녁 식사는 제철 식재료로 만든 가이세키 요리가 화로에 둘러앉아 먹을 수 있도록 차려진다. 방에는 산뜻한 허브 향이 나고, 유카타 외에 움직이기 편한 사무에作務衣(윗도리와 바지로 구성된 편한 옷, 스님의 작업복)도 제공해 선택할 수 있다. 규모가 그리 크지 않은 시설로 동선이 짧아 좋다. 반면 스태프의 수도 빠듯한 편으로, 여유를 가지고 머무르기를 권한다.

ADD 北海道登別市登別温泉町31 **ACCESS** 신치토세공항에서 노보리베쓰온천행 고속버스로 1시간. 또는 열차로 JR노보리베쓰역으로 이동 후 버스로 15분, 노보리베쓰온천 버스터미널에서 도보 3분 **TEL** 0143-84-3333 **ROOMS** 24 **PRICE** 13,110엔(2인 이용 시 1인 요금, 조·석식 포함)부터 **ONE-DAY BATHING** 저녁 식사 플랜과 함께 이용 가능. 1인 6,630엔, 예약 필요 **WEB** www.tamanoyu.biz

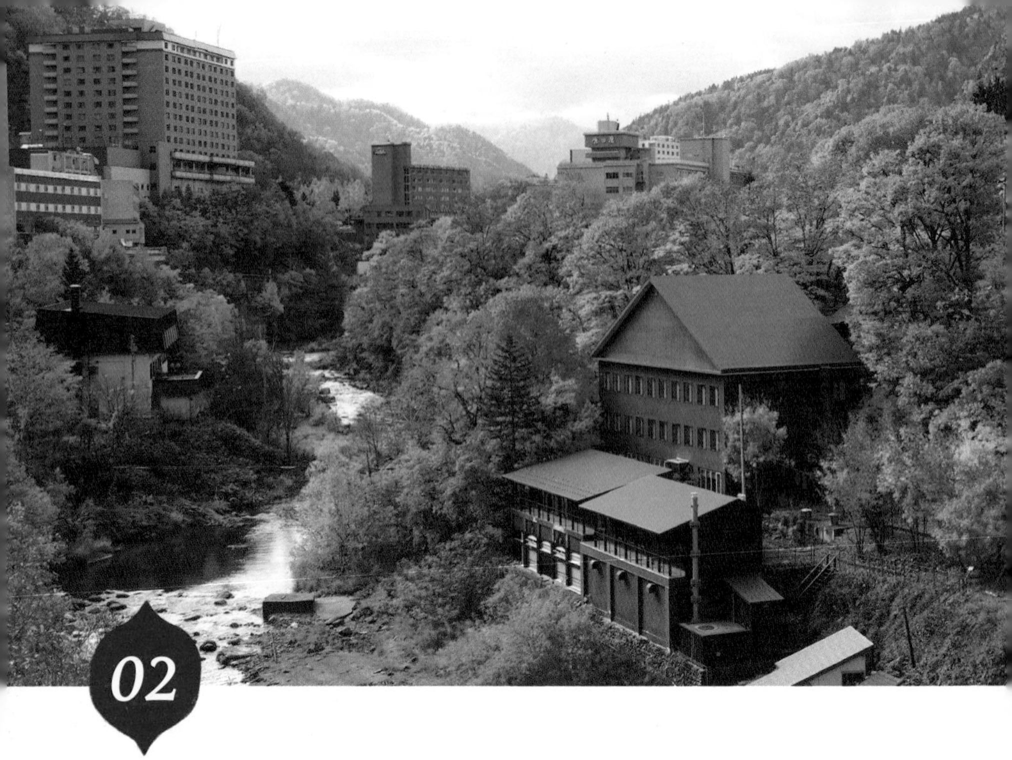

02

조잔케이 온천

定山渓温泉

홋카이도 최대 도시인 삿포로에서 직행버스로 약 1시간, 홋카이도의 다른 온천들에 비해 접근성이 좋으면서 산중에 아늑하게 자리 잡은 온천이다. 편리한 위치 덕분에 연중 방문객이 많고 그에 따라 대규모 호텔이 주로 자리하고 있다. 스키장과 댐이 가까워 일본에서는 수학여행으로도 많이 찾는다. 총 56개의 원천지가 있으며 대부분 쓰키미바시月見橋 다리 근처에 모여 있어 뭉게뭉게 올라오는 수증기를 볼 수 있다. 조잔케이 온천에는 일본 전설 속 동물인 갓파 이야기가 전해져 내려와 온천의 심벌로 온천 곳곳에서 동상과 상징물을 발견할 수 있다. 갓파는 부리가 달린 개구리로 거북 등을 하고 머리에는 원형탈모증처럼 접시가 있는데, 이 접시의 물이 마르면 힘을 잃거나 죽는다고 하여 '접시가 마르지 않기를' 기원하며 음식점의 영업 번창을 비는 대상이 되기도 한다.

♨ 온천 성분

일본에서 가장 일반적인 온천 성분인 나트륨 염화물천으로 맛이 조금 짠 편이다. 몸을 따뜻하게 하는 효과가 있다.

♨ 온천 시설

공공 온천탕은 따로 없고, 족욕을 즐길 수 있는 아시유足湯 시설 3곳과 온천수에 손을 담그며 소원을 빌 수 있는 데유手湯 시설이 1곳 있다.

♨ 숙박 시설

계곡 양옆으로 큼직큼직한 숙박 시설들이 자리한다. 23곳의 시설이 있고 그중 19곳의 시설은 당일 입욕이 가능하다. 대부분의 온천 호텔에서는 삿포로역 혹은 가까운 열차 역까지 무료 셔틀버스를 운행한다.

♨ 찾아가는 방법

신치토세공항에서 직행버스로 약 1시간 40분(1일 1회 왕복). 또는 JR삿포로札幌역에서 직행버스로 약 1시간(1일 4회 왕복).

TEL 011-598-2012(조잔케이관광협회)
WEB jozankei.jp

가족과 함께하는 리조트

조잔케이 쓰루가 리조트 스파 모리노우타

定山渓鶴雅リゾートスパ森の謌

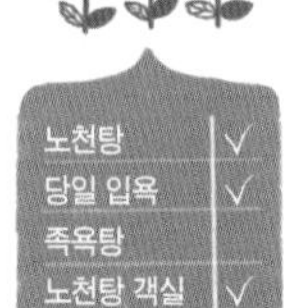

노천탕	√
당일 입욕	√
족욕탕	
노천탕 객실	√
전세탕	
목욕용품	√

현대적이고 무뚝뚝해 보이는 겉모습과는 달리, 이 시설의 목표는 '동화 속에 나오는 숲의 생기가 가득 찬 장소'다. 맨발로 다녀도 발이 차가워지지 않도록, 오랜 이끼 같은 융단이 깔린 라운지에는 클래식 스피커에서 음악이 흐르고, 독특하게도 한편에는 고급스러운 시가 룸이 있어 애연가를 반긴다. 숲 속 레스토랑을 이미지화하여 채소류와 과일을 많이 사용하는데, 특히 디저트에 힘을 줘 '파티시에 라보'라는 디저트 가게를 두었다. 노천탕이 딸린 코티지는 테라스와 복층 방이 있어 가족이 묵기에 딱 좋다. 특히 저녁 식사 후 라운지에서 서비스되는 마시멜로 굽기는 아이들에게는 물론 어른들에게도 재미있는 추억이 될 듯. 런치+입욕 플랜 이용객용 무료 셔틀도 있다. 오전 10시 30분에 마코마나이역에서 출발하고, 모리노우타에서는 오후 3시 30분에 출발한다. 예약 필수.

ADD 北海道札幌市南区定山渓温泉東3-192 **ACCESS** 삿포로에키마에 버스터미널 12번 승강장에서 갓파라이나호 승차, 1시간 후 조잔케이온센 히가시니초메定山渓温泉東2丁目 하차, 도보 3분. 혹은 지하철 난보쿠선南北線 마코마나이真駒内역에서 왕복 무료 셔틀버스 이용(1일 3회 운행) **TEL** 011-598-2671 **ROOMS** 54 **PRICE** 23,100엔(2인 이용 시 1인 요금, 조·석식 포함)부터 **ONE-DAY BATHING** 점심 뷔페 포함 플랜. 11:30~14:30, 3,400엔(주말 공휴일만 영업)(렌털 타월 포함) **WEB** www.morino-uta.com

자신을 돌아볼 수 있는

후루카와

ふる川

호텔 같은 대형시설이 많은 조잔케이에서 드문 료칸풍의 시설. 차분한 분위기가 왠지 집에 돌아온 듯 몸의 긴장을 덜어주는 곳이다. 전구가 불을 밝히는 전망온천과, 한밤중에는 칠흑으로 물들어 별을 돋보이게 하는 노천탕에 히노키 나무욕조의 대절탕이 있다. 또 명상을 할 수 있도록 나무로 만들어 아늑한 전구조명을 밝힌 온천이 있는데, 조용한 명상의 분위기를 위해 어린이는 입욕할 수 없다. 일본 남쪽 규슈 지역 옛 민가와 북쪽 홋카이도 오타루의 돌창고를 조합한 독특한 공간을 레스토랑으로 사용하며, 홋카이도의 예술 작품을 감상할 수 있는 갤러리도 운영한다.

ADD 北海道札幌市南区定山渓温泉西4-353 **ACCESS** 삿포로에키마에 버스터미널 12번 승강장에서 조잔케이온센 혹은 호헤이쿄온센豊平峡温泉행 버스 타고 80분 후 유노마치湯の町 하차 바로, 혹은 삿포로 NHK 앞에서 왕복 무료 셔틀버스 이용(1일 2회 운행), 약 50분 소요 **TEL** 011-598-2345 **ROOMS** 52 **PRICE** 16,800엔(2인 이용 시 1인 요금, 조·석식 포함)부터 **ONE-DAY BATHING** 12:00~15:00, 1,500엔 **WEB** www.yado furu.com

한 번쯤은 나를 위해 돈을 쓰고 싶을 때

스이잔테이 클럽 조잔케이

翠山亭俱楽部定山渓

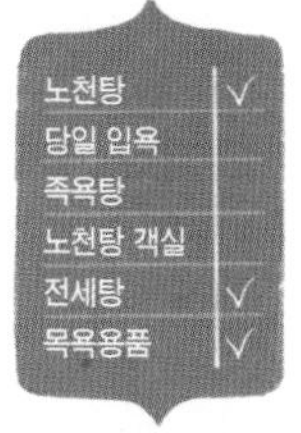

그림자를 드리우는 나무 사잇길로 나를 기다리는 별장이 있다면 이런 느낌일 것 같은 호텔. 객실의 냉장고와 바도 내게 제공되는 무료 품목에 들어간다. 묵직한 외관에 중후한 인테리어, 숲을 품은 정원에 둘러싸여 일상과는 다른 곳임을 실감하게 하고, 전 객실에 온천을 사용하는 히노키 욕조를 놓았으면서도 노천탕과 대욕장이 따로 있어 온천에 부족함이 없다. 게스트라운지의 음료도 무료로 이용할 수 있으니 집주인이 된 기분으로 한껏 누리며 쉬자. 차량으로 이동하는 별관 모리노유는 순전히 온천만을 위한 곳이다. 프런트에 얘기하면 되니(무료) 꼭 이용해 보자.

ADD 北海道札幌市南区定山渓温泉西2-10 **ACCESS** 삿포로에키마에 버스터미널 12번 승강장에서 조잔케이온센 혹은 호헤이쿄온센豊平峡温泉행 버스 타고 50분 후 다이이치호테루마에(호텔 앞)第一ホテル前 하차 바로, 혹은 삿포로 쇼와 빌딩 앞에서 왕복 무료 셔틀버스 이용(1일 2회 운행), 약 40분 소요 **TEL** 011-595-2001 **ROOMS** 14 **PRICE** 28,200엔(2인 이용 시 1인 요금, 조·석식 포함)부터 **WEB** www.club-jyozankei.com

노천탕	√
당일 입욕	
족욕탕	
노천탕 객실	√
전세탕	√
목욕용품	√

호수와 하나 된 노천탕

노노카제 리조트 乃の風リゾート

국립공원이면서 지오파크로 지정되어 있는 도야코 호수. 일본 100경에도 선정된 아름다운 칼데라 호수인 도야코의 절경을 전 객실에서 감상할 수 있는 리조트 호텔이다. 관내에 펫숍, 스포츠 관전 카페, 갤러리 등을 비롯해 자사의 농원에서 생산한 안전가공품을 파는 셀렉트숍, 호텔 정통 스위츠 카페, 옛날 분위기를 그대로 살린 공중목욕탕 등 흥미로운 시설이 가득하다. 마치 호수와 하나로 이어진 것 같은 최상층의 노천탕은 바위로 틀을 만들고 호수 쪽으로 온천수가 흘러넘치는 것처럼 설계되어 있어 탁 트인 천혜의 풍경을 즐길 수 있다. 눕거나 서서 할 수 있는 다양한 스타일의 온천에 계절마다의 분위기를 살린 계절탕 등 여러 번 방문해도 언제나 신선한 온천이 기대되는 곳이다. 온천은 염화물천, 황산염천, 탄산수소염천의 혼합천으로 피부와 상처, 화상 등에 좋다. 캐주얼한 숙박으로는 스파리조트관을, 럭셔리한 프리미엄 숙박으로는 노노카제클럽을 선택하면 된다.

ADD 北海道虻田郡洞爺湖町洞爺湖温泉29-1 **ACCESS** 신치토세공항에서 셔틀버스 이용(1,000엔, 예약제). 또는 삿포로札幌역 동쪽 출구에서 무료 셔틀버스로 2시간 30분(3일 전까지 선착순) **TEL** 0570-026571 **ROOMS** 166 **PRICE** 18,000엔(스파리조트관, 2인 이용 시 1인 요금, 조·석식 포함)부터 **WEB** nonokaze-resort.com

홋카이도에서 가장 역사 깊은

유노카와 온천 헤이세이칸 가이요테이

湯の川温泉 平成館 海羊亭 (휴업 중)

홋카이도에서 제일 오래되었으며, 바다에 면해 있어 노천온천에서는 바닷바람을 느낄 수 있는 유노카와 온천. 그중에서도 헤이세이칸은 일부 온천 시설에서만 경험할 수 있는 불그스름한 아카유赤湯가 가장 먼저 생겼다고 전해진다. 이 온천은 함비소 · 함중조-약식염천으로 에도시대 신선조의 부장 히지카타 도시조土方歳三가 상처를 치료했다던 명탕으로 알려져 있다. 또 하나의 원천은 무색무취의 나트륨, 칼륨염화물천(식염천)이며, 몸을 따뜻하게 해주는 효능이 탁월하다. 유노카와 온천은 홋카이도에서도 관광지로 유명한 하코다테까지 노면전차로 30분이면 갈 수 있을 정도로 가까워 관광과 온천을 함께 즐기기에 좋다.

ADD 北海道函館市湯川町1-3-8 **ACCESS** 신치토세공항에서 열차로 JR미나미치토세南千歳역까지 이동한 후 하코다테函館행 특급열차로 환승, JR 하토다테函館역 하차(약 3시간 40분 소요), 노면전차를 타고 유노카와온센湯川温泉역까지 약 30분, 하차 후 도보 8분. 또는 하코다테공항에서 공항버스 이용, 8분 후 유노카와온센湯川温泉 정류장 하차, 바로 **TEL** 0138-59-2555 **ROOMS** 214 **PRICE** 9,445엔(2인 이용 시 1인 요금, 조·석식 포함)부터 **WEB** www.kaiyo-tei.com

호수와 함께 호흡하는 온천

시코쓰코 마루코마 온천료칸

支笏湖 丸駒温泉旅館

단지 호수를 바라보거나 가까이 있는 정도가 아니라, 아예 탕이 호수에 들어가 있는 온천이다. 호수의 일부를 바위로 막아 만든 노천탕에서는 발아래 자갈 사이로 온천수가 나오는 것을 느낄 수 있다. 자갈의 두께로 온천을 즐기기 좋은 온도로 조절한다. 당연히 호수의 수위에 따라 온천의 수위도 달라지는데, 겨울에는 50cm로 내려갈 때도 있고, 비가 많이 오는 여름엔 최고 160cm까지 올라간 적도 있다. 일반적인 '비탕' 하면 떠올리는 이미지와 달리 규모가 있는 시설로, 아침에는 직접 빵을 구워내고 관내에 작지만 게임코너와 노래방도 있다. 호수에 면해 있는 장점을 살려 호수를 일주하는 크루징 프로그램도 이용 가능하다. 온천은 나트륨 · 칼슘-염화물 · 탄산수소염 · 황산염천으로 관절 통증, 동맥경화, 허약체질 개선 등에 좋다.

ADD 北海道千歳市支笏湖幌美内7 ACCESS 신치토세공항에서 버스 이용, 약 50분 후 시코쓰코支笏湖 하차, 택시로 15분. 숙박객은 시코쓰코 정류장으로 송영 차량 서비스 제공 TEL 0123-25-2341 ROOMS 55 PRICE 15,120엔(2인 이용 시 1인 요금, 조·석식 포함)부터 ONE-DAY BATHING 10:00~15:00, 1,000엔 / 전세탕(50분) 10:00~15:00, 전세 요금 2,750엔+입욕료(인당) WEB www.marukoma.co.jp

하늘 위의 온천

도카치다케 온천 료운카쿠

十勝岳温泉 凌雲閣

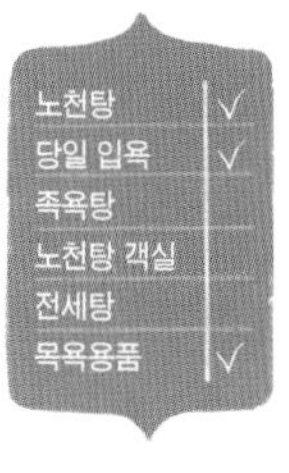

표고 1,280m, 홋카이도에서 가장 높은 곳에 천연 100% 온천을 가진 숙소. 다이세쓰 국립공원 안에 위치하고, 일본에서 가장 빨리 단풍이 드는 곳이기도 하다. 10월 중순이나 하순이면 눈이 희끗희끗한 산속에서 노천온천이 가능하다. 숙소 자체는 소박하여 트레킹을 하는 사람들을 위한 게스트하우스 같은 느낌. 산 위라는 위치가 제공하는 노천온천에서의 절경은 놓치기 아깝다. 눈 풍경도 좋지만 가을 단풍이 주황빛 온천수와 어우러져 최고의 풍경을 자아낸다. 계절에 따라 색을 바꾸는 두 개의 원천은 각각 온도도 달라 둘을 섞어서 온도조절을 하기도 한다고. 투명에 가까운 1호천은 산성 · 함철-알루미늄 · 칼슘-황산염천. 36~37도 정도로 미지근한 느낌을 주지만 pH2.4의 산성으로 살균력이 강해 상처에 좋고, 공기와 만나 갈색으로 변하는 2호천은 칼슘 · 나트륨-황산염천으로 자극이 적고 진정 작용이 있는 부드러운 온천이다.

ADD 北海道空知郡上富良野町十勝岳温泉 **ACCESS** 신치토세공항에서 열차로 삿포로札幌역까지 이동한 후 JR열차로 환승, JR아사히카와旭川역을 거쳐 JR가미후라노上富良野역 하차, 역 앞에서 도카치다케十勝岳행 버스 이용, 46분 후 종점 료운카쿠마에凌雲閣前 하차, 바로 **TEL** 0167-39-4111 **ROOMS** 12 **PRICE** 11,100엔(2인 이용 시 1인 요금, 조·석식 포함)부터 **ONE-DAY BATHING** 08:00~19:00, 800엔 **WEB** ryounkaku.jp

어떻게 다닐까?

키타카 KITACA

삿포로 시내를 편리하게 돌아보려면 여러 교통 수단을 적절히 활용해야 한다. 지하철은 삿포로역에서 최대 번화가인 스스키노역까지 이동할 때 자주 타게 된다. 레트로한 분위기가 물씬 풍기는 삿포로 시영전차는 삿포로의 야경 전망 포인트로 유명한 모이와야마를 갈 때 편리하다. 또한 삿포로 맥주박물관과 삿포로 팩토리, 오도리 공원, 삿포로역 등 삿포로 동쪽 시내 구간을 순환 운행하는 관광버스 삿포로 워크さっぽろうぉ~く도 있다. JR홋카이도에서 발행하는 충전식 IC카드인 키타카를 구입하면 JR 열차뿐 아니라 지하철, 노면전차, 버스 등 삿포로 관광에 필요한 여러 교통수단을 편리하게 이용할 수 있다. 판매금액은 2,000엔부터이며, 500엔의 보증금이 포함되어 있다.

어디를 갈까?

❶ 삿포로 맥주 박물관 サッポロビール博物館

'맥주 하면 삿포로, 삿포로 하면 맥주'라는 말이 있을 정도로 유명한 삿포로 맥주의 역사와 제조법, 라벨과 병의 변천사 등을 소개하고 있는 일본 유일의 맥주 박물관. 견학 후 마시는 삿포로 생맥주의 맛이 더욱 각별하다. 구로라벨, 클래식, 가이타쿠시바쿠슈(개척자맥주) 세 종류의 삿포로 생맥주가 800엔.

ACCESS 지하철 도호선東豊線 히가시쿠야쿠쇼마에東区役所前역 3번 출구에서 도보 10분, 또는 지하철 삿포로さっぽろ역 앞(도큐백화점 남쪽)에서 삿포로 워크 버스 승차 15분 후 삿포로비루엔サッポロビール園 하차, 도보 1분 **WEB** www.sapporobeer.jp/brewery/s_museum

❷ 오도리 공원 大通公園

삿포로 중심부를 동서로 가로지르는 1.5km의 도심공원. 삿포로의 랜드마크인 텔레비전 타워가 공원 한쪽 끝에 우뚝 서 있다. 2월 눈 축제, 8월 맥주 축제 등 각종 이벤트가 수시로 열리고, 봄 · 여름에는 아름다운 꽃과 나무가 어우러져 산책하기에도 좋다. 오도리 공원의 명물 포장마차에서는 4월 말부터 10월 중순까지 다디단 홋카이도산 옥수수를 구워 판다.

ACCESS 지하철 난보쿠선南北線 · 도자이선東西線 · 도호선東豊線 오도리大通역 27번 출구(텔레비전 타워)

❸ JR타워 JR TOWER

JR삿포로역과 이어진 복합쇼핑시설. 다이마루 백화점 삿포로점과 4곳의 쇼핑센터가 지하 1층부터 지상 10층까지 들어서 있다. 유명한 라멘 테마파크 '삿포로 라멘교와코쿠札幌ら~めん共和国' 또한 쇼핑센터 에스타 10층에 자리한다. 특급호텔 JR타워 닛코 삿포로, 아름다운 야경을 감상할 수 있는 38층의 전망대 T38 등 역에서 멀리 가지 않아도 삿포로를 충분히 만끽할 수 있다.

ACCESS JR삿포로札幌역과 연결 **WEB** www.jr-tower.com

❹ 스스키노 거리 すすきの

삿포로뿐만 아니라 홋카이도 전체를 봐도 가장 활기가 넘치는 스스키노의 밤거리. 빌딩에 걸린 닛카 위스키 광고판이 번쩍거리며 흥을 돋운다. 삿포로 미소라멘의 발상지로 알려진 라멘 골목 간소 라멘요코초元祖ラーメン横丁와 징기스칸, 수프카레 등을 즐길 수 있는 음식점과 이자카야(선술집)가 즐비하다.

ACCESS 지하철 난보쿠선南北線 스스키노すすきの역 또는 노면전차 스스키노すすきの역 하차

❺ 모이와야마 もいわ山

홋카이도의 원시림을 간직한 모이와야마는 삿포로의 경치를 굽어보는 전망 포인트로도 유명하다. 특히 새까만 밤하늘을 배경으로 텔레비전 타워와 스스키노 거리의 관람차, 도로의 가로등을 비롯해 수많은 불빛이 반짝이는 야경이 아름답다. 로프웨이 곤돌라를 타고 1,200m를 이동한 후, 미니 케이블카인 모리스카로 갈아타면 산 정상에 도달한다.

ACCESS 노면전차 로프웨이이리구치ロープウェイ入口역에서 하차 후 무료 셔틀버스 이용, 모이와산로쿠もいわ山麓역(로프웨이 승강장)까지 5분 WEB mt-moiwa.jp

❻ 시로이 고이비토 파크 白い恋人パーク

홋카이도의 대표 과자 '시로이 고이비토'의 생산 공장이자 과자 테마파크. 중세 유럽의 성을 연상시키는 로맨틱한 동화의 나라로 성큼성큼 걸어 들어가 보자. 일사불란한 공정을 거쳐 만들어지는 시로이 고이비토와 이곳에서만 맛볼 수 있는 오리지널 초콜릿 드링크, 30cm 높이의 점보 파르페, 각종 컵케이크 등 달콤한 디저트의 세계가 펼쳐진다.

ACCESS 지하철 도자이선東西線 미야노사와宮の沢역 2번 출구에서 도보 7분 WEB www.shiroikoibitopark.jp

❼ 오도리빗세 ODORI BISSE

오도리 공원 인근의 복합쇼핑몰 오도리빗세. 1층에 홋카이도 유명 스위츠를 모아 놓은 빗세 스위츠ビッセスイーツ가 있고, 지하 1층과 2~3층의 매장도 홋카이도의 지역성을 드러내는 상품들이 주를 이룬다. 4층에는 홋카이도 각지의 인기 있는 레스토랑과 카페가 입점해 있어 오도리빗세 빌딩 전체가 작은 홋카이도라 불릴 만하다.

ACCESS 지하철 지하철 난보쿠선南北線 · 도자이선東西線 · 도호선東豊線 오도리大通역 13번 출구에서 지하도로 연결 WEB www.odori-bisse.com

Tohoku

도호쿠 東北

다케 온천
嶽温泉

다마가와 온천
玉川温泉

아오모리현

이와테현

뉴토 온천향
乳頭温泉郷

긴잔 온천
銀山温泉

아키타현

야마가타현

미야기현

자오 온천
蔵王温泉

나루코 온천
鳴子温泉

후쿠시마현

한여름에도 선선한 날씨, 가을철 선명한 붉은색의 단풍, 겨울에는 온 세상을 뒤덮은 새하얀 눈으로 일본인들 사이에서도 여행지로 인기가 높은 지역이다. 특히 소복하게 눈이 쌓인 노천탕에서 김이 모락모락 나는 온천을 즐기는 장면을 어디선가 본 적이 있다면, 십중팔구는 이 지역의 온천일 것이다. 경제발전의 중심부에서 거리가 있어서인지, 사람의 손을 덜 탄 자연과 온천이 많이 남아 있다. 지역별로 봤을 때 '일본 비탕을 지키는 모임'의 회원이 60개로 가장 많기도 하다. 깊은 산중에 호젓하게 자리한 작은 료칸과 일본 온천의 원형을 간직한 비밀스러운 온천을 만날 수 있다.

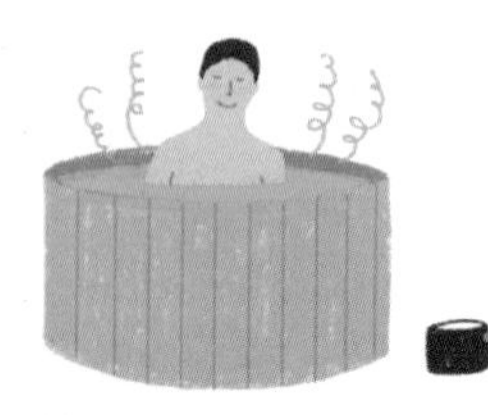

어느 지역일까?

혼슈의 가장 북쪽인 도호쿠 지역은 아오모리현, 아키타현, 야마가타현, 이와테현, 미야기현, 후쿠시마현의 여섯 현을 말한다. 아오모리현 남부와 아키타현에 걸쳐진 시라카미 산지와 아키타현과 이와테현 경계의 하치만타이 산지 등 곳곳에 너도밤나무 원시림이 잘 보존되어 있어서 뛰어난 자연경관을 자랑한다. 특히 활화산인 하치만타이를 중심으로 온천이 조성되어 있다. 인구 대부분이 태평양 연안을 따라 분포하고 있으며, 인구 밀도가 낮고 도시가 발달하지 않았다. 가장 큰 도시는 미야기현의 센다이시이다.

날씨는 어떨까?

도호쿠 지역은 동서로 가르는 오우 산맥奥羽山脈을 기준으로 서쪽과 동쪽으로 크게 나눌 수 있는데 산맥의 서쪽은 겨울에 눈이 많이 오고 동쪽인 태평양 쪽은 여름에도 기온이 많이 오르지 않아 선선하다.

어떻게 갈까?

도시가 발달하지 않고 산과 들판이 넓게 펼쳐진 도호쿠 지역에서는 렌터카 없이는 자유롭게 여행하기 힘들다. 각 회사의 렌터카 대리점이 대부분 공항에 입점해 있으니 아예 처음부터 렌터카 여행으로 계획하는 것이 한 방법. 일본에서 렌터카를 이용하려면 국내운전면허증과 함께 국제운전면허증을 발급받아야 한다. 운전 면허증이 없다면 미리미리 버스와 열차의 시각표를 조사해 동선을 짜두고 대안도 생각해두는 게 좋다. 각 공항에서 대중교통으로 이동할 경우, 아키타공항은 직접 온천지로 향하는 버스를 이용하고, 아오모리공항과 센다이공항은 각각 가장 가까운 교통중심지인 JR아오모리青森역과 JR센다이仙台역까지 이동 후 각 온천지 또는 숙소 방면의 버스와 열차를 이용하면 된다.

어디로 입국할까?

❶ 나리타공항 or 하네다공항

공항에서 도쿄역으로 이동 후 도호쿠 신칸센을 이용해서 아키타, 아오모리, 센다이 등 도호쿠 주요 도시를 이용할 수 있다. JR동일본 패스를 이용하면 해당 지역의 열차와 신칸센을 5일간 무제한으로 승차할 수 있다. 성인 20,000엔

WEB www.jreast.co.jp/multi/ko/pass/eastpass_t.html

❷ 아키타공항 秋田空港

대한항공에서 직항편의 운항 스케줄이 수시로 변경되기 때문에 먼저 항공 스케줄을 확인해야 한다. 만약 운항 기간이 아니라면 인천공항에서 도쿄 나리타공항 또는 하네다공항으로 이동한 후 국내선으로 환승하거나 JR도쿄역에서 신칸센 열차를 타고 JR다자와코田沢湖역(2시간 50분)으로 가면 된다. 아키타공항에서는 셔틀 승합차인 에어포트라이너를, JR아키타역과 JR다자와코역에서는 노선버스인 우고교통버스를 이용해 각 온천지로 이동 가능하다. (2022년 11월 운휴 중)

WEB www.akita-airport.com

❸ 아오모리공항 青森空港

수 · 금 · 일요일 인천공항에서 대한항공이 왕복 운항한다. 일정이 넉넉하다면 아키타의 온천을 함께 경험해보는 것도 좋다. 아오모리시, 히로사키시로 이동하는 공항 리무진버스가 운행한다. (2022년 11월 운휴 중)

WEB aomori-airport.co.jp

❹ 센다이공항 仙台空港

미야기현의 대표 공항으로, 도호쿠 지역의 공항 중 가장 크고 공항 내에 열차가 운행해 접근성이 좋다. 인천공항에서 매일 아시아나항공이 왕복 운항을 한다. 열차 센다이쿠코 액세스선으로 20분 정도 소요되며 센다이역까지 간다. (2022년 11월 운휴 중)

WEB www.sendai-airport.co.jp

❶ 이나니와 우동 稲庭うどん

일본의 3대 우동 중 하나인 이나니와 우동은 특히 고급 건면 우동으로 유명하다. 일반적인 우동에 비해 가늘고 납작한 편이며 탄력이 강하고 매우 매끄럽다. 면의 특징을 잘 느끼려면 차가운 우동(세이로)을 주문해보자. 간장소스에 찍어 입에 넣고 콧등치기 국수처럼 후루룩 빨면 씹을 새도 없이 넘어간다. 아키타현 유자와시湯沢市가 원조이며, 아키타현 어디서든 쉽게 이나니와 우동 가게를 찾아볼 수 있다.

❷ 규탄야키(소 혀 구이) 牛タン焼き

우리에겐 낯설지만 일본의 고깃집에 가면 꼭 있는 부위가 규탄, 즉 소 혀다. 미야기현의 센다이가 이 소 혀 구이로 유명한데, 특유의 잡냄새는 거의 안 나고 육질은 쫄깃해서 꼭 먹어보기를 추천한다. 주로 간이 되어 있는 경우가 많으니 우선은 그냥 먹어보고, 나중에 추가로 소스나 고춧가루 등을 찍어 먹으면 된다.

❸ 모리오카 냉면 盛岡冷麺

모리오카 냉면은 이와테현 모리오카 지역에 사는 재일교포가 그리운 고향의 맛을 재현해 선보였던 것을 시작으로 일본인에게도 인기를 얻은 음식이다. 관련 다큐멘터리가 한국에서도 여러 번 방영되기도 했다. 사골 국물의 진한 육수, 감자전분을 사용해 쫄면 같이 탱탱한 식감의 면, 그리고 고명으로 얹은 김치가 모리오카 냉면의 특징이다.

❶ 쓰가루누리 칠기 津軽塗

일본 전통공예품으로 지정된 아오모리현의 쓰가루누리 칠기는 여러 겹 옻칠한 그릇을 갈아서 만든 나뭇결 같은 자잘한 문양이 특징으로, 견고하고 가벼워 실용적이다. 나무를 원료로 한 칠기의 특성상 너무 바싹 말리면 금이 가기도 하고 철 수세미로 닦으면 흠집이 난다. 사용 후에는 세척기를 사용하지 말고 마른 천으로 닦아 말리는 것이 좋다.

❷ 이부리갓코(훈제 단무지) いぶりがっこ

처음 먹어보면 깜짝 놀랄 맛의 훈제 단무지. 훈연한 무를 절여 스모키 햄처럼 진한 향이 나고 아작아작한 식감이 특징이다. 밥반찬으로도 손색이 없고 녹차에 곁들여 먹기에도 좋다. 훈제가 아니더라도 아키타현은 절임 음식이 발달해 당근이나 마, 가지 등의 절임 반찬을 간단한 선물용으로 많이 판매한다.

❸ 고케시(목각인형) 小芥子

일본 여자아이의 모습을 한 원통형의 목각인형. 도호쿠 지역 민예품으로 건강한 아이를 기원하는 의미를 담고 있다. 또한 고케시의 머리는 미즈키水木(층층나무) 나무로 만드는데, 물 수水 자가 들어가 있어 집에 두면 불이 나는 것을 막아준다고 믿기도 한다. 미야기현의 나루코 온천은 일본에서 가장 오래된 목각인형 전수 마을로 투박하지만 따뜻한 손맛이 느껴지는 고케시를 만날 수 있다. 수첩, 손수건, 지갑, 성냥개비 등 기념품으로 좋은 고케시 소품도 다양하다.

01
아키타 뉴토 온천향 + 아키타 관광
2박 3일

아키타의 주요 관광지를 둘러보고 온천의 기운을 간직한 채 귀국할 수 있는 2박 3일 코스. 드라마의 촬영지로도 유명한 깊은 산속 뉴토 온천향과 일본에서 가장 깊은 호수인 다자와 호수, 도호쿠의 작은 교토라 불리는 가쿠노다테 전통마을을 포함하는 일정이다. 둘째 날 시내관광을 아키타의 다른 온천지로 변경하거나, 3박 4일로 일정을 늘려 아오모리현의 온천까지 다녀올 수도 있다. 가능하면 전 일정에 렌터카 이용을 추천한다.

1 Day
입국 + 뉴토 온천향

11:00 하네다공항 도착, 도쿄역으로 이동 후 도호쿠 신칸센 탑승

17:30 다자와코역 도착

18:30 뉴토온천향 도착(렌터카 혹은 택시, 노선 버스)

2 Day
뉴토 온천향 + 가쿠노다테 관광

08:00 아침 식사

09:00 뉴토 온천향 유메구리(온천 순례) 및 점심 식사

14:00 가쿠노다테 이동

14:30 가쿠노다테 도착, 관광

17:30 시내 이동 및 렌터카 반납

18:00 아키타 시내 향토음식점에서 저녁 식사

20:00 숙소 휴식

3 Day
출국

08:00 아침 식사

09:30 아키타역 내 쇼핑몰

11:30 셔틀 승합차 에어포트라이너 탑승, 공항으로 이동

12:15 아키타공항 도착

13:50 아키타공항 출발

* 현재는 아키타공항 직항이 휴항 중이다. 아침에 출발하는 항공편으로 나리타 공항 혹은 하네다공항을 이용하여 입국한 뒤 신칸센으로 다자와코역까지 이동. 일찍 도착하면 다자와 호수를 관광하는 것을 추천한다.

02
미야기 나루코 온천 + 이와테 마쓰카와 온천 + 센다이 관광 3박 4일

도쿄역에서 신칸센을 이용하거나 센다이공항을 이용해 인접한 미야기현과 이와테현의 온천지 2곳을 즐기고 센다이 지역 관광까지 아우르는 일정이다. 고속버스와 열차 등 대중교통이 그런대로 잘 갖추어져 있어 렌터카 없이도 소화가 가능하다. 미야기현의 향토요리인 규탄야키(소 혀 구이)와 이와테현의 명물인 모리오카 냉면 등 먹부림도 풍요롭다.

1 Day 나루코 온천

11:00 오전에 하네다공항 도착(센다이공 항 이용 시 항공 시간 확인 필요)

13:00 도쿄역으로 이동 후 점심 식사, 도호쿠 신칸센 탑승

15:00 센다이역 도착 후 버스 탑승

2 Day 마쓰카와 온천

10:18 나루코 온천 버스 탑승

11:40 센다이역 도착, 열차 탑승

12:33 JR모리오카역 도착, 점심 식사 (모리오카 냉면)

13:42 모리오카역 앞 버스 탑승

15:28 마쓰카와 온천 도착

16:00 주변 숲 산책 또는 트레킹

18:30 저녁 식사

20:00 온천 및 휴식

3 Day 센다이 관광

09:45 모리오카역 방면 버스 탑승

11:29 모리오카역 도착

11:50 JR모리오카역 신칸센 열차 탑승

12:29 JR센다이역 도착

12:51 열차 환승

13:30 JR마쓰시마카이간역 하차, 절경지 마쓰시마 관광

15:45 JR마쓰시마카이간역 열차 탑승

16:22 JR센다이역 도착, 지하철 또는 시내버스 이동

16:40 조젠지도리 가로수길 산책 및 시내 쇼핑

18:30 저녁 식사

20:00 시내 호텔 휴식

4 Day 출국

10:30 센다이역에서 도쿄역으로 출발 귀국

01

아키타현 뉴토 온천향 乳頭温泉郷

깊은 산속 눈의 무게로 휘어진 나무 아래, 뽀얀 김을 내뿜는 우윳빛 온천의 이미지로 대표되는 뉴토 온천향. '진짜 일본 온천이란 어떤 모습인가'라는 질문의 답을 바로 이곳 뉴토 온천향에서 찾았다. 굽이굽이 산길을 따라 자리한 단 7곳의 온천 숙박 시설과 자연의 기운을 듬뿍 담고 있는 다양한 빛깔의 천연온천, 산과 강에서 채취한 자연 재료로 만든 건강한 음식, 그리고 세상의 변화엔 아랑곳없이 옛 모습 그대로를 소중하게 지키고 있는 사람들. 온천으로 한결 건강해진 몸뿐 아니라 마음까지 따뜻해지는, 진정한 힐링을 위한 장소다. 한낮에도 햇빛을 집어삼킨 울울창창한 삼나무와 너도밤나무 숲 속을 산책하며 온천 순례를 할 수 있다는 점도 특별하다. 뉴토 온천향은 일본에선 거의 사라진 혼욕 문화가 짙게 남아 있는 곳으로도 유명하다. 혼욕탕이 있더라도 관광지화되면서 유명무실해지는 경우가 대부분인데, 단골 방문객이 많은 이곳에서는 고유의 전통을 존중하고 조심스럽게 다루고 있는 까닭이다. 또 여성에게는 온몸을 가릴 수 있는 큰 수건을 빌려주는 경우도 있고, 쓰루노유鶴の湯처럼 온천수가 완전히 탁한 곳도 있으니 지레 이상하게 생각하지 말고 꼭 한 번 경험해보길 권한다.

♨ 온천 성분

함 유황 · 나트륨 · 칼슘염화물 · 탄산수소천, 칼슘 · 마그네슘황산염천, 중조탄산수소천, 단순천 등 숙박 시설마다 다양한 원천의 온천이 있어 효험도 각기 다르다. 유황성분이 강한 온천이 많아 액세서리는 모두 벗어놓고 입욕하는 것이 좋다.

♨ 온천 시설

쓰루노유鶴の湯 · 다에노유妙の湯 · 구로유 온천黒湯温泉 · 가니바 온천蟹場温泉 · 마고로쿠 온천孫六温泉 · 오카마 온천大釜温泉 · 규카무라 뉴토 온천향休暇村乳頭温泉郷 등 7곳의 온천 숙박 시설에서 모두 당일 입욕이 가능하다. 단, 당일 입욕 이용 시간이 각기 다르고 구로유 온천은 겨울철(12~3월) 아예 문을 닫기도 하니 미리 체크하도록 하자. 오카마 온천 앞에 누구나 공짜로 족욕을 할 수 있는 아시유足湯 시설이 있다.

♨ 숙박 시설

쓰루노유 별관까지 포함하면 선택할 수 있는 숙박 시설은 총 8곳이다. 외진 곳에 따로 떨어진 쓰루노유 및 쓰루노유 별관을 제외하고 모두 걸어서 이동할 수 있는 거리. 대부분 규모가 작은 온천 료칸이며, 규카무라 뉴토 온천향이 그중 현대적인 숙박 시설에 속한다.

♨ 찾아가는 방법

아키타공항에서 셔틀 승합차인 에어포트라이너로 뉴토 온천향까지 약 2시간 소요. 또는 JR다자와코田沢湖역에서 우고교통버스 뉴토선으로 약 50분 소요.

WEB www.nyuto-onsenkyo.com

온천 마니아를 위한 유메구리(온천 순례)

뉴토 온천향의 7곳의 시설에서 한 번씩 입욕할 수 있는 엽서 형태의 티켓 '유메구리초湯めぐり帖'를 1,800엔에 판매하고 있다. 티켓을 제시하고 입욕할 때 시설에서 해당 시설 페이지에 확인 스탬프를 찍어주는데 사용한 티켓은 기념엽서로 사용할 수 있다. 또한 유메구리초가 있으면 무료 셔틀 승합차인 '유메구리호'를 숙박 시설에서 예약 후 이용할 수 있다. 별도의 상업 시설이나 편의 시설이 전무하기 때문에 유메구리 시 점심 식사는 각 숙박 시설 내의 식당을 이용하도록 한다.

꼭꼭 숨겨놓고 남몰래 찾아가고픈 비탕

쓰루노유 온천 鶴の湯温泉

노천탕	√
당일 입욕	√
족욕탕	
노천탕 객실	
전세탕	√
목욕용품	√

뉴토 온천향에서 가장 오래된 온천 시설. 조금 떨어진 별관에서 이곳 온천 시설로 셔틀 차량을 제공하기도 하지만 역시 본관에서 묵으며 밤늦게까지 온천을 즐기는 것이 제맛이다. 가장 유명한 남녀 혼욕 노천탕은 드라마 〈아이리스〉에 소개되어 한국 매스컴도 많이 탔다. 몸을 담그면 전혀 비치지 않는 불투명한 우윳빛 유황온천으로, 탕 바닥 자갈이나 군데군데 바위에 부딪혀 다리에 멍이 들 정도다. 남녀 혼탕이 남자가 들어갈 수 있는 유일한 노천탕인 데 반해, 여성 전용 노천탕은 2곳이 더 있다. 몸을 씻을 수 있도록 목욕용품이 놓여 있는 실내탕 2곳은 당일 입욕 손님은 사용할 수 없다. 이외에도 실내탕 2곳이 더 있으니 쓰루노유에 묵으면 다른 곳을 가지 않더라도 온천 순례를 하는 재미를 충분히 느낄 수 있다. 식사는 산에서 직접 채집한 나물과 계곡의 곤들매기 등 건강한 자연 재료를 조리해 배불리 먹어도 속에 부담이 적다. 쓰루노유는 일본 내에서는 물론 전 세계 각지에서 몰려들 정도로 워낙 인기가 있어 연중 방을 구하기가 힘들다. 화장실을 공용으로 사용해도 괜찮다면 2~3호관을 노려보자. 시설 규모가 그리 크지 않아 공용 화장실도 크게 불편하지 않다.

ADD 秋田県仙北市田沢湖先達沢国有林50 **ACCESS** 아키타공항에서 에어포트라이너 이용, 쓰루노유온센혼진鶴の湯温泉本陣 하차, 바로 **TEL** 0187-46-2139 **ROOMS** 30 **PRICE** 9,830엔(겨울에 난방비 1,100엔 추가)(2인 이용 시 1인 요금, 조·석식 포함)부터 **ONE-DAY BATHING** 10:00~15:00, 월요일 휴무, 600엔 **WEB** www.tsurunoyu.com

세련된 숙녀를 위한 료칸

다에노유 妙乃湯

노천탕	√
당일 입욕	√
족욕탕	
노천탕 객실	
전세탕	√
목욕용품	√

시원하게 쏟아지는 폭포와 그 옆 냇가를 끼고 자리한 다에노유는 뉴토 온천향에서 특히 여성 고객의 열렬한 지지를 얻고 있다. 다에노유 회장님의 날카로운 안목으로 고른 그릇, 가구, 조명이 공간 구석구석 채워져 있는 까닭이다. 남탕과 여탕이 각각 2곳, 혼탕 2곳 그리고 전세탕 1곳 등 총 7곳의 온천 시설 또한 은은한 조명과 아기자기한 소품으로 서로 다른 분위기를 뽐낸다. 금빛 오렌지색의 칼슘마그네슘 황산염천이 흐르는 킨노유金の湯와 무색투명한 단순천의 긴노유銀の湯의 두 가지 원천을 활용하고 있다. 다에노유의 하이라이트는 혼욕탕으로, 천둥소리 같은 굉음을 내며 땅으로 내리꽂는 폭포수를 마주한 채 노천온천을 즐길 수 있다. 여성 고객은 큰 타월을 두른 채 이용할 수 있기 때문에 혼욕 입문자에게도 알맞다. 다에노유에서의 하룻밤이 흡족했다면, 같은 계열 료칸인 나쓰세 온천夏瀬温泉의 미야코와스레都わすれ도 이용해보자. 다에노유에서 한층 업그레이드된 럭셔리함을 느낄 수 있다. 두 군데를 모두 숙박하는 경우 시설 간 차량 서비스도 제공한다.

ADD 秋田県仙北市田沢湖生保内字駒ヶ岳2-1 **ACCESS** 아키타공항에서 에어포트라이너 또는 JR다자와코田沢湖역에서 우고교통버스 이용, 다에노유妙乃湯 하차, 바로 **TEL** 0187-46-2740 **ROOMS** 17 **PRICE** 18,000엔(2인 이용 시 1인 요금, 조·석식 포함)부터 **ONE-DAY BATHING** 10:30~14:30, 800엔 **WEB** www.taenoyu.com

비밀스러운 숲 속 노천탕

가니바 온천 蟹場温泉

숲으로 막힌 한적하고 조용한 곳에 자리한 가니바 온천. 평범한 외관과 달리 건물 뒤쪽 원시림에 비밀스런 노천탕을 품고 있다. 숲 속 오솔길을 따라 내려가면 작은 개울 건너 혼욕 노천탕이 모습을 드러낸다. 통나무집으로 된 남녀 탈의실과 돌로 쌓아 만든 천연 노천탕의 풍경은 한 폭의 그림처럼 근사하다. 졸졸 흐르는 계곡물 소리와 사방에서 흔들리는 나뭇잎 소리를 들으며 노천욕을 즐기고 있자니 숲 속 온천에 몸을 담근 선녀의 기분이 이러지 않을까 싶다. 단, 중조탄산수소천의 맑고 투명한 온천수는 혼욕이 익숙하지 않은 여성에겐 다소 부담스러울 수 있다. 숙박객의 경우 저녁 시간(19:30~20:30)에 여성 전용 시간을 별도로 정해두고 있으니 이때를 노려보자. 또한 아키타의 삼나무로 만든 작은 노천탕과 커다란 바위가 있는 독특한 분위기의 실내탕도 마련되어 있다.

ADD 秋田県仙北市田沢湖田沢字先達沢国有林 **ACCESS** 아키타공항에서 에어포트라이너 또는 JR다자와코田沢湖역에서 우고교통버스 이용, 가니바 온센蟹場温泉 하차, 바로 **TEL** 0187-46-2021 **ROOMS** 17 **PRICE** 13,200엔(2인 이용 시 1인 요금, 조·석식 포함)부터 **ONE-DAY BATHING** 09:00~16:30, 600엔 **WEB** www.ganibaonsen.com

야성미 넘치는 온천

구로유 온천 黒湯温泉

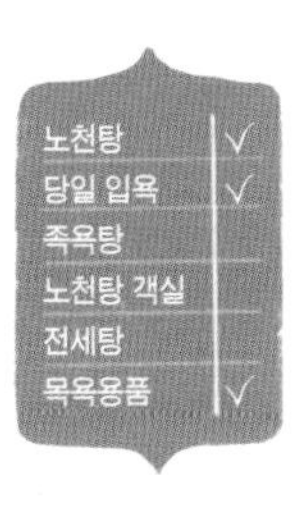

돌 섞인 흙길 옆으로 온천수가 솟아나고 뽀얗게 수증기가 피어올라 주변이 유황 냄새로 가득한 구로유 온천. 건물 있는 쪽을 나무 벽으로 막고 반대쪽은 그냥 트인 혼탕의 노천온천으로, 건물에 온천수를 넣었다기보다 온천에 건물을 지은 것 같은 자연미 넘치는 곳이다. 관광객이 숙박하는 식사 딸린 플랜은 하루 6팀 정도로 소규모지만, 직접 식사를 해 먹으며 온천 치료를 위해 장기간 묵는 방은 20개가 넘는 것에서 알 수 있듯이, 탕치湯治의 전통을 이어오고 있는 료칸이다. 식사는 계절마다 온천 주변에서 얻을 수 있는 산채를 위주로 한 소박한 식단. 오전 11시 30분부터 오후 1시 사이에는 점심 식사도 판매하므로 뉴토 온천향의 온천 순례 시 쉬었다 가기에도 좋다. 온천이 뜨거운 편이므로 본인의 상태를 잘 살피면서 입욕하자. 단순황화수소천 · 산성유황천으로 고혈압과 동맥경화, 류머티즘 등에 효과가 있다.

ADD 秋田県仙北市田沢湖生保内黒湯沢2-1 **ACCESS** 아키타공항에서 에어포트라이너 또는 JR다자와코田沢湖역에서 셔틀버스 이용 **TEL** 0187-46-2214 **ROOMS** 료칸부 6, 자취부 21 **PRICE** 13,750엔(2인 이용 시 1인 요금, 조·석식 포함)부터 **ONE-DAY BATHING** 09:00~16:00, 600엔 **WEB** www.kuroyu.com

아키타현 다마가와 온천 玉川温泉

온천으로 병을 다스리던 옛 일본 탕치湯治의 풍경과 문화를 고스란히 엿볼 수 있는 다마가와 온천. 온천의 이름이면서 또한 온천 시설의 이름이기도 한 다마가와 온천에는 천연기념물이자 세계적으로도 보기 드문 북투석北投石이 석출된다. 북투석은 라듐 등을 포함한 방사성 광물로 대만의 타이베이와 다마가와 온천, 단 2곳에서만 발견되고 있다. 이 북투석 덕분에 천연 방사능천이 흐르는 다마가와 온천에는 휴가나 관광보다는 실제 치료가 필요한 환자들이 많이 찾는다. 약한 방사선을 접하면 자연 치유력이 향상된다는 호르메시스Hormesis 효과를 기대하며 장기간 투숙하는 것이다. 따라서 전체적인 분위기가 차분하고 방을 예약하기도 어렵다. 온천 체험이 목적이라면 인근의 온천 및 숙박 시설을 이용하자. 다마가와 온천에 비해 시설이 현대적이고 수질의 자극도 덜하다. 북투석은 그대로 암반욕으로도 즐길 수 있다. 뜨겁게 연기가 솟아오르는 산 군데군데 헐벗은 자리는 온천 성분에 의해 푸르스름하게 변해 있는데, 그 위에 침낭이나 돗자리를 펴고 누우면 뜨거운 지열이 전해진다. 이 온천 지대를 한 바퀴 도는 1km의 산책로가 있어 매분 9천 리터를 용출하는 원천 오부케大噴의 모습도 확인할 수 있다.

♨ 온천 성분
일본에서 가장 산성도가 높은 pH1.2의 강산성천 온천수로 분출 시의 온도 또한 97도로 매우 뜨겁다. 매우 시고 자극이 심해 음용할 경우 10배로 희석해야 하고, 철분 등이 이온화되어 있어 흡수가 잘 된다.

♨ 온천 시설
주변에는 흔히 일본에서 지옥을 연상케 한다는 온천 분출지대 오부케大噴가 있다. 유황 냄새와 함께 온천수, 수증기가 뜨거운 지열과 함께 뿜어져 나오고 안전한 범위 내에서 암반욕을 할 수 있다. 또 암반욕장 부근에 무료 노천탕도 있는데, 사방이 탁 트여 있어 관광객이 이용하기에는 쉽지 않다.

♨ 숙박 시설
장기 투숙객이 많은 다마가와 온천은 예약이 쉽지 않으니 인근의 신타마가와 온천이나 도지칸 소요카제를 이용하도록 하자.

♨ 찾아가는 방법
아키타공항에서 다마가와玉川 방면 셔틀 승합차 에어포트라이너 이용, 약 2시간 30분 후 다마가와온센玉川温泉 하차. 또는 JR다자와코田沢湖역에서 우고교통버스 다마가와선 이용, 약 1시간 15분 소요.

TEL 0187-58-3000
WEB www.tamagawa-onsen.jp

건강한 삶을 기원하는

신타마가와 온천 新玉川温泉

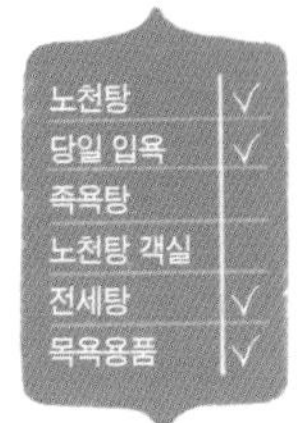

다마가와 온천에서 2km 떨어져 있는 현대적인 온천 숙박 시설. 원천이 주는 자극이 강해, 온천에는 원천 50%의 욕조와 원천 100%의 욕조 및 약산성 욕조가 각각 준비되어 있다. 또 심장질환이나 고혈압 환자에게도 부담이 적은 미지근한 반신욕조 및 지압이 되는 보행탕, 마실 수 있는 온천수 시설 등 다양한 방법으로 온천의 효과를 누릴 수 있도록 했다. 암반욕을 할 수 있는 곳까지 도보로 약 15분 거리인데 눈이 많이 쌓이면 걸어가기는 힘들다. 신타마가와 온천 시설 내에도 온열욕이라 하여 실내 암반욕 시설이 있다. 4곳의 전세탕은 원천 50% 탕이다.

ADD 秋田県仙北市玉川字渋黒沢2番地先 **ACCESS** 아키타공항에서 에어포트라이너 또는 JR다자와코田沢湖역에서 우고교통버스 이용, 신타마가와온센新玉川温泉 하차, 바로 **TEL** 0187-58-3000 **ROOMS** 74 **PRICE** 13,110엔(2인 이용 시 1인 요금, 조·석식 포함)부터 **ONE-DAY BATHING** 10:00~15:00, 800엔 **WEB** www.shintamagawa.jp

다마가와 온천의 기본에 가장 충실한

다마가와 온천 玉川温泉

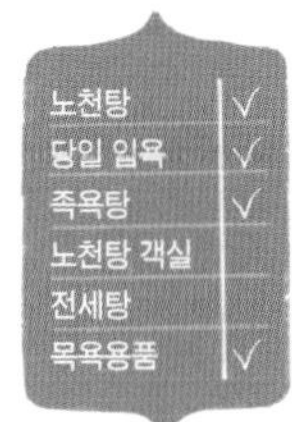

온천을 좋아하는 사람은 물론, 온천에서 치료 효과를 얻으려는 노악사를 포함한 누구나 편리하게 이용할 수 있는 시설이다. 다마가와 오부케와 가장 가까운 온천 시설이면서 실내에도 암반욕장을 갖추고 있어 날씨와 상관없이 다마가와 온천의 효과를 누릴 수 있다. 원천 50%와 100%의 욕조 및 심장 질환이나 고혈압 환자가 편히 이용할 수 있는 저온탕(50%탕 사용), 눕는 탕, 사우나, 약산성탕, 기포탕 등이 있다. 마실 수 있는 음천 시설은 원천을 2배로 희석한 것. 바로 마시지 말고 함께 놓인 컵에 물을 5~8배로 섞어 마신다. 마신 후에는 반드시 맹물로 입을 헹궈 이를 보호하도록 한다.

ADD 秋田県仙北市玉川字渋黒沢 **ACCESS** 아키타공항에서 에어포트라이너 또는 JR다자와코田沢湖역에서 우고교통버스 이용, 다마가와온센玉川温泉 하차, 바로 **TEL** 0187-58-3000 **ROOMS** 140 **PRICE** 8,360엔(2인 이용 시 1인 요금, 조·석식 포함)부터 **ONE-DAY BATHING** 10:00~15:00, 800엔(12월~4월 중순 휴무) **WEB** www.tamagawa-onsen.jp

귤빛의 진귀한 온천

하나야노모리 はなやの森

광천이 아니면서 귤빛이 도는 드문 온천으로, 투명한 온천수가 공기와 닿으면서 색이 변한 것이다. 선명한 귤빛의 온천과 푸른 산, 파란 하늘이 어우러진 노천탕의 풍경은 그림책 속 삽화처럼 펼쳐진다. 수질은 나트륨황산염천으로 아토피에 좋고 마시면 변비가 완화되는 효능이 있다. 작은 학교를 떠올리게 하는 건물에는 아키타 삼나무로 만든 매끈한 나무 복도가 깔려 있어 옛 추억을 되살아나게 한다. 다마가와 댐을 짓느라 생긴 호수, 호센코宝仙湖를 가로지르는 다리를 건너 위치하여 온천에서 나무 사이로 드문드문 오묘한 푸른 빛의 호수가 보인다. 숙박 시 문의하면 다마가와 방면까지 차로 데려다주기도 한다. 겨울철에는 눈이 너무 많이 내려 4월부터 11월까지만 영업한다.

ADD 秋田県仙北市田沢湖玉川328 **ACCESS** 아키타공항에서 다마가와玉川 방면 셔틀 승합차 에어포트라이너 이용, 약 2시간 10분 후 하나야노모리はなやの森 하차, 바로. 또는 JR다자와코田沢湖역에서 우고교통버스 타고 약 40분 후 오토코신쿄마에男神橋前 하차, 바로 **TEL** 0186-49-2700 **ROOMS** 20 **PRICE** 20,900엔(2인 이용 시 1인 요금, 조·석식 포함)부터 **WEB** www.hanaya-mori.com

내게 선물하고 싶은 온천

나쓰세 온천 미야코와스레

夏瀬温泉 都わすれ

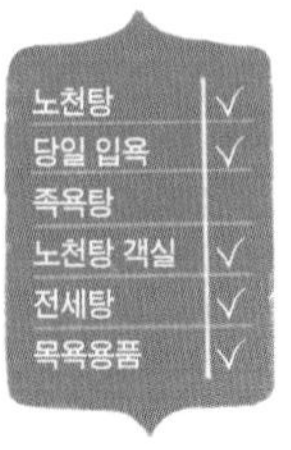

'미야코와스레都わすれ'는 일본어로 얼레지를 뜻하지만, 글자 그대로를 풀이하면 '고향을 잊는다'는 의미이기도 하다. 이곳에서 지내는 동안은 고향을 잊을 정도로 만족스러울 것이라고 봐도 좋다. 축구장 5개의 면적과 맞먹는 면적 3만3천m^2의 광대한 부지에 이 시설 하나뿐이다. 여기에 노천탕이 딸린 9개의 객실과 자쿠지를 갖춘 하나의 객실이 전부다. 객실 노천탕은 숲으로 난 나무 데크 위에 널찍하게 설치되어 있어 숲과 그 아래 계곡의 호수를 보며 나만의 노천욕을 즐길 수 있다. 나트륨 · 칼슘 · 황산염천으로 투명한 약알칼리성 온천수가 피부에 매끄럽게 감긴다. 공동 실내탕과 노천탕도 있으며, 휴게실에 마련된 마사지 의자는 꼭 이용해보도록 하자. 전세 노천탕은 겨울에는 영업하지 않는다. 이곳의 음식도 놓치지 말아야 한다. 최상의 식재료를 찾아 지역으로 회귀한 고급스러운 맛을 제공하며, 소규모 시설답게 베지테리언이나 마크로비오틱 식사를 상담할 수도 있다.

ADD 秋田県仙北市田沢湖卒田字夏瀬84 **ACCESS** 아키타공항에서 뉴토乳頭 또는 다마가와玉川 방면 셔틀 승합차 에어포트라이너 이용, 약 1시간 후 가쿠노다테에키角館駅 하차, 송영 차량으로 환승 후 30분 소요 **TEL** 0187-44-2220 **ROOMS** 10 **PRICE** 36,300엔(2인 이용 시 1인 요금, 조 · 석식 포함)부터 **ONE-DAY BATHING** 11:30~13:00 550엔 **WEB** www.taenoyu.com/natuse-top.html

자연과 동화된

오야스쿄 오유 온천 아베료칸

奧小安峡 大湯温泉 阿部旅館

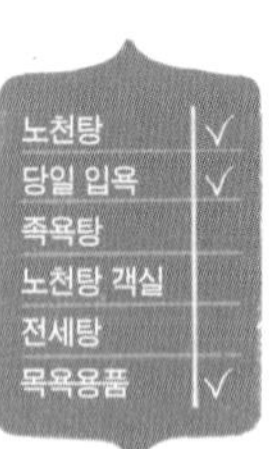

숲에 안기듯 놓인 건물은 조금 큰 집인가? 싶게 단출한 느낌도 든다. 복도를 따라 온천으로 향하면 강에 면하게 지어진 노천탕에서 강의 물 흐르는 소리와 숲이 바람에 흔들리는 소리, 새소리, 벌레소리와 함께 자연스레 몸에서 힘이 빠진다. 방은 9개뿐이지만 온천은 4개. 여름에는 강바닥에서 솟아나는 온천수를 가두어 만든 혼욕 천연 온천이 하나 추가된다. 천질은 단순유황천으로 무색투명하며, 여름의 신록을 지나면 가을은 불타는 단풍, 겨울에는 수북이 쌓인 눈 사이에서 폴폴 솟아오르는 수증기가 유황냄새를 실어 나른다. 유황천이면서도 물이 부드러워 부담은 적은 편. 주변의 오야스쿄 협곡은 계곡에 온천물이 흐르고 옆으로 산책로가 정비되어 있어 계곡에서 수증기가 솟아오르는 독특한 풍경을 만들어내며 특히 가을에는 단풍과 어우러져 아름답다. 산속의 료칸으로 식사의 메인 재료는 산채가 중심이지만 브랜드 소고기를 사용한 스테이크 플랜도 선택 가능.

ADD 秋田県湯沢市皆瀬小安奥山国有林34 **ACCESS** JR 유자와湯沢역에서 오야스 온센행 버스 타고 1시간 10분 후 도리타니 鳥谷정류장 하차, 도보 20분 또는 송영버스 이용(숙박자 예약제) **TEL** 0183-47-5102 **ROOMS** 9 **PRICE** 13,350엔(1인 이용 시 요금, 조·석식 포함)부터 **ONE-DAY BATHING** 08:30~16:00, 500엔 **WEB** www.abe-ryokan.jp

자연과 더불어 숨 쉬는

후케노유 蒸ノ湯

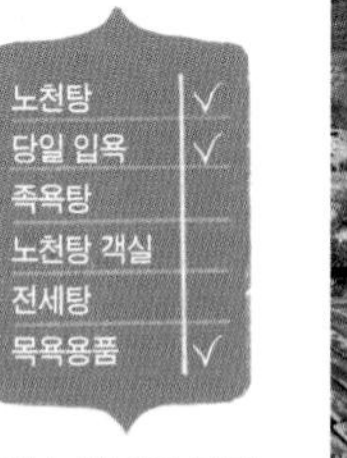

국립공원인 하치만타이 산의 표고 1,100m, 너도밤나무 원생림 속에 위치한 후케노유는 하치만타이에서 가장 오래된 온천이다. 시설 내의 노천탕은 물론 원천 인근에 외부 노천탕이 있고 지열을 활용한 암반욕 시설도 갖췄다. 외부 노천탕은 남 · 여탕과 혼탕이 있는데, 땅에서 솟아오르는 증기가 훤히 보인다. 겨우내 눈으로 도로가 폐쇄되면 문을 닫았다가 봄이 되어 도로가 개통되면 영업을 재개한다. 고산식물들이 일제히 피어오르는 선선한 여름과 불타는 단풍의 가을에 하치만타이 삼림 테라피 코스와 함께 온천을 즐기면 된다. 약산성천과 단순천으로 신경통, 관절염 등에 좋다.

ADD 秋田県鹿角市八幡平ふけの湯温泉 ACCESS 아키타공항에서 다마가와玉川 방면 셔틀 승합차 에어포트라이너 이용, 약 2시간 30분 후 다마가와온센玉川温泉 하차. 노선버스로 환승해 35분 후 후케노유온센蒸の湯温泉 하차, 도보 1분. 또는 JR다자와코田沢湖역에서 우고교통버스 타고 약 2시간 후 후케노유온센 하차, 도보 1분 TEL 0186-31-2131 ROOMS 24 PRICE 17,450엔(2인 이용 시 1인 요금, 조·석식 포함)부터 ONE-DAY BATHING 10:00~15:00, 600엔 WEB www.fukenoyu.jp

말 타고 와서 나막신 신고 가는

고쇼가케 온천 後生掛温泉

노천탕	√
당일 입욕	√
족욕탕	√
노천탕 객실	
전세탕	√
목욕용품	√

'말 타고 와서 나막신 신고 간다'는 홈페이지의 소개처럼 건강해져서 돌아가게 되는 치유 온천. 도와다하치만타이 국립공원 내에 자리해 하치만타이 산지의 트레킹과 더불어 많이 이용하는 곳이기도 하다. 특히 '하코무시箱蒸し'라 불리는 1인용 나무통 사우나가 유명하다. 이외에도 온천팩 효과를 누릴 수 있는 진흙탕, 기포가 피부를 건강하게 자극하는 화산탕 등 7종류의 탕이 있다. 단순유황천으로 위장병, 신경통 및 교통사고 후유증, 천식 등에 좋다. 11월 초부터 4월 말까지 차량통행이 제한되어 노선버스가 운행하지 않는다.

ADD 秋田県鹿角市八幡平字熊沢国有林 ACCESS 아키타공항에서 다마가와玉川 방면 셔틀 승합차 에어포트라이너 이용, 약 2시간 30분 후 다마가와온센玉川温泉 하차, 노선버스로 환승해 30분 후 고쇼가케온센 後生掛温泉 하차 또는 JR다자와코역에서 하치만타이 정상八幡平頂上행 우고교통버스 (주말·휴일 1일 2회 운행) 타고 1시간 50분 후 고쇼가케온센 하차 TEL 0186-31-2221 ROOMS 29 PRICE 13,750엔(2인 이용 시 1인 요금, 조·석식 포함)부터 ONE-DAY BATHING 09:00~14:00, 800엔 WEB www.goshougake.com

어떻게 다닐까?

❶ 아키타 에어포트라이너 AKITA Airportliner

아키타공항에서 한국 항공편에 맞춰 스케줄이 짜여 있는 편리한 셔틀 승합차. 지역에 따라 8개의 운행 노선이 있다. 아키타의 대표 온천지인 뉴토 온천향까지 편도 6,000엔(2시간 10분 소요).

WEB http://akita.airportliner.net/jp

❷ 우고교통버스

JR아키타역과 JR다자와코역에서 주요 온천지와 관광지를 운행하는 노선버스. 운행편수가 많지 않기 때문에 시간표를 미리미리 확인해두자.

WEB ugokotsu.co.jp

어디를 갈까?

❶ 가쿠노다테 角館

고풍스러운 사무라이 가문 저택과 검은 판자 울타리, 수양벚나무 가로수, 작은 수로 등이 마치 교토를 연상시키는 가쿠노다테. 무사 저택이 몰려 있는 북쪽의 우치마치 지구와 상점이 즐비한 남쪽의 도마치 지구로 구분된다. 에도시대로 타임 슬립한 듯한 골목을 느릿느릿 걷다 옛 건물을 개조한 공예품점과 카페, 레스토랑에서 여유롭게 반나절 정도 보내기 좋다. 벚나무가 흐드러진 봄에 관광객이 특히 많다.

ACCESS 아키타공항에서 뉴토乳頭 또는 다마가와玉川 방면 셔틀 승합차 에어포트라이너 승차 후 가쿠노다테에키角館駅 하차. 또는 JR가쿠노다테角館역 하차, 바로 **WEB** tazawako-kakunodate.com(가쿠노다테관광협회)

❷ 다자와 호수 田沢湖

최대 수심 423.4m로 일본에서 가장 깊은 호수라는 타이틀과 함께 신비한 푸른빛의 아름다운 풍광을 보기 위해 관광객이 즐겨 찾는 명소. 호수 중간에 세워진 금색의 다쓰코たつ子 동상은 용이 된 소녀의 전설을 모티브로 탄생했으며 묘한 분위기를 자아낸다.

ACCESS 아키타공항에서 뉴토乳頭 방면 셔틀 승합차 에어포트라이너 승차 후 다자와코 레스트하우스田沢湖レストハウス 하차, 도보 2분. 또는 JR다자와코田沢湖역에서 다자와코 일주버스로 환승(다자와 호수 주변 목적지 정류장에서 하차 가능, 다쓰코 동상 정류장은 가타지리潟尻) **WEB** tazawako-kakunodate.com

03

미야기현 나루코 온천 鳴子温泉

나루코 온천향을 이루는 5곳의 온천지 중 하나로, 가장 크고 온천향 중심부에 위치한다. 곳곳에서 온천수가 위로 쏘아져 나오는 간헐천을 볼 수 있는 드문 온천이기도 하다. 나무를 깎아 만든 도호쿠 지역의 민예 인형 고케시小芥子가 유명해 간판, 우체통, 맨홀 등 곳곳에 고케시를 활용했으며, 온천 지도에 이것이 표시되어 있기도 하다. 예전에는 교통의 주요 거점으로 숙소가 많이 발달했던 지역이었다. 일본 최고의 하이쿠俳句(일본의 정형시) 시인이라 불리는 마쓰오 바쇼松尾芭蕉가 그의 기행문인 『오쿠노 호소미치おくのほそ道』에서 나루코를 묘사한 내용이 있는데, 주변 천연림의 산길을 같은 이름으로 정비해 산책할 수 있도록 했다. 온천수의 질이 다양하고 대부분의 시설이 당일 입욕이 가능해 마을을 산책하는 기분으로 온천을 즐기며 돌아볼 수 있는 것이 매력이다.

♨ 온천 성분

주로 함유황-나트륨-황산염 · 염화물천으로 만성 부인병과 생채기, 피부병 등에 좋으나 햇빛 알레르기가 있는 경우에는 피하는 것이 좋다. 같은 이름이더라도 염화물 종류 등이 달라 총 9가지로 구분하는데 효능도 미묘하게 다르고 그 온천을 즐길 수 있는 시설도 다르니 여러 시설을 돌아보자.

♨ 온천 시설

공공 온천 시설로 다키노유滝の湯(07:30~21:00, 200엔)와 나루코와세다사지키유早稲田桟敷湯(09:00~21:30, 550엔) 2곳이 있다. 다키노유는 전통 목조건물 내 우윳빛의 고온 온천수인 데 반해, 와세다 대학 학생들이 발견했다고 해서 이름 붙은 와세다사지키유는 미색의 현대적인 건물에 탕에는 유황 침전물인 유노하나가 둥둥 떠다닌다. 또 마을 곳곳에 누구나 이용할 수 있는 아시유足湯 시설이 역 앞을 비롯해 5곳, 데유手湯 시설이 1곳 흩어져 있다. 나루코온센역 내 관광안내소에서 각 시설을 표시한 지도를 받아 들고 시설마다 놓인 스탬프를 찍는 재미가 있고, 산책하듯이 다니기 좋다. 단, 겨울에는 눈이 많이 내려 대부분 영업을 쉰다.

♨ 숙박 시설

총 18곳의 시설이 있으며, 이 중 8곳을 제외한 10곳의 시설에서 당일 입욕이 가능하다. 열차와 차도 모두 에아이 강江合川 옆을 달리듯 나 있는데, 온천 시설들도 도로 옆에 나란히 늘어서 있다.

♨ 찾아가는 방법

센다이공항에서 열차로 센다이仙台역까지 이동해 역 앞 22번 정류장에서 고속버스 승차, 1시간 25분 후 구루마유車湯 정류장 하차. 또는 열차로 JR센다이仙台역에서 JR후루카와古川역으로 이동, 리쿠우토선陸羽東線으로 환승 후 JR나루코온센鳴子温泉역에서 하차.

TEL 0229-83-3441
WEB www.welcome-naruko.jp

온천 마니아를 위한 유메구리(온천 순례)

1,300엔으로 스티커 6장이 붙은 유메구리 티켓을 살 수 있다. 나루코 온천과 이웃한 다른 6곳의 시설에서 사용 가능한데, 각 시설마다 1장에서 4장의 스티커를 내고 입욕할 수 있다. 6개월간 유효.
WEB www.naruko.gr.jp/file-tegata/tegata-0-hyoshi.htm

- 노천탕 √
- 당일 입욕 √
- 족욕탕
- 노천탕 객실 √
- 전세탕
- 목욕용품 √

원시림이 한눈에 펼쳐지는 전망 노천탕

나루코 온천 마스야 鳴子温泉ますや

나루코 온천의 원시림 산책로 인근에 자리한 현대적인 료칸. 2016년 5월에 리뉴얼했다. 전체적으로 깔끔한 시설과 단체 손님을 받을 수 있을 정도의 규모를 갖추고 있다. 언덕배기에 위치한 덕분에 옥상 노천탕에서는 나루코 온천 마을 전체는 물론 넓게 펼쳐진 주변 숲까지 조망할 수 있고, 특히 석양이 질 때의 풍경이 근사하다. 약알칼리성의 함유황-나트륨-염화물천의 온천수는 유황 냄새가 많이 강하지 않고 온도도 높지 않아 오래 즐길 수 있다. 좀 더 강한 스타일의 온천을 원한다면 바로 맞은편의 공공 온천탕인 다키노유를 들르자. 다키노유는 산성의 함명반·녹반-망초황화수소천으로 46도의 원천을 그대로 흘려보내 찌릿한 온천의 질감을 제대로 느낄 수 있다.

ADD 宮城県大崎市鳴子温泉字湯元82 ACCESS JR나루코온센鳴子温泉역에서 도보 5분 TEL 0229-83-3866 ROOMS 70 PRICE 10,978엔(객실 2인 이용 시 1인 요금, 조·석식 포함)부터 WEB http://masuya.ooedoonsen.jp ONE-DAY BATHING 14:00~18:00(수목 15:00~), 950엔(주말 공휴일 1,060엔) 또는 유메구리 스티커 4장

소곤소곤, 비밀스러운 느낌의

벤텐카쿠 弁天閣

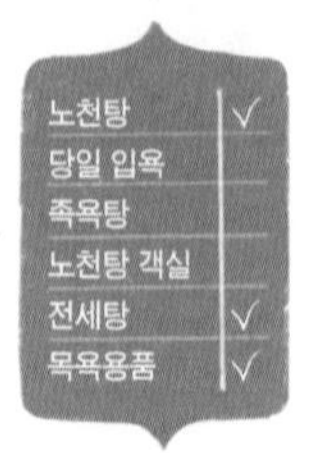

겨울에는 200마리에 가까운 백조가 찾아드는 에아이 강변에 위치한 료칸. 묵은 각질을 제거해주는 피부에 좋은 온천으로, 보습 효과와 혈액순환 개선효과도 있어 특히 여성들에게 유익한 온천이다. 전망 실내탕과 숙박객이 무료로 이용할 수 있는 2곳의 대절 노천탕이 있다. 2곳 모두 원천 가케나가시다. 전망온천에서는 나루코 온천가를 전망할 수 있으며, 노천탕은 작지만 주변을 정원으로 꾸며 바위며 꽃이 계절마다 다른 풍경을 만들어낸다. 유메구리 티켓 사용 가능 시설. 전 객실이 다다미방인 료칸으로는 드물게 전 객실 금연이다.

ADD 宮城県大崎市鳴子温泉字車湯87 **ACCESS** 센다이역 앞 24번 버스 승강장에서 나루코온센행 버스 타고 약 1시간 30분 후 나루코구루마유鳴子車湯 하차. 숙박객은 나루코온센역까지 무료 픽업 **TEL** 0229-83-2461 **ROOMS** 21 **PRICE** 11,150엔(객실 2인 이용 시 1인 요금, 조·석식 포함)부터 **WEB** www.bentenkaku.jp

머무는 한 순간이 오래도록 기억될

료칸 스가와라 旅館すがわら

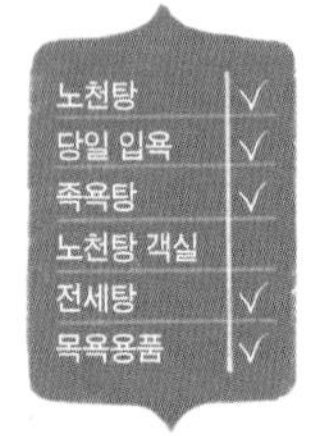

다양한 나루코 온천의 온천수 중에서도 피부에 좋은 메타규산을 풍부히 포함하고 있는 푸르스름한 온천수의 료칸. 숙박객은 무료로 이용할 수 있는 대절탕을 비롯한 전 욕실이 가케나가시로, 순환이나 여과하지 않은 원천을 계속 신선하게 공급한다. 천질이 온화해 어린이부터 어르신까지 안심하고 입욕 가능. 정원 안에 족욕 시설이 있어 한가로이 바람을 쐬며 시간을 보내기에도 좋다. 원천의 온도가 98.4도로 매우 높으니 입욕 전 온도를 확인하자. 엘리베이터 시설이 없으며 식사 제공 플랜이 없으니 참고하자.

ADD 宮城県大崎市鳴子温泉新屋敷5 **ACCESS** 센다이역 앞 24번 버스 승강장에서 나루코온센행 버스 타고 약 1시간 30분 후 종점 나루코구루마유鳴子車湯 하차, 바로 **TEL** 0229-83-2022 **ROOMS** 18 **PRICE** 10,800엔(객실 2인 이용 시 1인 요금, 조·석식 포함)부터 **ONE-DAY BATHING** 10:30~17:00 500엔 **WEB** www.ryokan-sugawara.com

단정하게 갖출 것 다 갖춘

나루코 후가 鳴子風雅

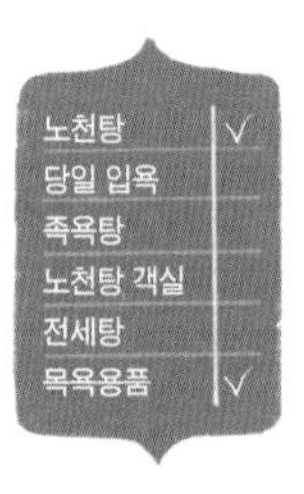

은은하게 유황 냄새가 감도는 나루코 후가의 온천. 크지도 작지도 않은 실내탕과 노천이면서도 아늑하게 지붕을 세워 눈비를 막아주는 노천탕을 갖추었다. 유황을 함유한 약알칼리성 온천은 몸에 부담이 적으며 피부가 매끄러워지는 효과가 있다. 특히 호평받는 부분은 식사인데, 음식 하나하나마다 색과 계절을 고려해 단조롭지 않다. 저녁은 물론 아침 식사에도 기합이 들어가 있어 기대를 저버리지 않는다. 메인 요리의 재료를 다양하게 한 식사 플랜을 판매하고 있는 만큼 믿고 택해보자.

ADD 宮城県大崎市鳴子温泉字湯元 55 **ACCESS** JR나루코온센鳴子温泉역에서 도보 5분 **TEL** 0570-001-262 **ROOMS** 24 **PRICE** 20,000엔(2인 이용 시 1인 요금, 조·석식 포함)부터 **WEB** www.naruko-fuga.com

노천탕	√
당일 입욕	
족욕탕	
노천탕 객실	√
전세탕	√
목욕용품	√

계곡물 소리가 시원한

유즈쿠시 살롱 이치노보 ゆづくしSalon一の坊

세 개의 원천이 흐르는 8곳의 탕이 자리한 이치노보. '온천을 마음껏 즐긴다'는 의미의 '유즈쿠시ゆづくし'를 시설 이름으로 선택한 만큼, 숙박객은 물론 입욕객도 이곳의 모든 온천을 즐길 수 있다. 온천수는 무색투명하며 약알칼리성으로 자극이 적어 몸의 긴장을 풀어준다. 또한 온천 후 쉬었다 갈 수 있는 공간인 '살롱'을 마련해 시간에 따라 간단한 다과를 무료로 제공하고 직접 생맥주(280엔)를 따라 마실 수 있어 온천으로 편안해진 몸을 산뜻하게 마무리하도록 배려한 곳이다. 숙박객을 위해 밤에는 잔잔한 음악의 콘서트나 센다이 지역의 전통춤을 선보이기도 한다. 시원한 물소리가 귓가에 내내 맴도는 계곡 노천탕은 이곳의 자랑. 단, 비누 등 목욕용품을 사용할 수 없으니 미리 실내탕에서 몸을 씻고 들어가자.

ADD 宮城県仙台市青葉区作並字長原3 **ACCESS** 센다이역에서 버스 타고 50분 후 사쿠나미온센모토유作並温泉元湯 하차, 도보 5분. 또는 센다이역에서 무료 셔틀버스 운행(숙박자에 한함), 사쿠나미作並역에서는 당일 입욕 시에도 셔틀버스 이용 가능 **TEL** 022-395-2131 **ROOMS** 118 **PRICE** 24,000엔(2인 이용 시 1인 요금, 조·석식 포함)부터 **WEB** www.ichinobo.com/sakunami

일본 3대 풍경을 방에서

마쓰시마 이치노보 松島一の坊

멋진 풍경을 가진 지역은 다른 지역의 이름에까지 영향을 미친다. 우리나라의 해금강, 소금강처럼 일본 전역에 '마쓰시마'라는 이름을 퍼뜨린 곳이 바로 이곳, 마쓰시마이다. 일본의 3대 풍경 중 하나로 불리는 곳으로 그림 같은 경치를 자랑한다. 모든 객실에서 이 풍경을 바라볼 수 있으며 특히 노천탕에서 맞이하는 일출 풍경은 누구에게라도 자랑할 만한 경험이다. 두 개의 객실동과 분리된 하나의 온천 건물이 있고, 온천 건물에 두 종류의 온천이 있으며 오전 · 오후 남녀를 바꾸어 입욕한다. 각각 노천탕의 분위기가 다르니 부지런히 양쪽을 다 경험해보자. 부지 내에 바다 쪽으로 축구장 3배보다 넓은 2.3ha의 운치 있는 정원이 조성되어 있어 산책은 물론 기념사진을 촬영하기에도 좋다. 마쓰시마 지역 내의 유명 관광지도 도보 30분 이내의 거리에 모여 있으니 조금 일찍 체크인한 후 주변을 둘러보는 것도 좋겠다.

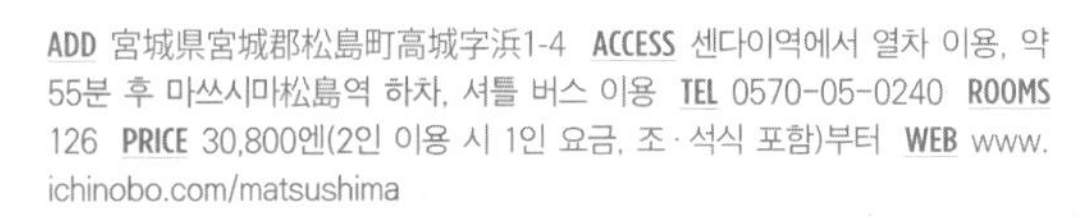
ADD 宮城県宮城郡松島町高城字浜1-4 **ACCESS** 센다이역에서 열차 이용, 약 55분 후 마쓰시마松島역 하차, 셔틀 버스 이용 **TEL** 0570-05-0240 **ROOMS** 126 **PRICE** 30,800엔(2인 이용 시 1인 요금, 조 · 석식 포함)부터 **WEB** www.ichinobo.com/matsushima

어떻게 다닐까?

센다이 지하철

센다이 시내를 남북으로 연결하는 난보쿠선南北線과 동서로 연결하는 도자이선東西線의 두 개 노선으로 이루어져 있다. 이치반초 아케이드 상점가와 조젠지도리 가로수길로 이동할 때 편리하다.

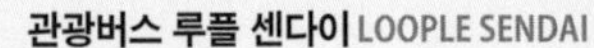

관광버스 루플 센다이 LOOPLE SENDAI

즈이호덴, 센다이 시립박물관, 아오바 성 등 센다이의 주요 관광지를 1시간 동안 순환하는 관광버스. 센다이역 앞 5-3번 버스 정류장에서 탑승하며 1일 패스는 630엔, 1회 승차 요금은 260엔이다.

어디를 갈까?

1

❶ 규탄도리 牛たん通り

센다이의 명물인 소 혀 구이, 즉 규탄야키를 전문으로 하는 음식점 6곳이 자리한 규탄도리. 맛에서 이미 검증된 음식점만 모여 있기 때문에 어디를 선택해도 후회는 없다. 점심때가 되면 자연스레 줄이 생기니 좀 서두르자. 쫄깃한 식감과 고소하고 깊은 맛에 분명 반하게 될 것이다.

ACCESS JR센다이仙台역 3층 WEB www.livit.jregroup.ne.jp/detail/435

2

❷ 조젠지도리 가로수길 定禅寺通

'숲의 도시'를 표방하는 센다이의 가로수길. 약 700m의 길을 따라 하늘로 곧게 뻗은 느티나무가 초봄에서 초가을까지 신록의 나뭇잎 터널을 만들고, 겨울에는 일루미네이션이 도시를 화려하게 밝힌다. 드문드문 놓인 청동상은 이 길의 상징이자 야외 갤러리 같은 분위기를 조성한다.

ACCESS 지하철 고토다이코엔勾当台公園역 하차

3

❸ 즈이호덴 瑞鳳殿

센다이번 초대 번주인 다테 마사무네의 묘소에 건립된 사당으로 섬세한 금 공예 장식과 형형색색의 단청으로 치장된 일본 모모야마 건축양식의 진수를 확인할 수 있다. 울울창창한 삼나무가 양 옆으로 뻗어 있는 입구 돌계단 길과 사당을 에워싸고 있는 정원 또한 매우 아름답다.

ACCESS 루플 센다이 버스 타고 즈이호덴 하차, 도보 10분 WEB www.zuihoden.com

❹ 마쓰시마 섬 松島

일본을 대표하는 3곳의 아름다운 경치로 꼽히는 명승지 마쓰시마 섬. 일본의 유명한 하이쿠 시인 바쇼는 마쓰시마의 아름다움에 대한 경탄을 기행문 『오쿠노호소미치』에 남겼다. 소나무 가득한 작은 섬으로 이어지는 붉은 다리 외에 절과 공원 등이 마쓰시마카이간역 주변에 있다.

ACCESS JR마쓰시마카이간松島海岸역에서 도보 6분 WEB www.matsushima-kanko.com

04

아오모리현 다케 온천 嶽温泉

히로사키 민간신앙의 메카인 이와키산 아래, 350년을 이어온 작은 온천 마을이 자리한다. 상처를 입은 여우가 몸을 담그는 것을 보고 발견된 다케 온천은 오랜 세월 탕치장으로 명성을 이어오고 있다. 산에서 솟은 온천인 만큼 이와키산을 오르기 전 목욕재계를 하던 곳이었으며 신령스런 산의 기운 때문인지 긴 세월 동안 도시화와 경제 발전의 뒤안길에서 묵묵히 옛 모습 그대로를 지키고 있다. 어느 시절에서 시계가 멈추어 버린 듯한 온천 마을에는 특별한 볼거리가 있을 리 만무하고 여느 시골마을의 상점과 작은 식당 몇 곳이 전부다. 왁자지껄한 분위기의 온천 마을을 기대했다면 실망할 수도 있지만 목적이 '온천'이라면 이야기가 달라진다. 가케나가시 방식으로 방출되는 유백색의 천연 유황 온천은 색과 향, 촉감에서 '진짜'임을 어렵지 않게 알 수 있다. 온천 후 피부가 한결 보들보들해지고 몸에 열기가 확 돈다. 또 소박한 풍경만큼이나 격식 차린 친절보다는 친척 집에 놀러 온 것 같은 푸근함을 느낄 수 있다. 히로사키 시내에서 한 번에 버스로 갈 수 있기 때문에 당일치기 온천으로 즐겨도 좋다.

♨ 온천 성분

원천 온도가 48도인 칼슘 염화물 · 황산 염천으로 pH2의 산성이면서도 부드러운 촉감이라 부담 없이 즐길 수 있다. 일정 시간이 지나면 유노하나가 바닥에 가라앉아 물색이 투명에 가까워지며, 사람이 들어가면 다시 희뿌옇게 올라온다. 진한 유황 냄새를 풍기는 온천은 신경통, 냉증, 만성 피부병 등에 효험이 있다.

♨ 온천 시설

고지마 료칸小島旅館, 조몬진노야도縄文人の宿, 다케호텔嶽ホテル, 다자와 료칸田澤旅館, 니시자와 료칸西澤旅館, 야마노 호텔山のホテル 등 6곳의 온천 숙소에서 당일치기 입욕이 가능하다. 또 온천 안내소 옆에 제법 큰 족욕탕이 자리하고 있다.

♨ 숙박 시설

소박한 6곳의 숙박 시설이 옹기종기 모여 있다.

♨ 찾아가는 방법

아오모리공항에서 리무진 버스로 1시간 후 JR히로사키역에서 내려 역 앞 고난버스 승강장에서 가레키타이枯木平행(햐쿠자와百沢 경유) 타고 약 50분 후 다케온센 하차.

TEL 0172-83-2130
WEB www.dake-onsen.com

온천 마니아를 위한 유메구리(온천 순례)

6곳 중 3곳을 골라 1,000엔에 이용할 수 있는 유메구리데카타湯めぐり手形를 판매하고 있다. 입욕료가 최소 350엔이므로 이득을 볼 수 있는 티켓이다.

온천 후 즐기는 웰빙 솥밥

야마노 호텔 山のホテル

노천탕	
당일 입욕	✓
족욕탕	
노천탕 객실	
전세탕	
목욕용품	✓

다케 온천에서 규모가 큰 편인 야마노 호텔은 '아오모리히바 青森ヒバ'라는 이 지역 산 히노키로 된 두 곳의 실내탕을 두고 있다. 오랜 세월을 짐작게 하는 색과 질감의 나무탕이 인상적이다. 둘 중 한 곳은 숙박자 전용으로 이쪽이 좀 더 넓고 개방감 있는 전면 창으로 되어 있다. 한쪽 레스토랑에서는 도호쿠 명물인 '마타기한 マタギ飯'을 맛볼 수 있다. '사냥꾼의 밥'이란 의미의 마타기한은 닭고기, 버섯, 죽순, 우엉, 당근, 곤약 등 7가지의 재료가 들어가는 웰빙 솥밥으로 오래 전부터 사냥꾼들이 즐겨 먹었다. 마타기한을 만드는 데 시간이 제법 걸리기 때문에 미리 1시간 전에 예약해야 한다. 예약을 하고 온천을 즐긴 후 돌아오면 딱 시간이 맞는다. 온천을 마치고 즐기는 마타기한은 최고라는 말이 나올 정도로 만족스럽다.

ADD 青森県弘前市大字常盤野字湯ノ沢19 **ACCESS** 다케온센 버스 정류장에서 도보 1분 **TEL** 00172-83-2329 **ROOMS** 18 **PRICE** 14,450엔(2인 이용 시 1인 요금, 조·석식 포함)부터 **ONE-DAY BATHING** 11:00~16:00, 500엔 **WEB** www.dake-yamanohotel.com

정갈하고 소박한 전통의 멋

고지마 료칸 小島旅館

대를 이어 운영하고 있는 고지마 료칸은 특별한 구석은 없지만 구석구석 잘 관리되어 있다는 인상을 준다. 아오모리 노송나무로 된 실내탕은 다른 곳에 비해 널찍하고, 두 칸으로 나뉜 탕의 온도가 달라 자신이 좋아하는 쪽을 선택할 수 있다. 식사에 특별히 신경을 썼는데, 지역의 재료를 이용해 '싸고 맛있게'를 실천하고 있다. 아침 식사로 가리비에 미소(된장)와 파, 두부 등을 넣고 끓인 아오모리의 명물 '카이야키미소貝焼き味噌(조개 된장 구이)'도 맛볼 수 있다.

ADD 青森県弘前市大字常盤野字湯ノ沢20 ACCESS 다케온센 버스 정류장에서 도보 1분 TEL 0172-83-2130 ROOMS 14 PRICE 9,000엔(2인 이용 시 1인 요금, 조·석식 포함)부터 ONE-DAY BATHING 10:00~16:00, 400엔 WEB http://kojimaryokan.com

- 노천탕 √
- 당일 입욕
- 족욕탕
- 노천탕 객실 √
- 전세탕
- 목욕용품 √

투박하면서도 운치 있는 료칸

조몬진노야도 縄文人の宿

입구에서부터 도호쿠 민예품이 빼곡한 조몬진노야도는 안채와 별채까지 3개의 객실만 있는 그야말로 작은 료칸이다. 그중에서도 별채에는 전용 노천탕이 딸려 있어서 사계절 자연의 기운을 흠뻑 받으며 온천을 즐길 수 있다. 또한 거실에 화로가 놓여 있고 여기서 직접 해산물이나 채소를 구워 먹을 수도 있다.

ADD 青森県弘前市大字常盤野字湯の沢14 **ACCESS** 다케온센 버스 정류장에서 도보 1분 **TEL** 0172-83-2123 **ROOMS** 3 **PRICE** 13,710엔(2인 이용 시 1인 요금, 조·석식 포함)부터

바다와 가장 가까운 곳에서

후로후시 온천 不老ふ死温泉

'불로불사不老ふ死'라는 자신만만한 이름에 놀라고 파도가 들이치는 황금색 노천온천에 두 번 놀라게 되는 온천이다. 본관에서 대여한 유카타로 갈아 입고 건물을 나가, 탕으로 이어지는 길을 따라 가면 울퉁불퉁한 바닷가 바위 위에 노천온천이 떡하니 놓여 있다. 바다와 너무 가까워 파도가 세게 치면 탕까지 바닷물이 덮쳐와 노천온천의 영업을 중지할 정도. 그야말로 자연 속에 오롯이 있는 듯한 해방감을 느낄 수있다. 호리병 형태의 혼탕과 그보다 작은 여탕이 허술한 칸막이로 나누어져 있다. 물론, 실내탕에서도 같은 온천을 경험할 수 있다. 특유의 색은 함유된 철이 산화된 것으로 철 특유의 냄새를 맡을 수 있다.
함철-나트륨-마그네슘-염화물천의 온천은 몸이 더워지면 쉬 식지 않고 살균력이 높아 상처에도 좋다. 또 메타규산을 포함하고 있어 피부가 매끄러워진다. 2022년 호우 피해로 일부 시설 및 교통편의 변경이 있을 수 있으니 홈페이지에서 확인하자.

ADD 青森県西津軽郡深浦町大字舮作字下清滝15 **ACCESS** 아오모리공항에서 리무진 버스로 히로사키弘前역으로 이동 후, JR열차로 환승해 웨스파 쓰바키야마ウェスパ椿山역 하차, 송영 차량으로 약 7분 소요 **TEL** 0173-74-3500 **ROOMS** 75 **PRICE** 13,200엔(객실 2인 이용 시 1인 요금, 조·석식 포함)부터 **ONE-DAY BATHING** 10:30~20:00(노천탕 ~16:00), 600엔(30분 전 접수 마감), 수건&유카타 대여 포함 1,000엔 **WEB** www.furofushi.com

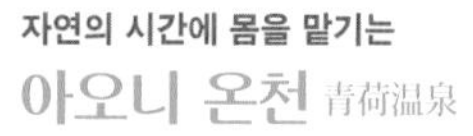

자연의 시간에 몸을 맡기는

아오니 온천 青荷温泉

밤이 되면 어둠을 밝힐 것이라고는 램프 밖에 없는, 램프의 숙소 아오니 온천. 겨울에는 설상차로 이동해야 할 만큼 눈이 깊은 산속 계곡가에 위치하고 있다. 해가 지면 주변 분위기가 차분히 가라앉아 자신과 대화하게 만드는 곳이다. 아늑한 실내탕 3곳과 계곡 쪽의 혼탕인 노천탕에서는 자연의 시간에 몸의 시간을 맞추는 특별한 경험을 할 수 있다. 가을 이후에는 방이 매우 춥다. 든든하게 입을 만한 옷을 챙겨 갈 것. 온천은 단순천으로 일반적인 온천의 효과와 함께 '사랑의 상처를 낫게 하고 식은 부부의 정을 덥히는 데 최고!'라는 특별한 처방전까지 얻을 수 있다.

ADD 青森県黒石市大字沖浦字青荷沢滝ノ上1-7 **ACCESS** 아오모리공항에서 리무진 버스로 히로사키弘前역으로 이동 후, JR열차로 환승해 구로이시黒石역 하차, 노선버스로 환승해 니지노코虹の湖 정류장 하차 후 시설 송영 차량으로 약 10분 소요 **TEL** 0172-54-8588 **ROOMS** 32 **PRICE** 11,150엔(2인 이용 시 1인 요금, 조·석식 포함)부터 **ONE-DAY BATHING** 10:00~15:00, 540엔(겨울 시즌에는 셔틀 차량만 통행 가능하므로 시간 체크 필요) **WEB** www.aoninet.com

진정한 벌거벗은 사귐

스카유 酸ヶ湯

노천탕	√
당일 입욕	√
족욕탕	
노천탕 객실	
전세탕	
목욕용품	√

널찍한 목조 건물에 남녀가 함께 온천을 하고 있는 사진으로 유명한 스카유. 기둥 하나 없이 탁 트인 실내 혼탕 가득 사람들이 온천을 하고 있는 모습에서 센닌부로千人風呂라는 별명이 붙었다. 지금은 그나마 여자 탈의실에서 이어지는 곳과 온천 사이에 칸막이가 생겼지만 예전에는 정말로 뻥 뚫려 있어 들어간 사람을 당황하게 만들기도 했다. 센닌부로에는 온도가 다른 네 종류의 탕이 있는데, 특히 몸이 찬 사람은 다음 순서대로 들어가면 좋다. 뜨거운 기운이 오래 지속되는 네쓰유熱湯에 우선 5분 정도 들어갔다가 그보다 조금 뜨겁게 느껴지지만 빨리 익숙해지는 시부로쿠부노유四分六分の湯에 5분, 그리고 좀 미지근한 레이노유冷の湯를 머리에 뿌린다. 그리고 폭포탕 온천수를 3분 정도 맞은 다음에 마지막으로 네쓰유에 3분 들어갔다가 나오면 된다. 하지만 혼욕 시설에서 맨몸으로 탕과 탕 사이를 넘나드는 것은 여성에게 그리 쉽진 않을 터. 오전 8~9시(숙박객용)와 밤 8~9시가 여성 전용 시간이니 이때를 활용하자. 센닌부로보다 작은 탕인 다마노유玉の湯는 남녀가 분리되어 있다.

ADD 青森県青森市荒川南荒川山国有林酸湯沢50番地 **ACCESS** 아오모리공항에서 리무진 버스로 아오모리青森역까지 이동, 버스로 환승해서 약 1시간 10분 후 스카유온센酸ヶ湯温泉 정거장 하차. 숙박객은 아오모리青森역에서 무료 셔틀버스 이용 가능(1일 2편, 예약제) **TEL** 017-738-6400 **ROOMS** 52 **PRICE** 13,200엔(객실 2인 이용 시 1인 요금, 조·석식 포함)부터 **ONE-DAY BATHING** 혼탕(센닌부로) 07:00~17:30(여성 전용 08:00~9:00), 디미노유 09:00~17:00(수건 포함) 1,000엔 **WEB** www.sukayu.jp

어떻게 다닐까?

❶ 100엔 버스 100円 *バス*

전 구간 100엔의 요금이 적용되는 100엔 버스가 운행 중이며, 그중 도테마치 순환버스土手町循環バス와 다메노부호ためのぶ号가 히로사키성 방향의 주요 관광지를 관통한다. 10~15분 간격으로 운행해 편리하다.

❷ 자전거

좀 더 자유롭게 이동하고 싶다면 자전거를 추천한다. 히로사키 관광협회에서 운영하는 렌탈 사이클이 시내 곳곳에 있으며 대여 장소와 반납 장소가 달라도 상관없어 동선 짜기가 수월하다. 전동자전거는 히로사키 관광안내소와 시립관광관에서만 빌리고 반납할 수 있다.

어디를 갈까?

❶ 히로사키 성터(히로사키 공원) 弘前城跡

1611년 축성되어 260년간 쓰가루번의 중심이 된 히로사키성은 히로사키 관광의 중심이다. 축구장 면적의 70배에 달하는 약 50ha의 부지에 세 겹의 해자와 6곳의 성곽으로 구성된 규모는 과거의 위용을 대변해준다. 일본 전국에서도 벚꽃 명소로 유명한 히로사키성은 2,600그루의 벚나무가 만개할 때도 장관이지만 벚꽃이 질 무렵 떨어진 꽃잎으로 온통 뒤덮인 꽃길과 해자도 멋지다. 성터에 남아 있는 천수각, 망루 3동, 성문 5동이 모두 중요문화재로 지정되어 있다.

ACCESS JR히로사키역에서 100엔 버스 타고 시야쿠쇼마에市役所前 하차, 도보 1분
WEB www.hirosakipark.jp

❷ 후지타 기념정원 藤田記念庭園

등록유형문화재로 지정된 후지타 기념정원은 1919년에 지어진 별장으로 도쿄의 정원사를 초빙해 조성해 조성한 에도식 정원을 포함한다. 고지대와 저지대로 나뉘어 있는 정원에서는 이와키산이 보이고 본채인 일본관, 별채인 서양관과 오묘한 조화를 이루고 있다. 다이쇼 시대의 낭만을 간직한 서양관은 카페로 쓰이고 있다.

ACCESS JR히로사키역에서 100엔 버스 타고 시야쿠쇼마에市役所前 하차, 도보 4분

❸ 이와키산 신사 岩木山神社

쓰가루 지역의 영산靈山으로 일컬어지는 이와키산 기슭에 자리한 약 1,200년 역사의 이와키산 신사는 삼나무와 신사 그리고 이와키산이 아름다운 조화를 이루고 있다. 390년 전에 건축되었으며 몇 차례의 소실과 재건의 과정을 거쳤다. 본전, 배전, 중문, 누문 등 여섯 채의 건축물이 중요문화재이며, 음력 8월에 신에게 올리는 제사는 중요무형민속문화재로 지정되었다. 아침 안개가 내려 앉은 삼나무 숲을 따라 본전까지 이르는 돌길이 상당히 운치 있다.

ACCESS JR히로사키역 앞 고난버스 승강장에서 가레키타이枯木平행(하쿠자와百沢 경유) 타고 약 40분 후 이와키야마진자 하차.

05

야마가타현 자오 온천 蔵王温泉

화산 자오 연봉의 중턱인 해발 880m에 자리한 자오 온천은 1,900년의 역사를 간직한, 도호쿠에서 가장 오래된 온천마을 중 하나이다. 110년경 야마토 시대의 어느 무장이 독화살을 맞은 후 이곳의 온천에 몸을 담가 상처가 나았다는 설화에서 알 수 있듯, 치유 온천으로도 이름 높다. 고원의 온천마을은 여름에도 선선한 편이고 상쾌한 산속 공기를 느낄 수 있다. 하루에 약 8,700톤의 온천수가 솟아날 정도로 수량이 풍부하며 45~66도의 뜨끈한 원천을 가케나가시 방식으로 즐길 수 있다. 깊은 협곡 사이로 흐르는 유백색의 유황천은 특유의 냄새와 흰 연기를 폴폴 풍긴다. 제대로 된 유황 온천에서 볼 수 있는 '유노하나'가 특산품이기도 하다. 강산성의 유황천은 몸을 담그자마자 찌릿할 정도이다. 겨울에는 '아이스 몬스터' 또는 '수빙樹氷'이라 불리는 독특한 눈 풍경의 스키장이 개장한다. 솜이불처럼 폭신한 눈밭 위를 달리며 나무에 알알이 눈 결정이 맺힌 동화 속 세상을 마주할 수 있어서 스키의 성지로 사랑 받고 있다. JR야마가타역에서 버스로 40분 정도 걸리는 가까운 거리라 당일치기 온천도 가능하고, 도심 여행과 함께 즐기기도 좋다.

♨ 온천 성분

pH 1.25~1.6의 산성 · 함유황-알루미늄-황산 · 염화물천으로 혈류를 촉진하며 살균 작용이 탁월하고 피부 미백 효과나 피부병을 개선하는 효능이 있다. 다만, 워낙 효과가 즉각적이라 피부가 예민하거나 약한 사람이라면 조심하는 것이 좋다. 또한 금속을 검게 변색 시키기 때문에 액세서리를 빼놓는 것을 잊지 말아야 한다.

♨ 온천 시설

3곳의 공동 온천탕과 3곳의 족욕탕, 8곳의 당일 입욕 시설을 마을을 산책하며 만날 수 있다. 공동 온천탕인 가미유上湯, 시모유下湯, 가와라유川原湯는 가케나가시 방식의 천연 온천을 제대로 느낄 수 있고 값도 200엔으로 저렴하다. 당일 입욕 시설에는 노천탕이 있거나 잠시 쉬었다 갈 수 있는 휴게 공간이 마련된 곳도 있다.

♨ 숙박 시설

온천뿐 아니라 스키를 즐기기 위해 찾아오는 관광객이 많은 만큼 료칸, 온천 호텔, 민박, 펜션 등의 시설이 다양하게 자리한다. 80곳의 숙소 중 온천이 있는 경우는 절반 정도이며 이 가운데 노천탕이 있는 경우는 20곳 남짓이다.

♨ 찾아가는 방법

센다이역에서 전철을 타고 1시간 20분 후 JR야마가타역에서 내린 후 역 앞에서 자오 온천 방면 버스 승차해 약 40분 후 하차.

TEL 023-694-9328 **WEB** www.zao-spa.or.jp

온천 마니아를 위한 유메구리(온천 순례)

당일 입욕이 가능한 온천 시설 및 료칸 25곳 중 세 곳을 이용할 수 있는 '유메구리 고케시'를 1,300엔에 판매한다. 지역 민예품인 목각인형 '고케시'와 두 장의 스티커로 구성되며 시설에 따라 한 장 또는 두 장의 스티커를 쓰면 된다. 스티커 1장으로 주변 상점에서 420엔짜리 상품권으로도 사용 가능하다(1,000엔 이상 구매 시). 추가 요금(240엔)을 내며 고케시에 물감을 칠하는 체험도 할 수 있다.

하늘 아래 선녀탕

자오 온천 다이로텐부로

蔵王温泉 大露天風呂温泉

노천탕	
당일 입욕	✓
족욕탕	
노천탕 객실	
전세탕	
목욕용품	

자오 온천에서 가장 높은 곳에 위치한 온천 시설로 자오 온천을 상징하는 대자연 속 노천탕이다. 이곳까지 가기 위해선 꽤 급경사의 오르막을 계속 올라야 하는데, 그 노력에 대한 충분한 보상을 받을 수 있다. 남녀를 구분하기 위한 최소한의 오두막만 지어놓은 자연 그대로의 탕에는 우유 빛깔의 뽀얀 온천수가 넘실댄다. 유황 온천임을 증명하는 유노하나도 풍부하다. 노천탕에 몸을 담그면 때 묻지 않은 자연 속에 폭 안겨 천상의 선녀가 된 기분을 느낄 수 있다. 탈의실도 변변치 않고 비누칠이 금지되어 있는데 오히려 그 점이 이곳이 옛 방식을 고수하며 지켜지고 있는 천연 온천임을 말해준다. 겨울에는 눈 때문에 진입이 어려워 문을 닫는다.

ADD 山形県山形市蔵王温泉荒敷853-3 **ACCESS** 자오 온천 버스터미널에서 산쪽으로 도보 20분 또는 차로 5분 **TEL** 023-694-9417 **ONE-DAY BATHING** 09:30~17:00(4~11월 하순) 700엔, 또는 유메구리 티켓 1장 사용 **WEB** www.jupeer-zao.com/roten

세심한 배려가 돋보이는 온천 시설

유노하나차야 신자에몬노유

湯の花茶屋 新左衛門の湯

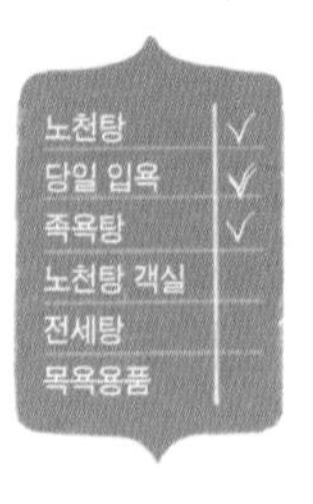

자오 온천의 당일 입욕 시설 중 가장 인기 있는 곳으로 버스터미널에서 가까운 데다 깔끔한 최신식 시설을 갖추고 있다. 숙박만 하지 않을 뿐이지 독립된 휴게실에서 나오는 식사부터 지역 특산품을 구입하기 좋은 기념품 숍, 정성껏 가꾼 정원 등 고급스런 료칸의 분위기가 물씬 풍긴다. 100% 가케나가시의 원천뿐만 아니라, 아이나 피부가 약한 사람도 이용 가능한 물을 혼합한 부드러운 온천탕도 마련해두어 가족 단위의 손님도 즐길 수 있게 했다. 1인용 도자기탕은 탕마다 물의 온도가 달라 자신이 좋아하는 온도의 탕을 고를 수 있다. 실내탕은 온천수가 아니라서 유황 냄새가 신경 쓰이는 여행자들은 이곳에서 마지막에 몸을 씻으면 된다. 입구의 널찍한 족욕탕도 여럿이서 이용하기 좋고 관리가 잘 되어 있다. 여러모로 여행자를 배려한 점이 돋보이는 온천 시설이다.

ADD 山形県山形市蔵王温泉川前905 **ACCESS** 자오 온천 버스터미널에서 도보 5분 **TEL** 023-693-1212 **ONE-DAY BATHING** 10:00~18:00(수요일 휴관), 800엔
WEB http://zaospa.co.jp

❶ 돈가리 빌딩 とんがりビル

40년 된 주상복합빌딩이 야마가타의 예술과 문화를 발신하는 기지로 재탄생했다. 야마가타의 제철 식재료로 만든 음식을 즐길 수 있는 식당과 디자인 서적 및 잡화를 판매하는 숍, 신진 작가의 작품을 전시하는 갤러리, 오리지널 가구 쇼룸 등 1층부터 4층까지 구석구석 즐길 거리가 가득하다.

ACCESS JR야마가타역에서 도보 20분 WEB https://www.tongari-bldg.com

❷ 홋토나루 요코초 ほっとなる横丁

홍등이 불을 밝히면 옹기종기 모여있는 11곳의 포장마차가 하나둘 손님 맞을 준비를 한다. 야마가타의 중심가에 자리해 관광객은 물론 현지인도 즐겨 찾는다. 야마가타의 향토요리부터 오뎅, 가라아게(닭 튀김), 꼬치구이 등 다양한 술안주를 취향대로 선택할 수 있다.

ACCESS JR야마가타역에서 도보 15분 WEB www.hotnaru-yokocho.jp

❸ 릿샤쿠지 宝珠山 立石寺

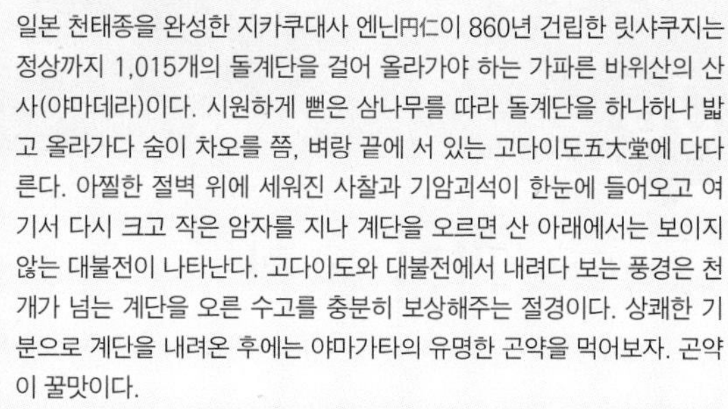

일본 천태종을 완성한 지카쿠대사 엔닌円仁이 860년 건립한 릿샤쿠지는 정상까지 1,015개의 돌계단을 걸어 올라가야 하는 가파른 바위산의 산사(야마데라)이다. 시원하게 뻗은 삼나무를 따라 돌계단을 하나하나 밟고 올라가다 숨이 차오를 쯤, 벼랑 끝에 서 있는 고다이도五大堂에 다다른다. 아찔한 절벽 위에 세워진 사찰과 기암괴석이 한눈에 들어오고 여기서 다시 크고 작은 암자를 지나 계단을 오르면 산 아래에서는 보이지 않는 대불전이 나타난다. 고다이도와 대불전에서 내려다 보는 풍경은 천 개가 넘는 계단을 오른 수고를 충분히 보상해주는 절경이다. 상쾌한 기분으로 계단을 내려온 후에는 야마가타의 유명한 곤약을 먹어보자. 곤약이 꿀맛이다.

ACCESS JR야마데라역에서 릿샤쿠지 매표소까지 도보 7분 WEB www.rissyakuji.jp

1

2

3

06

야마가타현 긴잔 온천 銀山温泉

오우산맥을 병풍처럼 두르고 콸콸 쏟아지는 강 계곡을 따라 옛 목조 건축 료칸들이 옹기종기 모여 있는 긴잔 온천. 에도 시대 초기 번성했던 은 광산이 붕괴 사고로 폐광된 후 그 자리에 들어선 긴잔 온천은 강에서 솟은 원천 위에 료칸을 짓고 500년을 이어오고 있는 온천 마을이다. 메이지 시대 대홍수로 온천 건물이 모두 휩쓸려 간 뒤 다시 재건을 하였고, 당시 유행하던 3~4층 높이에 발코니가 설치된 목조 건축이 들어섰다. 그 후 '건축보존조례'에 따라 그 모습을 고스란히 간직해 마치 다이쇼 시대로 타임슬립을 한 듯 여행자를 과거의 시간으로 소환한다. 아름다운 자연과 옛 건물, 가스 가로등이 어우러진 온천 마을의 풍경은 일본 드라마의 촬영지나 애니메이션의 무대가 되기도 했다. 차량 진입이 통제된 온천 마을은 작지만 짜임새가 있다. 소리마저 시원한 계곡물에 기분까지 상쾌해지고 강의 이쪽저쪽을 연결하는 여섯 개의 작은 다리가 운치를 더한다. 료칸 사이에 카페와 기념품 숍, 식당이 자리하고 있어서 온천 후 산책을 하기에도 좋다. 또한 옛 은광이 국가 사적으로 지정되어 잘 남아 있다. 폭포와 다리, 작은 신사를 지나 은광 유적까지 보고 돌아올 수 있는 산책 코스가 조성되어 있으며, 60분(약 1.4km)과 90분(약 1.9km) 코스 중 선택하면 된다.

♨ 온천 성분

나트륨-염화물 · 황산염 온천으로 무색 투명하고 약한 유황 냄새가 감돈다. 중성에 가까운 pH6.6의 온천이라 남녀노소 누구나 부담 없이 즐길 수 있다.

♨ 온천 시설

마을 입구에 자리한 족욕 시설 '와라시유和楽足湯'는 강 계곡의 경치를 내려다보며 즐길 수 있어서 잠시 쉬어가기 좋다. 공동 온천장은 3곳 있는데, 그중 '시로가네유しろがね湯(09:00~16:00, 500엔)'는 2001년 리뉴얼한 시설로 건축가 구마 겐코가 디자인해 모던하면서도 세련됐다.

♨ 숙박 시설

전통적인 목조 건축의 료칸 13곳이 계곡을 따라 자리하고 있다. 다이쇼 건축 양식의 노토야, 모던한 스타일로 쿠마켄고 디자인의 후지야를 비롯해 고세키야, 긴잔소, 쇼호칸, 마쓰모토 료칸 등 13곳의 온천 료칸이 계곡을 따라 자리하고 있다.

♨ 찾아가는 방법

도쿄역에서는 신칸선으로 야마가타까지 와서 오우본선으로 갈아타고 오이시다역에서 하차, 오이시다에서 버스 타고 오바나자와 하차. 긴잔 온천 방면 버스로 환승해 약 40분 후 하차. 교통이 불편한 곳에 있지만 일단 긴잔 온천에 도착하면 온천 마을 풍경에 감동하게 된다.

TEL 0237-28-3933
WEB www.ginzanonsen.jp

머물고 싶은 료칸,
가보고 싶은 온천

다이쇼 시대 낭만이 구석구석

노토야 能登屋

노천탕	✓
당일 입욕	
족욕탕	
노천탕 객실	
전세탕	✓
목욕용품	

1921년에 창업한 노토야는 다이쇼 건축 양식을 제대로 엿볼 수 있는 대표적인 료칸이다. 국가등록문화재이기도 한 3층 목조 건물은 중앙 발코니가 도드라져 화려하게 장식된 특징적인 형태를 하고 있다. 실내 또한 황갈색의 반질반질 윤이 나는 계단을 비롯해 창틀과 조명 등 공간 구석구석 다이쇼 시대의 레트로한 감성을 느낄 수 있다. 숙박객이 아니더라도 건물 앞에서 기념 사진을 찍는 이들이 많을 정도로 인기가 높다. 개업 당시부터 강에서 솟아난 원천 그대로를 사용하고 있는 동굴탕은 노토야의 명물로, 숙박객은 전세탕으로 이용할 수 있다. 사계절의 경치를 감상할 수 있는 전망 노천탕이 두 곳 있으며 계단으로 올라야 하는 전망탕에서는 시원한 폭포가 쏟아지는 풍경이 펼쳐진다. JR오이시다大石田역까지 1일 2회(예약제) 무료 송영 서비스를 제공한다.

ADD 山形県尾花沢市大字銀山新畑446 **ACCESS** 긴잔 온천 버스 정류장에서 도보 2분 **TEL** 0237-28-2327 **ROOMS** 15 **PRICE** 19,800엔(2인 이용 시 1인 요금, 조·석식 포함)부터 **WEB** www.notoyaryokan.com

모던 스타일 료칸의 정석

후지야 藤屋

예스러운 풍경의 긴잔 온천에서 모던한 스타일의 료칸 후지야는 단연 돋보인다. 고급스러운 분위기가 물씬 풍기며, 숙박료도 긴잔 온천에서 가장 비싸다. 또한 파란 눈의 외국인 오카미상(료칸의 여주인)으로도 유명하다. 2006년 옛 료칸 건물을 리모델링한 것으로 건축가 쿠마 켄고가 디자인했다. 기존 목조 건축을 섬세하게 살리고 4mm 간격으로 설치한 대나무 스크린을 통해 시간에 따른 빛의 변화를 건물에 담아냈다. 다다미방의 료칸을 현대적으로 재해석해 가구 하나까지 감각적이고 조화롭게 구성하였다. 세 가지 타입의 객실과 다섯 종류의 전세탕이 있으며 엘리베이터가 마련되어 있어서 편리하다. 공간의 통일감을 위해 로비에 따로 프런트를 두지 않고 방에서 체크인과 체크아웃을 진행한다. 1층 로비에는 카페가 마련되어 있는데 창을 모두 열면 노천 카페로 변신한다.

ADD 山形県尾花沢市大字銀山新畑443 ACCESS 긴잔 온천 버스 정류장에서 도보 2분 TEL 0237-28-2141 ROOMS 8 PRICE 29,800엔(2인 이용 시 1인 요금, 조·석식 포함)부터 WEB www.fujiya-ginzan.com

도호쿠 그 외 온천&료칸

산에서 산으로 쉬어가는

스카와 고원 온천 須川高原温泉

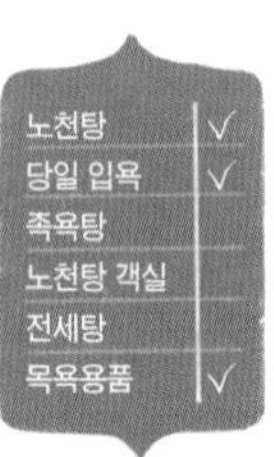

도호쿠 지역의 이와테, 미야기, 아키타 현에 걸쳐 있는 구리코마栗駒 산. 이 산의 북쪽 표고 1,126m에 위치한 스카와 고원 온천은 주변에 고산식물이 자라고 객실에서 운해를 볼 수 있는 고지대의 온천이다. 이미 1,100년 전에도 온천지로 유명했다는 기록이 있고, 온천치료에 효험이 있는 곳으로 알려져 300년 이상 많은 사람들이 이용해왔다. 에메랄드빛의 불투명한 온천수는 자연과 어우러진 풍경을 선사하고, '후카시유ふかし湯'라는 독특한 온천요법을 즐길 수 있다. 후카시유는 온천에서 자연적으로 발생하는 수증기를 구멍을 통해 쐬는 온천 증기요법. 사람의 장기 중 위의 위치에 해당하는 허리의 가장 오목한 곳 바로 윗부분에 구멍을 막지 않도록 맞추고 그 위에 이불을 덮어 증기가 빠져나가지 않도록 한다. 누워서 하는 훈증 같은 느낌. 15~20분 정도를 1회 기준으로 하는데 온몸이 축축하게 땀을 흘릴 때까지다. 눈이 많이 내리기 때문에 눈이 녹는 5월 초부터 10월 말경까지만 영업한다.

ADD 岩手県一関市厳美町字マツルベ山国有林46林班ト **ACCESS** 센다이공항에서 열차로 센다이역으로 간 후 JR열차로 이치노세키一ノ関역까지 이동, 버스(1일 2회 왕복)로 환승해 약 90분 후 종점 스카와코겐온센겐칸마에須川高原温泉玄関前 하차, 바로 **TEL** 0191-23-9337 **ROOMS** 36 **PRICE** 13,530엔(객실 2인 이용 시 1인 요금, 조·석식 포함)부터 **ONE-DAY BATHING** 08:30~15:00, 1,200엔(휴게 공간 이용, 대노천탕 포함), 대노천탕 06:00~21:00, 700엔 **WEB** sukawaonsen.jp

세 곳의 온천 시설을 모두 누려라

호텔 고요칸ホテル紅葉館

호텔 센슈카쿠, 호텔 하나마키와 같은 계열의 온천 호텔 고요칸. 세 관의 온천은 서로 연결통로로 이어져 있어 어느 곳에 묵더라도 세 온천을 모두 자유롭게 이용할 수 있다. 특히 고요칸은 은은한 조명의 노천탕과 사우나, 통유리창의 밝은 대욕장 등 가장 다양한 시설을 자랑한다. 객실 중 다다미방은 대부분 흡연이 가능하기 때문에 비흡연자를 위해 금연 침대방 플로어(5층)를 따로 설치해 배려했다. 온천은 단순천으로 약알칼리성이라 몸에 부담이 없이 매끄러우며 각종 스트레스 증상을 완화해주는 효과가 있다. 센슈카쿠와 하나마키에서는 항균, 소취작용이 있으며 진정효과를 볼 수 있는 향이 나는 나한백 온천을 경험할 수 있으며, 특히 센슈카쿠에서는 여성 숙박객을 위한 장미온천(14:00~21:30)도 운영한다. 장미정원과 별도의 건물에 지어진 하나마키 온천스토어, 옛 창고를 이축해 영업하는 흰 벽에 검은 지붕이 인상적인 카페가 부지 내에 있어 온천 외의 재미를 더해준다.

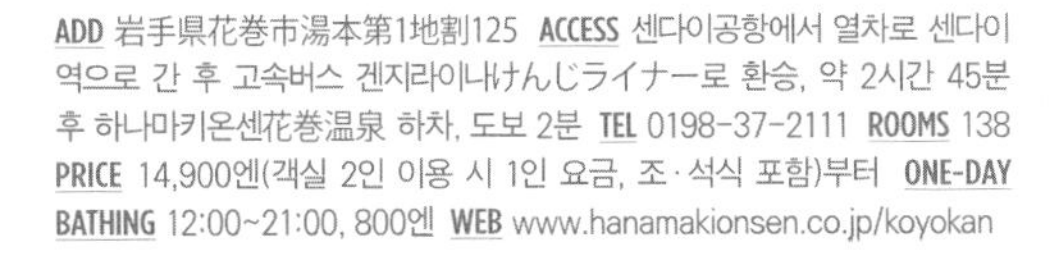

ADD 岩手県花巻市湯本第1地割125 **ACCESS** 센다이공항에서 열차로 센다이역으로 간 후 고속버스 겐지라이너けんじライナー로 환승, 약 2시간 45분 후 하나마키온센花巻温泉 하차, 도보 2분 **TEL** 0198-37-2111 **ROOMS** 138 **PRICE** 14,900엔(객실 2인 이용 시 1인 요금, 조·석식 포함)부터 **ONE-DAY BATHING** 12:00~21:00, 800엔 **WEB** www.hanamakionsen.co.jp/koyokan

국립공원 속 오묘한 빛깔의 온천

마쓰카와 온천 교운소 松川温泉 峡雲荘

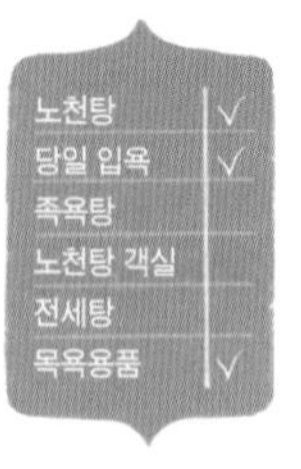

마쓰카와 계곡 깊은 곳에 마쓰카와 온천이 있다. 단 3곳의 료칸만이 자리한 작은 온천으로 교운소는 그중 가장 깊은 곳에 있다. 어른어른 비취색이 섞인 오묘한 우윳빛의 온천수는 온도가 높은 편으로, 천연온천을 그대로 사용하기 때문에 탕에 넣는 온천수의 양으로 온도를 조절한다. 하치만타이 국립공원 안에 있어 주변 자연 속으로의 산책(무료)이나 트레킹(코스별 요금 별도) 안내 서비스도 있다. 온천 후 목재로 감싸인 부드러운 조명의 로비에서 잠시 숨을 돌리며 멍하니 주변 숲을 바라보고 있노라면 이것을 위해 이 깊은 곳까지 찾아왔나 싶다. 가장 큰 노천탕은 혼탕이며, 여성 전용 노천탕이 따로 있다.

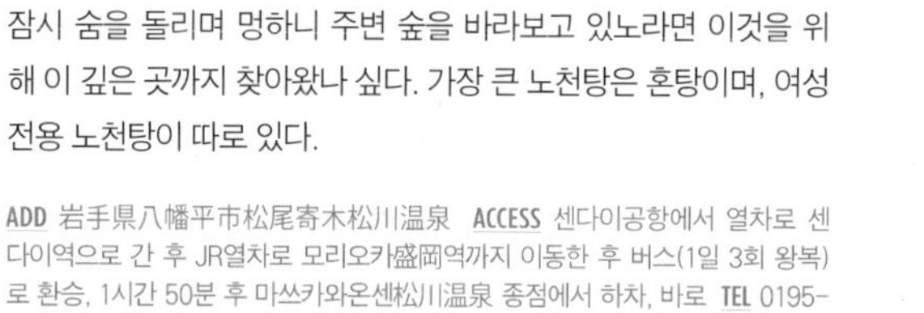

ADD 岩手県八幡平市松尾寄木松川温泉 **ACCESS** 센다이공항에서 열차로 센다이역으로 간 후 JR열차로 모리오카盛岡역까지 이동한 후 버스(1일 3회 왕복)로 환승, 1시간 50분 후 마쓰카와온센松川温泉 종점에서 하차, 바로 **TEL** 0195-78-2256 **ROOMS** 28 **PRICE** 13,200엔(객실 2인 이용 시 1인 요금, 조·석식 포함)부터 **ONE-DAY BATHING** 08:00~19:00, 600엔 **WEB** www.kyounso.jp

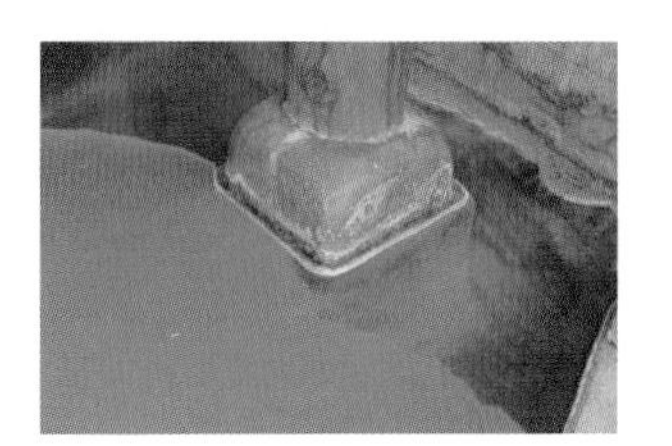

녹차 빛의 구니미 온천

이시즈카 료칸 国見温泉石塚旅館

노천탕	√
당일 입욕	√
족욕탕	
노천탕 객실	
진세딩	
목욕용품	√

투명한 온천, 희뿌연 온천은 종종 만날 수 있다. 하지만 이렇게 녹차라도 탄 듯힌 녹색의 온천은 정말 드물다. 산 위에 있어 트레킹, 등산의 거점이 되는 곳이기도 하다. 아키타현과 이와테현의 경계 지역에 위치해 겨울에는 폭설로 11월부터 5월 초까지 휴업한다. 온천이 녹색인 이유는 아직 밝혀지지 않았다. 종종 온천 성분인 유노하나의 막이 생기기도 하며, 바닥에도 부드럽게 쌓여 있다. 온천수는 특유의 냄새가 나고 입에 머금으면 쓰다. 가끔 은은한 청색을 띤 옥빛으로 변하기도 한다. 성분은 함유황 탄산수소염천으로 신경통, 피부병, 변비에 좋다. 공기와 만나 산화하면서 검게 변하므로 수건이나 액세서리 등은 주의할 것.

ADD 岩手県岩手郡雫石町橋場国見温泉 **ACCESS** 아키타공항에서 뉴토乳頭 또는 다마가와玉川 방면 셔틀 승합차 에어포트라이너로 다자와코田沢湖역까지 이동한 후 택시로 30분 **TEL** 019-692-3355 **ROOMS** 20 **PRICE** 12,250엔(객실 2인 이용 시 1인 요금, 조·석식 포함)부터 **ONE-DAY BATHING** 10:00~16:00, 600엔 **WEB** www5.famille.ne.jp/~kunimihp

산을 사랑하는 사람을 위한 료칸

야마도 山人

노천탕	√
당일 입욕	
족욕탕	
노천탕 객실	√
전세탕	√
목욕용품	√

산에 대해 잘 알고 있는 달인을 경의를 표해 부르는 이 지역의 말, 야마도. 야마도처럼 자연과 함께 숨 쉬며 혜택을 나누고자 하는 료칸이다. 객실은 12개. 모든 객실에 딸려 있는 반 노천탕이 답답하다면 계곡가의 전세 노천탕에서 달빛을 받으며 온천을 할 수 있다. 체크인 시 비어 있는 시간을 확인하자. 무료로 이용 가능하다. 나트륨-황산염 · 염화물천의 온천은 입욕 후에 산뜻하고 쉽게 지치게 하지 않아 임신부라도 안심하고 온천을 즐겨도 된다. 또 직접 운영하는 농원에서 수확한 신선한 식재료를 사용해 자연을 테마로 한 참신한 메뉴를 선보인다. 초등학생 이하의 어린이는 묵을 수 없다.

ADD 岩手県和賀郡西和賀町湯川52地割71-10 **ACCESS** 요코테역横手駅까지 이동, JR열차로 환승해 홋토유다ほっとゆだ역 하차 후 합승택시로 6분(200엔) **TEL** 0197-82-2222 **ROOMS** 12 **PRICE** 31,470엔(객실 2인 이용 시 1인 요금, 조 · 석식 포함)부터 **WEB** www.yamado.co.jp

白旗源泉
白旗
Kanto Shinetsu

간토 · 신에쓰

關東 · 信越

에치고유자와 온천
越後湯沢温泉
구사쓰 온천
草津温泉
시라호네 온천
白骨温泉
유다나카 온천
湯田中温泉
벳쇼 온천
別所温泉
하코네 온천
箱根温泉
아타미 · 이토 온천
熱海温泉 · 伊東温泉
니가타현
도치기현
군마현
이바라키현
나가노현
사이타마현
도쿄도
지바현
야마나시현
가나가와현
시즈오카현

에도시대 이후 400여 년 동안 일본 정치 · 경제 · 문화의 중심이 되어온 도쿄. 태양 주변을 맴도는 행성처럼, 도쿄의 강력한 영향권 아래에 있는 간토 지역은 온천 역시 도쿄와 중요한 연계성을 갖고 있다. 가까운 거리와 편리한 교통뿐만 아니라 도쿄 시민이 만족할 수 있는 세련되면서도 고급스러운 온천이 발달하게 된 것이다. 도쿄 시민이 즐겨 찾는 가나가와현의 하코네 온천이 전국에서도 숙박 요금이 비싸기로 자자한 것은 결코 우연이 아니다. 지리적으로는 주부 지역으로 분류되지만 도쿄와의 접근성이 좋은 시즈오카현의 여러 온천은 예로부터 도쿄 정 · 재계 인사들의 단골 온천 휴양지였다. 나가노현의 가루이자와 역시 도쿄 부자들의 별장 도시로 이름 높다. 신칸센의 개통은 여기에 날개를 단 격이다. 먼 북쪽의 니가타현까지 당일치기 온천 여행도 가능해진 것이다. 도쿄 피플의 취향을 저격하는 가장 트렌디한 온천을 경험하고 싶다면 답은 정해져 있다.

어느 지역일까?

간토 지역은 일본의 수도인 도쿄도를 중심으로 태평양 연안의 가나가와현, 지바현, 이바라키현이 자리하고, 내륙으로는 군마현과 사이타마현, 도치기현이 차지하고 있다. 신에쓰 지역은 주부의 호쿠리쿠 지역과 가까운 니가타현, 나가노현, 내륙의 야마나시현, 그리고 태평양 연안의 시즈오카현으로 이루어져 있다. 어느 지역이든 도쿄와의 연결 고리가 촘촘하니 출국 당일 한나절 정도 도쿄 관광과 쇼핑으로 마무리하자.

날씨는 어떨까?

태평양 연안의 시즈오카현, 가나가와현, 이바라키현 등은 온난하고 다습한 해양성 기후를 보인다. 반면, 내륙에 위치한 군마현, 사이타마현 등은 낮과 밤, 여름과 겨울의 기온 차가 큰 대륙성 기후를 나타낸다. 다만, 군마현 북부의 산간 지역은 한여름에도 비교적 서늘하다. 산악 지형인 니가타현과 나가노현은 대표적인 폭설 지역으로 크고 작은 스키장이 동네 축구장만큼 많다.

어떻게 갈까?

하네다공항에서 도쿄 도심까지 모노레일로 20분, 나리타공항에서는 열차로 40분~1시간 소요된다. 도쿄 도심에서 북쪽의 나가노현, 니가타현으로 가려면 공항에서 열차나 모노레일, 리무진 버스 등을 타고 도쿄東京역으로 이동한 후 신칸센 열차에 탑승한다. 군마현의 구사쓰 온천은 우에노上野역에서 구사쓰 특급열차를 이용하자. 단, JR패스 이용자가 아니라면 신주쿠新宿역 신미나미구치新南口 출구에서 하루 8~9차례 운행하는 직행 버스(4시간 소요)가 더 낫다. 도쿄 서남쪽의 가나가와현과 시즈오카현은 도쿄 시내로 들어올 필요 없이 온천과 가까운 역으로 바로 이동하면 된다. 가나가와현 하코네 온천은 하네다공항에서 바로 갈 수 있는 직행 버스도 있다.

어디로 입국할까?

❶ 도쿄국제공항 東京国際空港

일본을 대표하는 국제공항이자 일본 국내선의 허브 공항으로 하네다공항羽田空港이란 명칭이 더 익숙하다. 도쿄 중심부에서 남서쪽으로 16km 떨어져 모노레일과 철도를 이용한 도심 접근성이 매우 뛰어나다. 대한항공과 아시아나항공이 운항하는 하네다-김포공항 노선은 서울과 도쿄 도심을 잇는 가장 빠른 황금라인. 2014년 국제선 터미널의 신축 · 확장 공사가 완료되면서 에도시대 거리를 재현한 식당가와 쇼핑가가 새로 문을 열었다.

WEB www.tokyo-haneda.com

❷ 나리타국제공항 成田国際空港

하네다공항의 혼잡을 분산하기 위해 1978년 탄생한 또 하나의 국제공항. 도쿄에서 북동쪽으로 60km 떨어진 지바현에 위치해 하네다공항에 비하면 도심과의 접근성은 다소 떨어지지만 제주에어, 이스타항공, 에어부산 등 저가 항공이 취항하면서 가격 경쟁력이 꽤 높아졌다. 또한 외국인에게 판매하는 나리타 익스프레스 도쿄 왕복 티켓을 구입하면 환승 없이 도쿄 시내 주요 역까지 갈 수 있고, 교통여건도 좋아졌다. 인천공항 이외에 김해공항, 제주공항에서 갈 수 있는 점도 편리하다.

WEB www.narita-airport.jp

간토 여행에 최적화된 JR도쿄 와이드 패스

2박 3일로 도쿄와 인근 도시를 여행할 때 유용한 JR패스다. 이 티켓 한 장으로 하네다 · 나리타공항에서 도쿄, 군마(구사츠 온천), 가루이자와, 시즈오카(아타미 · 이토온천)까지 아우르는 JR동일본의 신칸센과 급행열차는 물론 도쿄 모노레일을 자유롭게 승하차하며 여행할 수 있다. 3일간 연속으로 사용 가능하고 어른(12세 이상) 10,180엔, 어린이(6~11세) 5,090엔에 구입할 수 있다. 공항 및 주요 역 여행자 서비스 센터에서 발매한다.

뭐 먹을까?

❶ 신슈소바 信州そば

'신슈'는 나가노현의 옛 지명이다. 나가노현의 일교차가 큰 고랭지의 풍토는 최상의 메밀(소바)을 길러냈고 오랜 숙련을 거친 장인의 손에서 최상의 소바가 탄생했다. 신슈소바협동조합에서는 나가노현의 메밀을 사용한 고품질의 신슈소바를 보증하고, 매년 신슈소바품평회를 개최하는 등 전통을 지키면서도 진화된 맛을 선보이고 있다.

❷ 사쿠라에비 桜えび

우리말로 '벚새우'라 불리는 사쿠라에비는 다 자라도 길이 5cm가 넘지 않는 작은 새우다. 일본에서도 시즈오카의 스루가 만駿河湾에서만 잡히는 지역 특산품으로 독특한 맛과 향이 특징이다. 파와 섞어 바삭하게 튀기는 요리법이 유명하며, 찐 사쿠라에비와 생사쿠라에비, 시라스(멸치 치어)를 함께 올린 삼색 돈부리로도 즐긴다.

❸ 곤약 요리

전국의 90% 달하는 곤약을 생산하는 군마현에서는 다양한 요리법도 함께 발달했다. 흔히 볼 수 있는 된장 꼬치구이(덴가쿠)와 전골요리뿐 아니라 초밥도 맛볼 수 있다. 일반적인 초밥 위에 얇게 포를 뜬 곤약을 올린 게 전부인데도 쫀득하고 담백한 맛이 일품이다. 곤약의 재료가 되는 곤냐쿠이모コンニャクイモ의 분말로 만드는 일반적인 방법 대신, 군마현에서는 곤냐쿠이모를 그대로 갈아 만들어 본연의 탄력, 풍미, 맛을 제대로 느낄 수 있다.

❹ 옷키리코미 おっきりこみ

제철 채소를 듬뿍 넣고 된장과 간장으로 간을 해 푹 끓인 후 굵게 썬 수타면을 넣어 먹는 냄비우동 요리. 농업이 발달하고 전국적인 밀 생산량을 자랑하는 군마현의 가정에서 '어머니의 손맛'을 느낄 수 있는 음식이다. 뜨끈한 국물 요리로 특히 추운 겨울에 생각나는 맛이다.

❺ 후지노미야 야키소바 富士宮やきそば

일반 야키소바에 튀김가루와 말린 생선가루를 뿌려 먹는 후지노미야 야키소바. 면도 지정된 네 개의 제품을 사용해야만 후지노미야 야키소바라 이름 붙일 수 있다. 지정된 면은 먼 곳까지 야키소바를 가져가고 싶어 했던 사람들을 위해 빨리 상하지 않도록 고안된 것으로, 생면을 쪄서 요리에 사용한다. 생선가루가 약간 비릴 수도 있지만 감칠맛을 더해주는 역할을 한다.

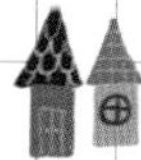

뭐 사갈까?

❶ 도쿄의 개성만점 로드숍 제품

도쿄 뒷골목 구석구석을 차지한 작은 로드숍에서는 공장에서 찍어내는 똑같은 제품 대신, 솜씨 좋은 주인장의 개성과 스타일이 잔뜩 묻어난 의류, 신발, 액세서리, 인테리어 소품 등을 구경할 수 있다. 특히 메구로目黒 지역은 앤티크, 유럽 디자인 상품, 일본의 공방 제품 등 각각의 테마를 가진 인테리어 숍들이 즐비해 산책하는 것만으로도 안목을 높일 수 있는 윈도쇼핑 스폿이다.

❷ 니혼슈 日本酒

니가타의 높은 산과 깨끗한 물은 고품질의 고시히카리 쌀을 길러낸다. 이는 좋은 니혼슈(사케)를 만드는 최상의 조건이라는 의미이기도 하다. 니혼슈는 쌀의 도정 정도에 따라 등급이 달라지는데, 가장 도정을 많이 한 준마이 다이긴조純米大吟醸를 최상급으로 친다. 니가타 에치고유자와越後湯沢역의 폰슈칸ぽんしゅ館에서는 니가타에서 생산되는 100여 종의 니혼슈를 시음하고 구입할 수 있어 실패의 확률을 낮춰준다.

❸ 가루이자와 잼&스프레드

일찍이 선교사들이 정착하며 터전을 일군 가루이자와에는 100년이 넘은 잼 가게가 있을 정도로 서양의 식문화가 뿌리 깊다. 과일부터 채소까지 국내에선 볼 수 없는 기상천외한 잼과 크래커에 발라 먹으면 훌륭한 안주가 되는 다양한 스프레드를 구입할 수 있다.

❹ 후지산 기념품

후지산은 일본인에게 있어 영적인 힘을 가진 산이다. 그 모습이 나타나면 많은 사람들이 감탄하며 소원을 비는 등 산의 기운을 받아 간직하려 한다. 그래선지 후지산의 풍경이 그려진 수많은 기념품이 인기다. 단순하게 선으로 표현된 후지산부터 유명한 화가 호쿠사이北斎의 그림까지, 다양한 후지산의 모습을 컵, 쟁반, 노트, 손수건, 과자, 마스크, 심지어는 휴지에서도 발견할 수 있다.

온천 여행 가볼까?

01

아타미 온천 + 후지산 + 하코네 온천 + 도쿄 관광
2박 3일

도쿄에서 1시간 내외로 갈 수 있는 대표적인 2곳의 온천과 함께 도쿄를 한나절 정도 관광하는 일정이다. 아타미 온천에서는 아름다운 바닷가 전망이, 하코네 온천에서는 활화산의 장엄한 풍광이 펼쳐져 대비의 즐거움 또한 누릴 수 있다. 도쿄에서 은근히 가기 어려워 미뤄두었던 후지산의 압도적인 풍경을 이번 기회에 제대로 만끽하자.

1 Day 아타미 온천 + 후지산

- *10:00* 하네다공항 도착
- *11:05* 하네다공항 국제터미널에서 게이큐쿠코선 이용해 시나가와역으로 이동, JR열차로 환승
- *12:11* JR아타미역 도착, 역 상점가 쇼핑
- *13:34* JR아타미역 출발, 후지역 환승
- *14:36* JR후지노미야역 도착, 야키소바 맛보기
- *16:00* 후지노미야 센겐타이샤 관광
- *17:02* JR후지노미야역 출발, 후지역 환승
- *18:14* JR아타미역 도착
- *18:30* 숙소 체크인
- *19:00* 저녁 식사
- *20:30* 휴식 및 온천, 바닷가 산책(라이트업)

2 Day 하코네 온천

- *08:00* 아침 식사
- *10:10* JR아타미역 출발, 오다와라역에서 하코네등산철도로 환승
- *11:00* 하코네유모토역 도착
- *11:10* 온천가에서 점심 식사 및 쇼핑
- *14:00* 오와쿠다니 로프웨이, 온센타마고(온천 달걀) 맛보기
- *17:00* 숙소 체크인
- *18:30* 저녁 식사
- *20:00* 온천 및 휴식

3 Day 도쿄 관광 + 출국

- *08:00* 아침 식사
- *10:47* 하코네유모토역 출발, 오다와라역 환승
- *11:47* 도쿄역 도착, 점심 식사
- *12:00* 도쿄 관광
- *17:44* 하마마쓰초역에서 도쿄 모노레일 탑승
- *17:57* 하네다공항 도착, 공항 식당가에서 저녁 식사
- *20:00* 하네다공항 출발

02

구사쓰 온천 + 가루이자와 호시노야 + 가루이자와 관광 2박 3일

유황 연기로 자욱한 구사쓰 온천에서 일본 전통 온천 마을의 진한 풍취에 젖어들고, 이와 정반대로 현대적이고 세련된 가루이자와의 호시노야에서 호사스런 하룻밤을 보내는 일정이다. 재력가나 유명인의 별장이 많은 것으로 소문난 가루이자와에서는 주인장의 개성이 묻어나는 작은 잡화점부터 글로벌 패션 브랜드까지 취향대로 쇼핑을 즐길 수 있다.

1 Day 구사쓰 온천

10:00	하네다공항 도착
10:41	도쿄 모노레일 탑승, 하마마쓰초역 환승
11:15	JR우에노역 도착, 점심 식사
12:12	JR우에노역 구사쓰 특급열차 탑승
14:32	JR나가노하라구사쓰구치역 도착
14:42	구사쓰 온천행 버스 승차
15:04	구사쓰 온천 버스터미널 도착, 숙소 체크인
16:00	온천가 산책 및 여러 온천 시설을 돌며 입욕하는 소토유 메구리
18:30	저녁 식사
20:00	숙소 온천 후 휴식

2 Day 가루이자와 호시노야+가루이자와 관광

08:00	아침 식사 및 체크아웃
09:05	구사쓰 온천 버스터미널에서 나가노하라구사쓰구치역 방면 버스 탑승
09:33	JR나가노하라구사쓰구치역 도착
10:03	JR나가노하라구사쓰구치역 출발, JR다카사키역에서 환승
12:17	JR가루이자와역 도착, 점심 식사
14:00	가루이자와 긴자거리 산책(자전거)
17:20	JR가루이자와역 남쪽 출구에서 가루이자와 호시노야 셔틀버스 탑승
17:50	호시노야 체크인
18:30	저녁 식사
20:00	숙소 온천 및 휴식

3 Day 출국

08:00	아침 식사 및 휴식
10:00	하루니레 테라스 쇼핑
11:30	점심 식사
12:55	호시노야 셔틀버스 탑승
13:15	JR가루이자와역 도착, 가루이자와 프린스 쇼핑몰에서 쇼핑
15:55	가루이자와역 출발, 도쿄역에서 환승
17:39	하마마쓰초역 도착, 도쿄 모노레일 탑승
17:49	하네다공항 도착, 공항 식당가에서 저녁 식사
17:56	하네다공항 출발

01

가나가와현 하코네 온천 箱根温泉

하코네 온천은 하코네산箱根山 기슭부터 중턱까지 흩어져 있는 1백여 곳의 료칸을 총칭한다. '하코네 일곱 온천'이라 불리며 예로부터 유명한 온천지였던 이곳이 전국적인 관광지로 거듭난 것은 에도시대 이후다. 수도인 에도, 즉 지금의 도쿄에서 그리 멀지 않아 온천을 즐기려는 에도 시민의 발길이 끊이지 않은 것이다. 여기에 산악 지대를 오르내리는 하코네등산철도가 놓이면서 현재 넓은 범위를 아우르는 온천 관광지가 완성되었다. 하루 2만5천 톤의 온천수가 솟아나는 다양한 20곳의 온천은 양과 질에서 부족함이 없다. 고풍스러운 전통 료칸부터 개항기 국제적인 휴양지로서의 분위기를 짐작하게 하는 레트로 모던 스타일의 료칸 등 개성 있는 건축 양식의 숙소를 고를 수 있고, 노천탕이 객실마다 딸린 프라이빗 료칸도 많아 신혼여행지로도 손꼽힌다. 활기 넘치는 온천가와 로프웨이, 관광선이나 수준 높은 미술관 · 박물관 등이 도처에 널려 있어 꼭 온천이 목적이 아니더라도 주말 여행지로 찾는 이들도 많다. 덧붙이자면, 하코네는 전설적인 애니메이션 〈신세기 에반게리온〉에 등장하는데, 에반게리온의 본부가 위치한 제3신동경시(Tokyo-3)가 바로 하코네 온천 안쪽에 자리한 아시노코 호숫가다.

♨ 온천 성분

워낙 넓게 분포하고 있어 지역에 따라 온천 성분에도 큰 차이가 있다. 소운잔의 유황 계곡인 오와쿠다니 인근은 지층에서 방출되는 황화수소가스의 산화로 인한 산성천이 발달했다. 아시노 호수 서쪽의 고지리湖尻에서부터 우바코姥子 지역까지는 중탄산이온과 황산이온이 주성분이다. 고라 지역은 지하 300~400m에서 분출하는 고온의 염화물천이며, 하코네유모토 온천을 비롯한 동쪽 지역의 온천은 주로 나트륨염화물천으로, 고온일수록 소금 함유량이 높다.

♨ 온천 시설

당일 입욕을 할 수 있는 온천 시설은 하코네유모토 온천箱根湯本温泉의 6곳으로 가장 많고 다양하다. 모두 노천탕을 갖추고 있으며 전세탕을 보유하거나 식사 및 다다미방에서 쉴 수 있는 곳도 있어 여느 고급 료칸 시설 못지않다. 온천 중심가에서 좀 떨어진 료칸과 온천 호텔에서는 온천과 식사를 즐기며 몇 시간 쉬었다 갈 수 있는 플랜을 운영하기도 한다.

♨ 숙박 시설

하코네 온천의 입구에 해당하며 가장 오래되고 규모가 큰 유모토 · 도노사와湯本·塔ノ沢역 주변, 1878년에 개업한 후지야 호텔을 비롯해 전통 있는 료칸이 밀집한 미야노시타 · 고와키다니宮ノ下·小涌谷역 주변, 유럽의 작은 마을처럼 고풍스러운 고라強羅역과 고라 공원 주변, 황금빛 억새초원이 펼쳐진 센고쿠하라仙石原 고원 일대, 그리고 화산 분화로 조성된 광대한 칼데라호 아시노 호수芦ノ湖 주변에 숙소가 몰려 있다.

♨ 찾아가는 방법

하네다공항에서 게이큐쿠코선京急空港線으로 시나가와品川역까지 이동한 후 신칸센으로 환승, 오다와라小田原역 하차(약 1시간 소요), 하코네등산철도를 이용해 숙소와 가까운 역에서 하차. 또는 하코네등산철도 하코네유모토箱根湯本역에서 하차해 관광시설 순회 버스로 숙소와 가까운 정류장으로 이동. 숙소가 아시노 호수 주변이라면 오다큐전철에서 운행하는 직행 버스(신주쿠발 · 하네다 공항발)가 편리하다.

TEL 0460-85-5571 **WEB** www.hakone-ryokan.or.jp

노천탕	
당일 입욕	√
족욕탕	
노천탕 객실	√
전세탕	√
목욕용품	√

꽃이 피어나는 듯한 노천탕

유사카소 湯さか荘

'온천을 꽃피운다'는 일본어와 같은 발음의 '유사카소'. 회색빛 돌이 깔린 노천탕의 바닥은 붉은 돌과 흰 돌이 섞여 있어 마치 꽃이 핀 듯 알록달록하다. 또 소나무, 철쭉, 단풍, 매화로 가꾸어진 정원으로 둘러싸여 있으며, 하코네 온천 유일의 혼탕이기도 하다. 남녀 실내탕과 이어져 있기 때문에 무심코 발을 내디뎠다가는 깜짝 놀랄 수도 있다. 여성은 혼욕 노천탕용 큰 타월을 사용할 수 있고, 밤 8시부터 9시까지는 여성 전용으로 운영된다. 하코네유모토 온천을 원천으로 한 부드러운 알칼리성 단순천은 여성이나 피부가 민감한 아기도 편하게 즐길 수 있다. 료칸의 자부심이 발현되는 곳은 요리. 손님이 움직이는 수고로움이 없도록 저녁 식사와 아침 식사 모두 체크인 때부터 얼굴을 익힌 객실 담당자가 방으로 준비해준다.

ADD 神奈川県足柄下郡箱根町湯本茶屋35 **ACCESS** 하코네등산철도 하코네유모토역에서 도보 15분, 또는 하코네료칸조합버스(100엔) 소운도리早雲通り행(B코스) 승차, 약 10분 후 유사카소湯さか荘 하차, 바로 **TEL** 0460-85-5755 **ROOMS** 13 **PRICE** 15,270엔(2인 이용 시 1인 요금, 조·석식 포함)부터 **ONE-DAY BATHING** 온천+저녁 식사 플랜 11,000엔부터(14:30~20:00, 토요일·휴일 전일은 불가) **WEB** www.yusaka.jp

잘 먹고 잘 쉬는 법

하코네 반가쿠로 箱根萬岳楼

해발 700m의 센고쿠하라 고원에 위치한 반가쿠로는 객실마다 노천탕과 전동 마사지 의자를 갖추고 어떤 불필요한 간섭도 하지 않아 그저 잘 쉬는 것만이 지상 과제인 료칸이다. 다소 심심할 듯도 한 이 휴식을 드라마틱하게 만드는 것은 음식이다. 계절을 테마로 한 요리는 정갈하면서도 하나하나 감탄이 나올 정도로 맛있다. 다음 날 아침 일찍 눈이 떠진 것은 순전히 아침 식사에 대한 기대감 때문일 정도. 오와쿠다니에서 발원한 우윳빛의 뿌연 온천수에 뜨겁게 몸을 담그고 나면 입맛이 더욱 살아난다. 70도 고온의 원천 그대로를 방류하고 있으니 찬물을 틀어 자신에게 맞는 온도로 조절하면 된다.

ADD 神奈川県足柄下郡箱根町仙石原1251 **ACCESS** 하코네등산철도 고라強羅역에서 관광 순회버스 승차, 약 15분 후 반가쿠로 하차 **TEL** 0460-84-8588 **ROOMS** 10 **PRICE** 25,300엔(2인 이용 시 1인 요금, 조·석식 포함)부터 **WEB** www.bangakuro.com

고라의 사계절을 한가운데에서

유토리로안 ゆとりろ庵

무던 스타일의 료칸 유토리로안은 고라 온천 한가운데에서 사계절의 변화를 가만히 마주할 수 있는 고즈넉한 곳이다. 장인의 손에서 탄생한 두 개의 전세탕에 더해 대리석으로 만든 두 개의 탕까지 총 네 개의 전세탕이 있고, 대욕탕에서는 서로 다른 두 개의 원천을 가케나가시 방식으로 즐길 수 있다. 온천 후에 테라스에 있는 족욕탕에 발을 담그고 무료로 제공하는 커피를 마셔보자. 전면 유리창으로 나뭇잎 흔들리는 바깥 풍경을 바라보며 이용할 수 있는 마사지 체어도 무료.

ADD 神奈川県足柄下郡箱根町強羅1300-119 **ACCESS** 하코네등산철도 고라強羅역에서 무료 송영 서비스 이용(역에 도착해서 전화) 또는 케이블카로 환승해 나카고라中強羅역 하차 후 도보 2분 **TEL** 0570-783-244 **ROOMS** 34 **PRICE** 17,600엔(2인 이용 시 1인 요금, 조·석식 포함)부터 **WEB** www.yutorelo-an.jp

기쿠가와 상점 菊川商店

온천 마크가 귀엽게 찍힌 하코네 오리지널 만주를 파는 곳. 부드러운 카스텔라에 흰 앙금이 들어간 만주를 수십 년은 썼을 법한 오래된 기계에서 구워내는 광경도 볼거리다.

COST 야키 하코네 만주 70엔 **OPEN** 08:00~18:00, 토 · 일 · 공휴일 ~19:00, 목요일 휴무 **TEL** 0460-85-5036

티무니 ティムニー

온천가 뒤편을 흐르는 하야카와早川 강변에 자리한 2층 규모의 카페. 직접 내린 더치커피와 수제 케이크, 샌드위치 등을 판매한다. 심플하면서도 편안한 인테리어와 괜찮은 커피 한 잔 그리고 창밖 강변의 풍경이 군더더기 없이 잘 맞아 떨어진다.

COST 치즈케이크+커피세트 800엔 **OPEN** 10:00~19:00, 수요일 휴무 **TEL** 0460-85-7810

이사미야 いさみや

잡화, 옷 등도 함께 파는 깔끔한 카페. 와플런치, 키슈런치 등 너무 무겁지 않은 런치를 세련된 분위기에서 즐길 수 있는 것도 좋다.

COST 무쇠팬에 동글동글 구워져 나오는 두부구이도넛 720엔, 드링크 세트는 300엔 추가 **OPEN** 10:00~18:00, 수요일 휴무 **TEL** 0460-85-5147

하쓰하나 はつ花

하코네유모토 온천향에만 본점과 신관이 있을 정도로 인기 있는 메밀국수 전문점. 따뜻한 메밀국수와 차가운 메밀국수 둘 다 먹을 수 있으며 특히 따뜻한 메밀국수에 마를 갈아 얹은 야마카케소바가 유명.

COST 야마카케소바 1,000엔 **OPEN** 10:00~19:00, 본점 수요일, 신관 목요일 휴무 **TEL** 0460-85-8287(본점)

고코로 cocoro

하코네를 사랑하는 마음이 물씬 풍기
카레집. 스파이스의 배합부터 오리지
인 이곳의 카레는 단맛은 적고 강렬한
파이스 향이 인상적인, 몸을 따뜻하
해주는 정성 들인 한 그릇이다.

COST 카레 1,080엔~ **OPEN** 10:00~14:0
17:30~21:00 **TEL** 0460-85-8556

하코네 카페 箱根カフェ

하코네유모토역에 자리한 카페 겸 베이커리. 열차가 오가는 플랫폼 전체가 내려다보이는 창가 좌석에서 커피와 함께 다양한 종류의 빵과 샐러드를 맛볼 수 있다.

COST 커피 450엔 OPEN 10:00~17:00(주말 공휴일~19:00)
TEL 0460-85-8617

하코네노이치 箱根の市

하코네유모토역 내의 오미야게(선물) 숍으로 에키벤(열차 도시락)도 판매한다. 하코네 명물인 지모토의 유모치湯もち를 비롯해 잼, 절임, 와인 등을 구입할 수 있다.

OPEN 09:00~20:00 TEL 0460-85-7428

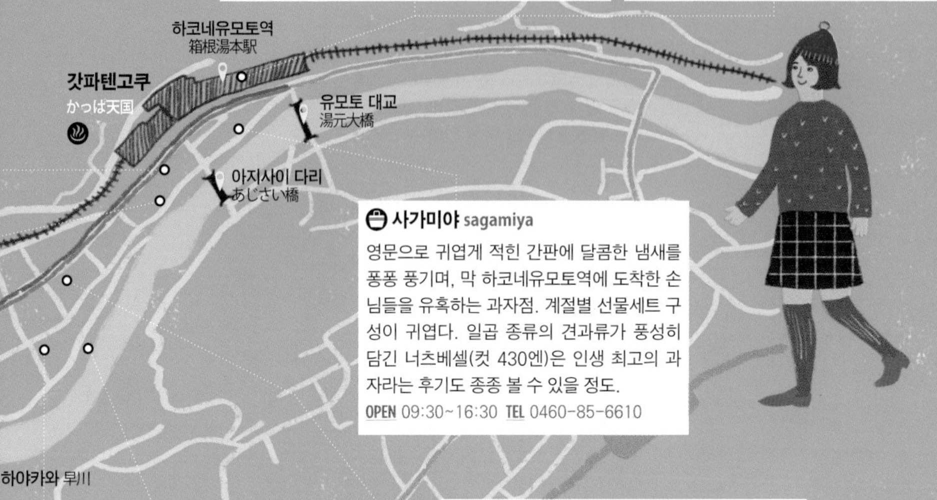

사가미야 sagamiya

영문으로 귀엽게 적힌 간판에 달콤한 냄새를 퐁퐁 풍기며, 막 하코네유모토역에 도착한 손님들을 유혹하는 과자점. 계절별 선물세트 구성이 귀엽다. 일곱 종류의 견과류가 풍성히 담긴 너츠베셀(컷 430엔)은 인생 최고의 과자라는 후기도 종종 볼 수 있을 정도.

OPEN 09:30~16:30 TEL 0460-85-6610

하코네 바이센코히 箱根焙煎珈琲

직접 로스팅한 원두와 커피를 파는 집. 원두를 선택하면 그 자리에서 5분 만에 볶아준다. 진한 풍미의 커피 소프트아이스크림도 인기 만점.

COST 원두 200g 1,400엔, 커피 소프트아이스크림 400엔 OPEN 10:00~17:00 TEL 0460-85-5139

하쓰하나신관
はつ花新館

야사카유 弥坂湯

하코네유모토 온천
箱根湯本温泉

유바돈 나오키치 湯葉丼 直吉

하코네산의 명수로 만든 유바(두유를 가열할 때 생기는 얇은 막)를 1인용 뚝배기에 넉넉히 담아 참치액으로 간을 한 후 달걀로 마무리한 유바돈이 대표 메뉴. 부들부들한 질감에 짭조름한 간이 밥을 자꾸 당긴다.

COST 유바돈 1,100엔 OPEN 11:00~18:00, 화요일 휴무
TEL 0460-85-5148

오리오리 折折

후지산과 하코네 온천을 모티브로 한 보자기, 손수건, 천 주머니, 책갈피 등을 판매하는 잡화점. 아기자기한 디자인의 제품은 선물이나 기념품으로 좋다.

OPEN 10:00~17:00, 수요일 휴무 TEL 0460-85-5798

하코네유모토 온천향

하코네 온천의 관문이랄 수 있는 하코네유모토역 주변에 조성된 온천가. 역에서 나오면 왕복 2차선 도로를 사이에 두고 양쪽으로 약 400미터의 상점 거리가 조성되어 있다. 늘 관광객이 북적거리는 하코네 온천 최고의 핫플레이스로 특산물 판매장, 소바 가게, 모치 전문점, 스위츠 카페 등 먹거리와 즐길 거리가 그득하다. 점포마다 휴무일이 다르니 허탕을 치지 않으려면 미리 체크하도록 하자.

타박타박 온천가 산책

하코네 크래프트하우스 HAKONE CRAFTHOUSE

고라 공원 안에 있는 갤러리 상점. 각종 유리공예와 도예 관련 체험을 할 수 있으며 작품들도 판매한다. 크래프트하우스 자체는 무료지만 공원 안에 위치해 공원 입장료를 내야 한다.

COST 공원 입장료 550엔, 각종 체험 2,100엔~4,100엔
OPEN 10:00~17:00 **TEL** 0460-82-9210

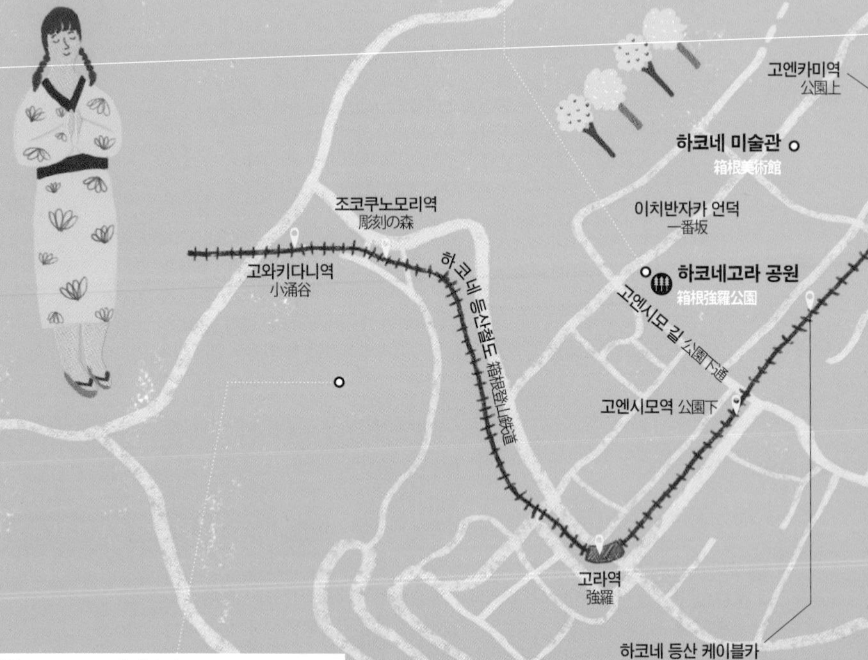

조코쿠노모리 미술관 OPENAIR MUSEUM

환경예술로 조각 예술의 보급과 발전을 위해 조성된 야외 미술관으로 근대에서 현대에 이르기까지 다양한 조각 작품이 전시되어 있다. 옥회 전시관과 체험형 아트 작품, 본관 갤러리, 피카소관 등과 함께 카페와 기념품 가게도 있다.

COST 일반 1,600엔 **OPEN** 09:00~17:00 **TEL** 0460-82-1161

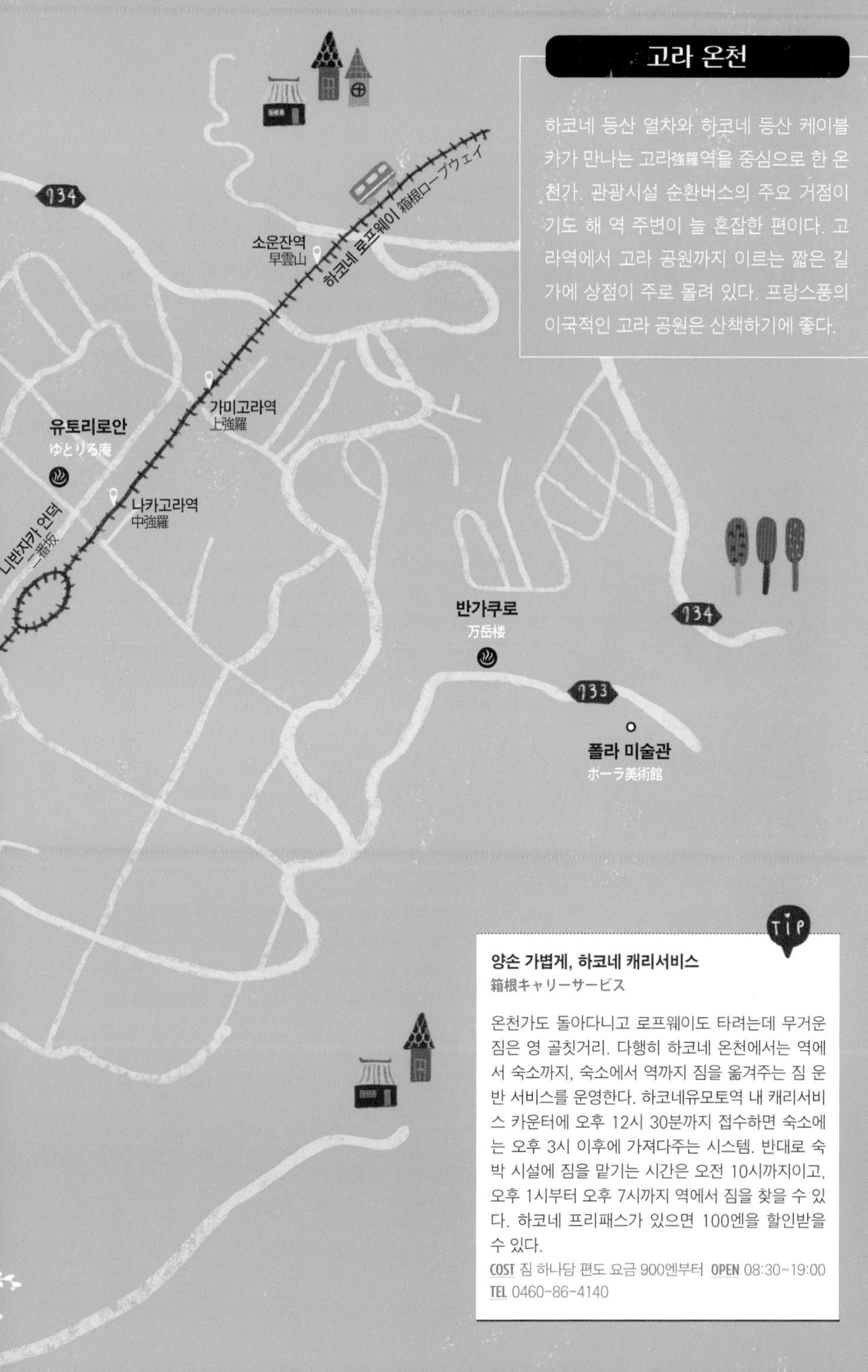

고라 온천

하코네 등산 열차와 하코네 등산 케이블카가 만나는 고라強羅역을 중심으로 한 온천가. 관광시설 순환버스의 주요 거점이기도 해 역 주변이 늘 혼잡한 편이다. 고라역에서 고라 공원까지 이르는 짧은 길가에 상점이 주로 몰려 있다. 프랑스풍의 이국적인 고라 공원은 산책하기에 좋다.

TIP

양손 가볍게, 하코네 캐리서비스
箱根キャリーサービス

온천가도 돌아다니고 로프웨이도 타려는데 무거운 짐은 영 골칫거리. 다행히 하코네 온천에서는 역에서 숙소까지, 숙소에서 역까지 짐을 옮겨주는 짐 운반 서비스를 운영한다. 하코네유모토역 내 캐리서비스 카운터에 오후 12시 30분까지 접수하면 숙소에는 오후 3시 이후에 가져다주는 시스템. 반대로 숙박 시설에 짐을 맡기는 시간은 오전 10시까지이고, 오후 1시부터 오후 7시까지 역에서 짐을 찾을 수 있다. 하코네 프리패스가 있으면 100엔을 할인받을 수 있다.

COST 짐 하나당 편도 요금 900엔부터 **OPEN** 08:30~19:00
TEL 0460-86-4140

어떻게 다닐까?

하코네 프리패스 箱根フリーパス

하코네 온천은 산간 지대에 면적도 넓다 보니 이곳을 오가는 교통수단이 일종의 관광 코스로 자리 잡았다. 즉, 하코네 온천을 오가는 등산 열차 및 등산 케이블카, 각 역에서 숙소 및 미술관 등을 연결하는 관광시설 순회 버스, 최대 분화구인 오와쿠다니를 운행하는 하코네 로프웨이, 아시노 호수를 횡단하는 하코네 해적선 등은 이동수단인 동시에 그 자체로 특색 있는 체험이 된다. 때문에 하코네 온천을 두루두루 돌아보고 싶은 여행자라면 일일이 티켓을 사기보단 할인 패키지를 구입하는 것이 이득이다. 신주쿠역 또는 오다와라역 기준으로 2일권과 3일권이 있으며 하코네 온천의 스파, 미술관, 박물관, 레스토랑, 카페 등의 할인 혜택도 받을 수 있으니 꼼꼼히 챙기자. 신주쿠역과 오다와라역 오다큐 여행 서비스 센터에서 구입할 수 있다.

어디를 갈까?

❶ 하코네 조코쿠노모리(조각의 숲) 미술관 箱根彫刻の森美術館

웅장한 하코네산으로 둘러싸인 약 70ha의 드넓은 푸른 정원 위에 조성된 야외 조각 공원. 로댕, 미로, 무어, 부르델 등 근현대를 대표하는 조각가의 명작 100여 점이 산책로를 따라 전시되어 있다. 자연환경과 어우러진 조각품은 물론, 직접 오르고 부대끼며 즐길 수 있는 등 아이들도 충분히 흥미를 가질 만한 조각 작품도 많다. 그 밖에 실험적인 작품을 전시하는 기획 전시실과 전 세계에서 수집한 피카소의 작품 300여 점을 전시한 피카소관도 있다.

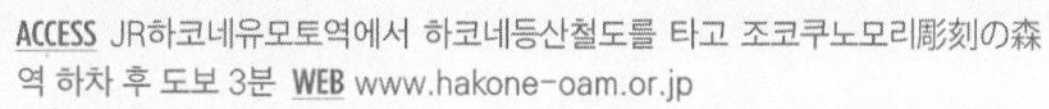

ACCESS JR하코네유모토역에서 하코네등산철도를 타고 조코쿠노모리彫刻の森역 하차 후 도보 3분 **WEB** www.hakone-oam.or.jp

❷ 하코네 로프웨이 箱根ロープウェイ

소운잔早雲山~오와쿠다니大涌谷~도겐다이桃源台를 연결하는 로프웨이로 공중산책하는 기분으로 다녀올 수 있는 활화산 전망 스폿. 산 하나를 덜컹하며 넘는 순간 아래로 연기가 풀풀 올라오는 계곡에 쭈뼛하며 손잡이를 붙잡게 되는 반면 고개를 들면 오른쪽으로 선명하게 보이는 후지산에 감탄하게 된다. 오와쿠다니에서는 유황 온천수에 삶은 새까만 구로다마고가 유명한데, 맛은 평범한 삶은 계란. 시간과 날씨가 허락해서 도겐다이까지 갔다면 산과 산 사이로 쭉 뻗은 아시노 호수의 풍광도 감상할 수 있다. 바람이 세거나 지진의 위험이 예상될 때에는 로프웨이가 운행을 멈추므로 이용 전 꼭 확인하자.

ACCESS 고라強羅역에서 하코네 등산 케이블카로 소운잔早雲山역까지 약 9분, 소운잔早雲山역에서 하코네 로프웨이로 도겐다이桃源台까지 약 30분 **WEB** www.hakonenavi.jp/kakone-ropeway

어떻게 다닐까?

지하철

도쿄 여행 최적의 교통수단은 단연 지하철이다. 도쿄 시내와 근교까지 구석구석 연결하고 있어서 거의 모든 관광지를 지하철로 이동할 수 있다. 그런데 우리와 달리 지하철의 운영 주체가 JR, 도쿄메트로, 도쿄도에이 등으로 나뉘어 있어 노선도가 상당히 복잡하고 환승 시 몹시 헷갈린다. 세 노선의 1일 통합 패스가 있긴 하나, 실제 다녀보면 본전 뽑기가 쉽지 않다. 그렇다고 일일이 승차권을 끊기도 번거로운데, 이때 편리한 것이 스이카(SUICA)다. 도쿄의 전 구간 지하철뿐 아니라 버스에서도 사용할 수 있는 충전식 교통카드로 이용 금액과 보증금(500엔)이 포함된 카드를 발급받아 사용하는 방식이다. 타 지역의 대도시에서도 호환되는 경우가 많고, 자판기나 편의점의 물품을 구입할 수도 있다. 다 쓴 스이카는 반환 시 보증금을 돌려준다. JR패스 이용자이고 사용기간이 아직 유효하다면, JR야마노테선을 무료로 승하차할 수 있다. 도쿄, 신주쿠, 시부야, 하라주쿠 등 도쿄의 주요 관광지를 관통하는 노선이기 때문에 한나절 정도 짧게 도쿄를 돌아다닐 여행자라면 이것만으로도 충분하다.

어디를 갈까?

❶ 도쿄역 마루노우치 역사 東京駅 丸の内駅舎

2012년 10월 도쿄역이 5년간의 공사를 마치고 새롭게 문을 열었다. 2차 세계대전 중 폭격으로 부서졌던 중앙 돔을 원형 그대로 복원하는 등 도쿄역 마루노우치 역사를 100여 년 전 창건 당시의 모습으로 되살린 것. 외관은 과거를 향한다면 내부는 최신식이다. 재단장한 도쿄 스테이션 호텔은 명실공히 도쿄 최고의 특급 호텔로 떠올랐고, 지하 쇼핑몰에는 도쿄의 맛을 제대로 즐길 수 있는 식당가와 스위츠 숍, 선물(오미야게) 매장 등으로 꽉꽉 채워졌다.

ACCESS JR도쿄東京역, 또는 지하철 도쿄東京역 마루노우치丸の内 출구 **WEB** www.granstar.jp

❷ 깃테 KITTE

1931년 지어진 옛 도쿄중앙우체국 건물을 개조해 홋카이도에서 오키나와까지 일본 전국의 유명 먹거리와 패션 브랜드를 한 자리에 모은 편집 쇼핑몰. 도쿄역과 연결된 지하 1층(깃테 그랑쉐)과 지상의 6개 층을 관통하는 직사각형의 중앙 홀 가장자리를 따라 98개의 점포가 들어섰으며 이 중 절반 이상이 도쿄에 첫 출점한 브랜드이다. 오리지널 디자인과 수제품이 많아 가격은 좀 비싸지만 제대로 눈 호강한다는 느낌을 받을 수 있다.

ACCESS JR도쿄東京역 마루노우치丸の内 남쪽 출구에서 도보 1분, 또는 지하철 마루노우치선丸の内線 도쿄東京역에서 지하도 연결 **WEB** www.marunouchi.jp-kitte.jp

❸ 도쿄도청사 東京都庁舎

도쿄 행정의 중심이자 일본 현대건축의 거장 단게 겐조丹下健三가 설계한 도쿄의 기념비적인 건축물. 지상에서 202m 떨어진 45층의 전망대를 관광객에게 무료로 개방하고 있어서 스카이트리의 약진 속에서도 방문자가 꾸준하다. 초고층 밀집 지역에 위치해 가장 도쿄다운 스카이라인을 볼 수 있고, 인근 아일랜드타워アイランドタワー 앞 퍼블릭 아트 'LOVE'는 기념 촬영 장소로 인기 높다.

ACCESS JR신주쿠新宿역 서쪽 출구에서 도보 10분 또는 도에이지하철 오에도선大江戸線 도초마에都庁前역에서 바로
WEB www.yokoso.metro.tokyo.lg.jp

❹ 하라주쿠 캣스트리트 原宿キャットストリート

'하라주쿠의 뒷골목'으로 불리며 스트리트 패션의 첨단 유행을 확인할 수 있는 패션 거리. 한적한 주택가에 조성된 캣스트리트는 고양이 마냥 느긋적거리면서 도쿄에서 가장 '핫'한 스트리트 패션 아이템을 조목조목 탐색하고 개성 강한 도쿄 피플을 훔쳐볼 수 있는 최적의 장소다. JR하라주쿠역 앞 '10대들의 하라주쿠'라 불리는 다케시타도리竹下通り 거리와도 분위기가 판이하다.

ACCESS JR하라주쿠原宿역 다케시타竹下 출구에서 도보 3분, 메이지도리明治通り의 미야시타 공원宮下公園에서 시부야장애인복지센터渋谷区心身障害者福祉センター까지

❺ 오모테산도 힐즈 表参道ヒルズ

명품 거리로 유명한 오모테산도의 랜드마크와도 같은 쇼핑몰. 지하 3층부터 지상 3층까지 관통하고 있는 중앙 홀 가장자리를 패션을 중심으로 한 약 100여 개의 브랜드 가게들이 채우고 있고, 나선형의 경사로를 따라 쇼핑할 수 있다. 건물은 세계적인 건축가 안도 다다오가 설계했는데, 주변 느티나무 가로수길을 고려한 건물 높이로 과거 이 자리에 있던 도준카이아오야마同潤会青山 아파트 일부를 남겼다. 또한 메이지진구까지 이어지는 길인 오모테산도 길의

약 1/4인 250m에 달하는 파사드로 손님을 맞이한다. 본관 지하 3층의 이벤트 홀에서는 예술 관련 이벤트나 사진전 등도 개최한다.

ACCESS JR하라주쿠原宿역 오모테산도表参道 출구에서 도보 7분, 또는 도쿄메트로 오모테산도表参道역 A2 출구에서 도보 2분 WEB www.omotesandohills.com

❻ 시부야 히카리에 渋谷ヒカリエ

음악, 영상, 패션, 서브컬처로 대변되는 젊음의 거리 시부야에 '멋진 어른'도 함께할 수 있는 지상 34층, 지하 4층의 복합문화상업시설이 문을 열었다. 2천석 규모의 뮤지컬 극장, 일본 47개 광역자치단체의 토산품 및 디자인 용품을 전시한 이벤트 홀 등 다채로운 문화시설과 탐나는 패션 · 뷰티 · 라이프스타일 아이템으로 채워진 상업시설 싱크스(ShinQs)는 20~40대 여성의 취향을 정확히 간파하고 있다.

ACCESS JR시부야渋谷역 동쪽 출구에서 도보 1분, 또는 지하도 및 2층 통로로 연결 WEB www.hikarie.jp

❼ 도쿄 스카이트리 TOKYO SKYTREE

2012년에 영업을 시작해 도쿄의 풍경을 새로 대표하기 시작한 높이 634m의 전파탑. 탑을 포함하는 일대가 스카이트리타운으로 조성되었으며, 도쿄소라마치라는 상업 시설을 비롯해 수족관, 플라네타리움 등 데이트와 가족나들이 장소로 늘 사람이 붐빈다.

ACCESS 도부철도東武鉄道 도쿄스카이트리とうきょうスカイツリー역에서 도보 5분 WEB www.tokyo-skytree.jp

❽ 오다이바 お台場

레인보우 브리지의 야경과 후지텔레비전 건물, 커다란 관람차 등 데이트 장소로 유명한 오다이바. 근래에는 다이바시티 도쿄 앞에 세워진 등신대의 건담 때문에 더 알려졌다. 오다이바로 갈 때에는 유리카모메 열차를 타면 편리한데, 지상의 고가레일을 운전하는 무인운전 경전철로 맨 앞자리에 앉으면 도쿄 도심 풍경을 전망할 수 있다.

ACCESS 유리카모메ゆりかもめ 다이바台場역에서 연결(다이바시티)

6

7

8

02

군마현 구사쓰 온천 草津温泉

일본의 3대 온천이자 일본인이 가장 좋아하는 온천으로 손꼽히는 구사쓰 온천. 도쿄에서 직행 버스로 4시간, 가장 가까운 기차역에서도 버스로 20분은 더 들어가야 하는 산골짜기 작은 온천 마을이 이토록 사랑을 받는 이유는 첫째도 물, 둘째도 물이다. 프리미엄 온천의 대명사인 가케나가시掛け流し 방식이 구사쓰 온천에선 너무 당연하다. 마을 한가운데서는 뜨거운 온천수가 말 그대로 폭포수처럼 쏟아져 그 일대가 늘 자욱한 흰 연기로 뒤덮여 있을 정도. 나란히 놓인 나무통에서 온천수가 흐르는 모습이 마치 밭을 연상시키는 '유바타케湯畑'는 구사쓰 온천의 상징과도 같다. 세균은 아예 번식조차 못하는 강산성 유황온천은 찌릿할 정도로 살 속을 파고들며 각종 신경계 질환과 피부병, 근육통, 피로 회복 등에 탁월한 효능을 나타낸다. 이 유바타케에서 적은 수량만 채취되는 미색의 고운 유황 알갱이 '유노하나湯の花'는 한정 수량의 질 좋은 천연 입욕제다. 구사쓰 온천에선 다른 어떤 볼거리나 즐길 거리보다 온천이 최고의 엔터테인먼트다. 한여름에도 좀처럼 영상 25도를 넘지 않는 고원기후마저도 구사쓰 온천을 즐기기엔 더할 나위 없는 조건이다.

♨ 온천 성분

'상사병은 의사도 못 고치고 구사쓰 온천수도 못 고친다'는 속담이 있을 정도로 예로부터 의사와 동급의 치료 능력을 인정받아온 구사쓰 온천. 이 특별한 온천 성분을 조금이라도 놓칠세라 고안된 것이 원천인 유바타케에 설치된 7개의 노송나무통이다. 찬물을 섞거나 기계적인 장치의 힘을 빌리는 대신 긴 통에 흘려보내 자연적으로 식힌 후 각 료칸에 공급하는 것. 덕분에 구사쓰 온천의 수온은 대체로 높고 몸속의 열기도 오랫동안 지속된다. 유바타케를 비롯해 대표적인 원천이 5곳 더 있고 물의 질감이나 온도, 성분에서 조금씩 차이가 있다.

♨ 온천 시설

구사쓰 온천에는 공공 온천탕과 소토유外湯 등 다양한 공공 온천 시설이 있다. 지요노유千代の湯(05:00~23:00), 지조노유地蔵の湯(08:00~22:00), 시라하타노유白旗の湯(05:00~23:00) 등 3곳의 공공 온천탕은 모두 무료로 입욕할 수 있고, 시라하타노유가 유바타케에서 가까워 이용하기 편리하다. 또한 지요노유와 지조노유에서는 구사쓰 전통 입욕법인 지칸유時間湯를 체험할 수 있다. 지칸유는 에도시대부터 내려온 온천 요법으로, 아주 뜨거운 온천에 단시간 입욕하며 질병을 다스리는 것이다. 온천가를 거닐다 쉴 수 있는 족탕이 세 군데 마련되어 있는데, 유바타케 바로 옆 족탕이 가장 인기가 좋다. 지칸유 접수는 지요노유에서 받고 있다.

♨ 숙박 시설

일본에서 가장 인기 있는 온천답게 숙박 시설이 107곳에 달한다. 유바타케 인근에 가장 많이 몰려 있지만 주변 산간 지역으로 꽤 멀리 떨어진 곳도 있다. 온천 중심가로 미니셔틀버스(1회 100엔)가 오가고 송영 서비스를 해주는 료칸도 많아 크게 불편하지는 않다.

♨ 찾아가는 방법

하네다공항에서 모노레일 및 지하철로 신주쿠新宿역으로 이동, 신미나미구치新南口 출구에서 직행버스 탑승(약 4시간 소요). 또는 우에노上野역에서 구사쓰 특급열차 승차, JR나가노하라구사쓰구치長野原草津口역 하차(약 2시간 30분 소요) 후 버스로 환승해 구사쓰 온천 버스터미널 하차(20분 소요). 또는 도쿄東京역에서 신칸센 승차 JR가루이자와軽井沢역에서 하차(약 1시간 10분 소요), 버스로 환승 후 구사쓰 온천 버스터미널 하차(약 1시간 20분 소요).

TEL 0279-88-0800 **WEB** www.kusatsu-onsen.ne.jp

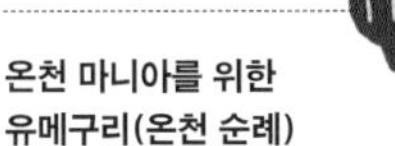

TIP

온천 마니아를 위한 유메구리(온천 순례)

구사쓰 온천에 자리한 3곳의 소토유外湯 시설은 각기 다른 특색과 세련된 분위기를 뽐낸다. 저온에서 고온으로 차례차례 입욕하는 아와세유合わせ湯 시설을 갖춘 오타키노유大滝乃湯(980엔), 자연에 둘러싸여 제대로 신선놀음할 수 있는 사이노카와라 노천탕西の河原露天風呂(700엔), 온천 후 2층 다다미방에서 쉬면서 차와 다과를 즐기는 일본의 토지湯治(탕치) 문화를 경험해볼 수 있는 고자노유御座之湯(980엔) 중 끌리는 곳으로 선택하면 된다. 3곳 모두 놓칠 수 없다는 진정한 온천 마니아라면 '산토메구리테가타三湯めぐり手形'를 구입하자. 원래 요금보다 저렴한 1,800엔에 3곳 모두 이용할 수 있는 유메구리 티켓이다.

WEB onsen-kusatsu.com

노천탕	✓
당일 입욕	✓
족욕탕	
노천탕 객실	✓
전세탕	✓
목욕용품	✓

온천 전문가가 관리해주는

나라야 奈良屋

1878년 유바타게 옆에 개업한 나라야. 건물 앞에서 기념사진을 찍은 사람을 종종 볼 수 있을 정도로 전통 있는 료칸이다. 구사쓰 온천의 수질이야 두말하면 입만 아프지만, 여기에 더해 온천 관리 전문가인 '유모리湯守'까지 두고 있다. 두 명의 유모리가 온천 성분을 조사하고 3시간마다 온천의 온도를 점검해 날씨와 기후에 맞춰 적당한 온도로 관리하고 있는 것. 솟아나는 원천을 두 개의 욕조에 담아 적당한 온도로 식혀 입욕 가능한 욕조로 옮기는 수고도 마다하지 않는다. 실내조명과 어우러지면 구사쓰의 다른 뽀얀 온천들과 달리 에메랄드처럼 고운 녹색으로 보이기도 한다. 구사쓰에서 가장 오래된 시로하타白旗 원천을 사용하며 산성 · 함유황-알루미늄-황산염 · 염화물 온천으로 기본적인 효능에 더해 스트레스 해소와 피부 미용에도 좋다.

ADD 群馬県吾妻郡草津町草津396 **ACCESS** 구사쓰 온천 버스터미널에서 도보 5분 **TEL** 0279-88-2311 **ROOMS** 36 **PRICE** 28,545엔(2인 이용 시 1인 요금, 조·석식 포함)부터 **ONE-DAY BATHING** 12:30~14:00, 1,200엔 **WEB** www.kusatsu-naraya.co.jp

유바타케에서 가장 가까운 료칸

구사쓰 온천 다이토칸 草津温泉 大東館

구사쓰 온천의 상징인 유바타케 바로 옆에 병풍처럼 우뚝 서 있는 대규모 료칸. 중심가 중에서도 노른자 위치를 차지했다는 것은 그만큼 오래되었다는 반증이기도 하다. 객실이나 복도, 연회장에서 예스러움이 뚝뚝 묻어나지만 사실 크게 중요하지는 않다. 온천 순례가 주목적인 구사쓰 온천에서 이만큼 좋은 위치도 드물거니와 가격도 합리적이라 가성비 면에서는 상당히 흡족하다. 유바타케와 가까운 만큼 원천을 대욕장에서 100% 가케나가시 방식으로 즐길 수 있다. 강산성의 찌릿한 감촉이 제대로 피부 깊숙이 전해진다. 남녀가 매일 번갈아 바뀌는 2곳의 실내탕과 2곳의 노천탕을 갖추고 있다. 노천탕이라고는 하지만 워낙 중심가이다 보니 높게 울타리가 쳐져 있어 하늘밖에 보이지 않는 것이 좀 아쉽다. 애완동물과 함께 숙박 가능.

ADD 群馬県吾妻郡草津町草津126 ACCESS 구사쓰 온천 버스터미널에서 도보 5분, 무료 송영 서비스 제공 TEL 0279-88-2611 ROOMS 75 PRICE 10,700엔(2인 이용 시 1인 요금, 조·석식 포함)부터 ONE-DAY BATHING 15:00~21:00, 800엔 WEB www.daitokan.co.jp

숲 속 노천탕에서 즐기는 신선놀음

사이노카와라 노천탕 西の河原露天風呂

구사쓰 온천 중심가 서쪽 깊숙이 자리한 사이노카와라 공원에는 김이 모락모락 나는 온천이 흐른다. 이 공원 안쪽 숲에 사이노카와라 노천탕이 자리하고 있다. 남녀 노천탕을 합하면 넓이가 무려 500m² 에 달하는 압도적인 스케일의 바위 노천탕은 전설 속 선녀탕을 연상케 할 정도로 비현실적이다. 나무 울타리가 꽤 높게 둘러쳐져 있지만 워낙 넓다 보니 어디서나 시야가 탁 트이고 마치 자연 속에 헐벗고 있는 듯한 해방감마저 느낄 수 있다. 구사쓰 온천 중에서도 마그마에 가까운 94~95도의 원천을 사용하는데, 생각보다 뜨겁지 않아 오래 온천을 즐길 수 있다. 연한 녹색을 띠는 PH1.5의 강 산성염화물황산염 온천이라 살균과 소염 작용이 탁월하다. 은은한 라이트업과 까만 하늘의 별을 감상할 수 있는 밤의 노천욕도 좋겠다. 단아하고 세련된 목구조의 시설은 주변 숲과 잘 어우러지고, 환경 보호를 위해 비누 하나 없는 것이 합당해 보인다.

노천탕	√
당일 입욕	√
족욕탕	
노천탕 객실	
전세탕	
목욕용품	

ADD 群馬県吾妻郡草津町大字草津521-3 **ACCESS** 구사쓰 온천 버스 터미널에서 도보 15분 **TEL** 0279-88-6167 **ONE-DAY BATHING** 4~11월 07:00~20:00, 12~3월 09:00~20:00, 700엔, 또는 산토메구리테가타 이용 **WEB** sainokawara.com

온천에 몸을 맞춰가는

오타키노유 大滝乃湯

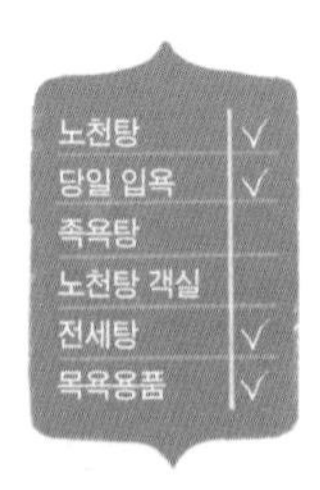

세 곳의 소토유外湯 중 가장 현대적이고 규모도 크다. 널찍한 실내탕과 벽 가득 온천수가 떨어져 내리는 폭포가 있는 노천탕이 있으며, 점점 온도를 높여 몸을 적응시키며 입욕할 수 있는 탕인 '아와세유合わせ湯'가 특히 유명하다. 남탕은 'ㅁ' 자, 여탕은 일자로 배치되어 있고 온도가 높은 쪽이 높은 곳에 위치하도록 계단식으로 설계되어 있다. 가장 낮은 곳에 있는 탕이 38도 정도, 가장 높은 탕이 45~46도이며, 가장 낮은 쪽부터 약 1분 정도씩 몸을 담갔다가 뜨거운 쪽으로 이동하면 된다. 단계가 올라갈수록 1분이 점점 만만치 않아지니 자신의 몸 상태를 잘 살펴가며 즐기도록 하자. 아와세유는 동시 입욕 가능 인원이 100명을 넘는다. 또 숙박 시설을 겸하지 않는 온천 시설로는 드물게 전세탕이 있다. 탈의실 안의 유료 로커와 달리 탈의실 밖의 작은 로커는 무료(100엔 반환되는 방식)로 이용할 수 있으니 귀중품 보관에 활용하자.

ADD 群馬県吾妻郡草津町大字草津596-13 **ACCESS** 구사쓰 온천 버스터미널에서 도보 10분 **TEL** 0279-88-2600 **ONE-DAY BATHING** 09:00~21:00, 980엔, 또는 산토메구리테가타 이용 **WEB** ohtakinoyu.com

타박타박

온천가 산책

네쓰노유 熱之湯

전통문화체험관인 네쓰노유에서 '유모미ゆもみ'를 활용한 전통 춤 공연을 볼 수 있다. 유모미란 고온의 온천수를 적정 온도로 식히기 위해 넓적한 노로 휘젓는 구사쓰 온천만의 전통방식으로, 전통의상을 입은 공연자가 이 동작을 먼저 선보이고 이후 관람객이 체험해볼 수 있다.

COST 관람료 어른 700엔, 어린이 350엔 **OPEN** 유모미 공연 09:30, 10:00, 10:30, 15:30, 16:00, 16:30(하루 6회) **TEL** 0279-88-3613

베르쓰 길 ベルツ通り

사이노카와라 공원 西の河原公園

샤쿠나게 길 しゃくなげ通り

사이노카와라 노천온천 西の河原露天風呂

사이노카와라 길 西の河原通り

샤쿠나게 길 しゃくなげ通り

나라야 奈良屋

유바타케 湯畑

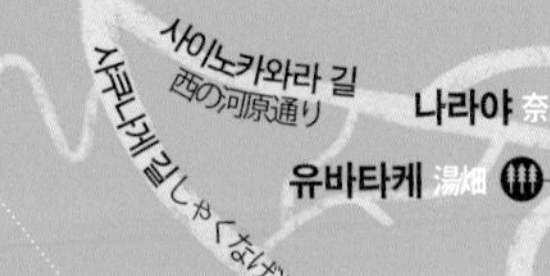

시라하타노유 白旗の湯

고자노유 御座の湯

터미널 길 ターミナル通り

유노카혼포 湯の香本舗

각종 기념품과 마스크팩, 미스트, 입욕제 등 구사쓰 온천 미용 제품 등을 파는 가게. 이곳에서만 한정 판매하는 유케무리 사이다湯けむりサイダー와 온천계란을 넣어 만든 소프트아이스크림은 온천 후에 먹기 딱 좋다.

COST 사이다 230엔, 온센타마고 소프트아이스크림 330엔 **OPEN** 08:00~21:30 **TEL** 0279-88-2155

버스터미널 バスターミナル

주오길 中央通り

구사쓰 온천 료칸 협동조합 草津温泉旅館協同組合

구사쓰 온천

유바타케 주변과 사이노카와라 공원 쪽 골목에 주로 상점이 옹기종기 모여 있으며, 버스터미널로 향하는 길가에도 작은 카페나 식당이 좀 있다. 유바타케 주변 상점들은 유럽풍의 산장 스타일인 반면, 골목에는 일본의 예스러운 모습이 그대로 남아 있다. 또한 밤늦게까지 문을 여는 유바타케 인근 상점과 달리 골목 상점들은 오후 5~6시면 문을 닫는다.

구테라이제 ぐーてらいぜ

유바타케 아래에 고즈넉이 자리 잡은 카페로 한숨 쉬고 차분하게 있다 가기 좋은 곳. 커피뿐만 아니라 허브티와 스무디 등 음료가 다양하고, 피자, 파스타 등의 가벼운 식사도 가능하다.

COST 커피 500엔, 커피 케이크 세트 800엔 **OPEN** 09:30~16:30 화요일 휴무 **TEL** 0279-88-6888

베르쓰 길 ベルツ通り

지요노유 千代の湯

무료 공공 온천탕이자 '지칸유時間湯' 체험 시설. 보통 뜨겁다고 느끼는 온천의 온도가 42도 정도인데, 46~48도인 고온의 온천에서 입욕하는 지칸유는 자신의 건강 상태를 고려하여 충분한 주의를 기울여 해야 한다. 1회 입욕 시간은 3분이며, 입욕과 휴식을 총 4회 반복한다. 시작 10분 전 집합해야 하고 마실 물과 바스타월 세 장을 준비해야 한다. 지칸유는 현재 전문가의 지도 없이 자기 책임하에 하고 있다.

OPEN 09:30~16:00 지칸유 체험 09:30, 11:00, 13:00, 15:00(수요일 휴무) **TEL** 0279-88-1320

다이토칸 大東館

지조노유 地蔵の湯

오타키노유 大滝の湯

소안 草庵

분위기 있는 족욕탕에 발을 담그며 카페나 아이스크림을 즐길 수 있는 아늑한 카페. 규동과 오차즈케 같은 한 끼 식사도 판매하고 있다.

COST 온천계란 꿀 파르페 770엔 **OPEN** 10:00~21:30 **TEL** 0279-89-1011

노천탕	√
당일 입욕	√
족욕탕	
노천탕 객실	
전세탕	
목욕용품	√

비탕의 문화재 료칸

호시 온천 조주칸 法師温泉 長寿館

군마현 해발 800m의 고산지대에 호시 온천의 비탕 조주칸이 홀연히 자리하고 있다. 일본 불교 종파인 진언종의 창시자 홍법대사弘法大師가 설법하며 다니다 발견했다는 전설이 있을 정도로 온천의 역사가 깊고, 본관과 별관 건물 모두 등록유형문화재에 지정될 정도로 운치가 있다. 특히 본관의 널찍한 혼욕 실내탕 호시노유法師乃湯는 탕은 물론 벽과 지붕, 바닥이 모두 나무로 지어져 100년이 넘는 시간의 관록을 여실히 보여준다. 매우 드물게 탕 아래에서 온천수가 솟아나와 온천 성분을 그대로 느낄 수 있다. 무색투명한 칼슘 나트륨 황산염천으로 화상, 동맥경화 등에 좋다. 혼욕을 부담스러워하는 여성들을 위해 저녁 8시부터 10시까지 2시간은 여성 전용으로 운영된다. 그 밖에 별관 실내탕인 조주노유長寿乃湯는 일본천연온천심사기구에서 6항목 모두 만점을 받은 명탕이며, 다마키노유玉城乃湯에는 숲으로 열린 바위 노천탕이 있다. 본관 객실의 화장실은 공용, 별관은 개별이니 숙소 예약 시 참고하자.

ADD 群馬県利根郡みなかみ町永井650 **ACCESS** 하네다공항에서 열차 또는 모노레일로 도쿄東京역까지 이동한 후 신칸센으로 환승, JR조모코겐上毛高原역 하차(약 1시간 50분 소요), 노선버스 승차 후 종점인 사루가쿄猿ヶ京에서 하차(약 30분 소요) 후 조에이 버스로 환승해 호시온센法師温泉 하차(20분 소요) **TEL** 0278-66-0005 **PRICE** 16,500엔(2인 1실 2식 포함 1인 요금)부터 **ONE-DAY BATHING** 11:00~14:00, 연말연시 및 수요일 휴일, 1,500엔 **WEB** www.hoshi-onsen.com

초여름에 더욱 가고 싶은

가노야 かのうや

햇빛 쨍한 숲을 그늘진 건물 안에서 바라보는 아련한 느낌을 좋아한다면, 이 온천을 추천한다. 온천마다 크게 난 유리벽 밖으로 나무가 우거져 밝은 햇살과 푸르른 녹음이 온천으로 스며들어오는 느낌이다. 이카호 온천의 2개 원천 중 무색투명한 시로가네노유白銀の湯를 사용하는 온천으로, 메타규산을 함유한 온천수가 피부를 매끄럽게 해준다. 산으로 난 휴식 나무 데크가 있는 전세 노천탕은 그야말로 시간을 잊기에 제격. 유료(3,300엔, 45분)이지만 놓치기엔 너무나 아깝다. 실내 전세탕과 대욕장에 딸린 반 노천탕은 무료로 이용할 수 있다. 별채 건물인 소라노니와そらの庭는 총 객실 9개의 건물로, 모두 노천탕이 딸린 객실로만 이루어져 있다. 무료 송영 서비스도 있지만, 가노야 관내에서 계곡 아래로 운행하는 케이블카를 이용해도 좋다. 산책용 현관이 따로 있어 관내에서 이카호 온천 마을의 관광시까지 도보 5분 정도로 이동이 가능하다.

ADD 群馬県渋川市伊香保町伊香保591 **ACCESS** 도쿄 우에노역에서 JR다카사키선高崎線 이용 시부카와渋川역 하차, 버스 환승 후 종점 이카호하루나구치伊香保榛名口 하차, 도보 7분. 하차 후 전화하면 픽업 **TEL** 0279-72-2662 **ROOMS** 31 **PRICE** 18,700엔(2인 이용 시 1인 요금, 조·석식 포함)부터, 12:00~17:00, 6,480엔부터(2인 이상 예약제) **WEB** www.cable-yado.com

대를 이은 유모리가 온천을 지키는

센쿄 仙郷

신이 화살로 온천을 내었다는 전설이 전해지는 오이가미老神 온천의 고즈넉한 료칸, 센쿄. 이곳의 원천을 지키는 3대째 유모리는 군마현의 상금 온천 어드바이저이기도 하다. 알칼리성 단순유황온천으로 순한 온천질과 함께 밖으로 보이는 능선들이 몸의 긴장을 풀어준다. 부지 내에 작은 개울이 흐르고 그 주위에 나무가 자라 자연의 신선한 공기를 호흡하게 하며, 식재료는 계약농가의 믿을 수 있는 신선한 것들을 사용한다. 특히 2,000m를 넘는 산이 많은 군마의 지형 특징이 잘 살아 있는 고원 채소들은 맛과 영양 면에서 덧붙일 말이 없을 정도. 야식으로 미니 주먹밥까지 챙겨주는 배려는 여타 료칸에서도 보기 힘든 서비스. 하루 한 편뿐이지만 JR조모코겐역(14:00)과 JR누마타沼田역(14:20)까지 무료 픽업 서비스(예약제)도 해주니 가능하면 잘 맞춰보자. 가이세키 요리로 저녁을 맛있게 먹은 다음, 아침에 일식과 양식 중 선택할 수 있는 것도 포인트!

ADD 群馬県沼田市利根町大楊2-1 **ACCESS** 도쿄역에서 신칸센 이용 JR조모코겐上毛高原역 하차, 가마타·도쿠라鎌田・戸倉행 버스로 환승해 약 70분 후 오이가미온센老神温泉 하차, 도보 16분 또는 전화하면 픽업 **TEL** 0278-56-2601 **ROOMS** 20 **PRICE** 17,767엔(2인 이용 시 1인 요금, 조·석식 포함)부터 **ONE-DAY BATHING** 14:00~18:00, 1,000엔, 유메구리테가타(1,500엔, 3시설 이용 가능)로 이용 **WEB** www.senkyou.jp

03

나가노현 시라호네 온천 白骨温泉

일본 북알프스 산 중턱에 자리한 시라호네 온천은 예로부터 치유 온천으로 이름 높았다. '시라호네 온천에서 사흘 머물면 3년은 감기에 걸리지 않는다'는 이야기가 있을 정도로, 우유를 탄 듯 흰 온천수는 자연 치유력을 높이는 효능이 뛰어나 이곳에서 며칠씩 머무르며 탕치를 하는 이들의 발길이 끊이지 않은 것. 그 분위기는 지금까지도 이어져 자연 속에서 온천을 즐기며 조용히 쉬었다 가려는 여행자들이 주로 즐겨 찾는다. '시라호네(백골)'라는 이름은 온천성분이 만들어내는 하얀 결정(탄산칼슘)에서 유래한 것으로 보인다. 보통 유백색의 온천은 산성이 강해 따끔거리는 데 반해, 시라호네 온천은 약산성으로 피부에 자극이 덜하다. 또한 이 온천수를 이용해 만든 죽은 위장병을 다스리는 효과도 있다. 온천가라고 할 만한 상업 시설은 발달하지 않았으며, 주변은 온통 깊은 숲으로 둘러싸여 있다. 북알프스 절경과 치유력 높은 온천 수질로 유명하지만, 원체 산골 오지에 위치해 어느 공항에서든 교통이 불편하다. 마쓰모토(하네다공항) 또는 다카야마(나고야공항)를 징검다리 삼아 하룻밤 머문 후 이동하는 방법을 추천한다.

♨ 온천 성분

단순황화수소천과 함유황-칼슘 · 마그네슘-탄산수소염천이 있다. 10개의 원천에서 조금씩 다른 온천수가 나며, 중성에 가까운 약산성의 온천이라 느낌이 부드럽다. 일반적인 효능 외에 피부 미용 등에 좋으며 마시면 소화기 장기의 혈류를 촉진해 변비에도 좋다.

♨ 온천 시설

계곡에 공공 노천탕이 있다.(10:00~16:00, 520엔, 11월 말~4월 이용 불가) 그 외에도 8곳의 숙박시설에서 당일 입욕을 즐길 수 있다.

♨ 숙박 시설

사람 이름에 호號가 붙듯 시라호네 온천 11개의 숙박 시설은 모두 유고湯号를 가지고 있다. 유모토湯元는 온천의 기원이 된 곳이라는 뜻이고, 기누노유絹の湯는 몸과 마음에 비단처럼 부드러운 온천이라는 뜻이다. 이와 같이 유고로 온천의 특징을 엿볼 수 있다.

♨ 찾아가는 방법

하네다공항에서 모노레일 및 지하철로 신주쿠新宿역까지 이동, 열차를 갈아타 JR마쓰모토松本역으로 간 후, 마쓰모토덴테쓰선松本電鉄線으로 환승해 신시마시마新島々역 하차(약 4시간 소요), 버스로 갈아타 약 1시간 후 시라호네온센白骨温泉 정류장 하차. 또는 나고야공항에서 공항열차로 나고야名古屋역으로 이동한 후, 특급열차로 환승해 JR다카야마高山역 하차(약 3시간 소요), 버스로 환승해 약 1시간 15분 후 사완도沢渡 정류장에서 내려 노선버스 이용, 약 50분 후 시라호네온센白骨温泉 정류장 하차.

TEL 0263-93-3251 **WEB** www.shirahone.org

시라호네 온천에서 추천하는 입욕법

1. 팔 〉 다리 〉 배 순서로 온천수를 뿌린다.
2. 낮은 온도의 온천에 먼저 들어간다. 약 15분 정도. 온도가 낮은 쪽에서 몸을 펴 근육 긴장을 푼다.
3. 뜨거운 온도의 온천에는 5분을 기준으로 한다.
4. 온천에서 나온 뒤에는 물기를 닦아내지 말고 30분 이상 휴식을 취한다.
5. 입욕은 하루 3번을 상한으로 한다.

손대지 않은 온천 그대로

산스이칸 유가와소 山水観 湯川荘

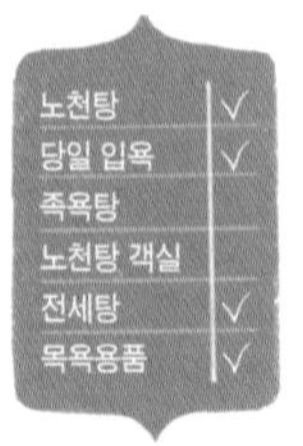

센키노유せんきの湯라는 유고湯号처럼 몸 안에서부터 따뜻하게 만들어주는 온천을 즐길 수 있는 료칸. 유노카와 강 계곡을 현수교로 건너 들어가야 하는데, 봄 · 여름 · 가을에는 몽글몽글 수북한 나무 잎사귀에 둘러싸이고 겨울에는 소복이 쌓인 눈에 감싸여 마치 다른 세계로 건너온 듯한 느낌을 준다. 대욕장인 실내탕은 그렇게 크지 않은 대신, 가족이나 친구끼리 이용할 수 있는 전세탕이 잘되어 있다. 3곳의 노천탕과 1곳의 실내탕을 각각 50분씩 예약해 이용할 수 있으며, 모두 24시간 열려 있다. 기계적인 동력이나 온천을 파는 것조차도 없이 솟아나오는 원천을 그대로 사용하기 때문에 어디서 나오는 온천수이든 다 마실 수 있다.

ADD 長野県松本市安曇白骨温泉4196 **ACCESS** 시라호네온센 정류장에서 도보 3분 **TEL** 0263-93-2226 **PRICE** 22,000엔(2인 이용 시 1인 요금, 조·석식 포함)부터 **ONE-DAY BATHING** 점심 식사+전세탕 이용, 11:30~14:30, 1인 8,640엔(2인 이용 시,예약제) **WEB** www.sansuikan-yu.com

새로운 음식과 풍경을 만날 수 있는

마루에이료칸 丸永旅館

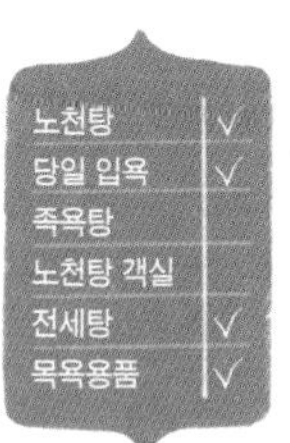

아담하면서도 깨끗하게 정비된 시설과 따뜻한 접대가 혼자만의 여행, 가족 여행 구분 없이 만족할 수 있게 하는 료칸이다. 아와노유 원천을 사용하여 뽀얀 시라호네 온천의 온천수를 남녀 각 실내탕과 혼탕 노천온천으로 충분히 즐길 수 있다. 노천온천은 남녀 모두 두를 수 있는 바스타월을 준비해준다. 신슈 지역의 향토요리로 구성된 식사가 호평으로, 잉어구이, 조림을 비롯해 말 회, 곤들매기 구이, 멧돼지 구이 등을 내며 온천수를 마실 수도 있고 식사에도 온천수로 지은 죽을 낸다. 시라호네 온천에서도 깊숙한 안쪽에 있어 가기 전에 충분히 길을 알아보고 가는 게 좋다.

ADD 長野県松本市安曇白骨温泉4185-2 ACCESS 아와노유泡の湯 정류장에서 도보 1분 TEL 0263-93-2119 ROOMS 10 PRICE 15,400엔(2인 이용 시 1룸 요금, 조 · 석식 포함)부터 ONE-DAY BATHING 11:00~15:00, 600엔 WEB www.maruei.in

04

나가노현 유다나카 온천 湯田中温泉

지표 가까이에서 온천이 솟아나 이름 그대로 '온천 밭'이라 불리는 유다나카 온천. 이곳을 발견한 승려가 몸과 마음을 회복할 수 있는 온천이라는 뜻의 요카레이養遐齡라는 이름을 붙이기도 했으며, 에도시대의 시인 고바야시 잇사小林一茶는 이곳을 예찬하는 많은 시를 남기기도 했다. 이곳을 사랑한 것은 사람만이 아니었으니, 유다나카 온천에서 산속으로 30분 정도 걸어 들어가면 노천탕에서 느긋하게 온천을 즐기는 원숭이들을 만날 수 있다. 유다나카 온천은 유다나카湯田中 · 신유다나카新湯田中 · 호시카와星川 · 호나미穂波 · 안다이安代의 다섯 지구로 나뉘는데 각기 다른 원천을 가지고 있어 다양한 온천을 돌아다니며 즐기는 재미가 있다. 가장 넓게 자리한 유다나카 지구를 중심으로 신유다나카 지구는 동쪽, 호시카와 지구는 남쪽, 호나미 지구는 호시카와 지구 강 건너, 그리고 안다이 지구는 서쪽이라고 생각하면 된다. 전체적인 분위기는 온천가라기보다는 동네 골목에 가깝다. 길이 많이 복잡하지는 않아서 골목골목 탐방하는 재미를 느낄 수 있다. 또한 나가노의 대표 스키장인 시부고겐 스키장이 인근에 자리하고 있어 겨울철에는 온천과 스키를 함께 즐기기 좋다.

♨ 온천 성분

나트륨 · 염화물 · 황산염천 성분이 피부를 매끄럽게 해주고 몸을 덥게 하여 수족냉증에 좋다.

♨ 온천 시설

유다나카역 앞을 비롯해 온천가에 4개의 족욕 시설이 적당하게 흩어져 있어 산책을 하다 쉬어가기 좋다. 또한 유다나카 온천 다섯 지구에는 숙박 시설 없이 온천만 있는 20여 개의 소토유外湯 시설이 있는데 대부분 일반 관광객에게는 개방하지 않는다. 다만, 숙박객의 경우 프런트에 문의하면 이용 가능한 소토유 시설을 안내받을 수 있다. 예를 들어 유다나카 온천 지구에 자리한 소토유 시설인 오유大湯는 바로 옆 료칸 요로즈야에서 직원이 직접 열쇠를 가져와 열어준다.

♨ 숙박 시설

유다나카 다섯 지구에 점점이 28개의 숙박 시설이 있고, 이 중 반 정도가 노천탕이 있다.

♨ 찾아가는 방법

하네다공항에서 열차 또는 모노레일로 도쿄東京역 이동, 신칸센으로 환승해 JR나가노長野역으로 이동한 후 나가노전철長野電鉄 특급 열차 이용 유다나카湯田中역 하차(약 3시간 소요).

WEB yudanaka-onsen.info

온천 마니아를 위한 유메구리(코로나로 발매 중지)

총 22곳의 온천 숙소 중 3곳을 골라 이용할 수 있는 티켓인 '유메구리테가타湯めぐり手形'로 각 지구마다 다른 수질의 온천을 즐겨보자. 일반 관광객은 1,200엔에, 유다나카 온천 숙박객은 그 절반인 600엔에 구입할 수 있다. 해당 온천에서 판매하고 있다.

만물(萬屋)과 함께하는

요로즈야 よろづや

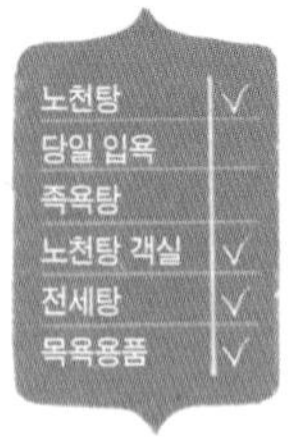

3곳의 자가 원천을 보유하고 있으며, 5곳의 탕 중 2곳이 등록유형문화재로 지정된 요로즈야. 이곳의 얼굴과도 같은 실내탕 모모야마桃山 온천은 타원형의 부드러운 곡선을 그리는 널찍한 욕조와 불교사원의 가람 건축양식을 띤 목구조 공간이 독특한 분위기를 자아낸다. 남녀가 번갈아 이용하도록 시간이 정해져 있다. 또 다른 문화재 온천인 정원 노천탕은 모모야마 온천과 이어져 있어 목조 건물의 정원 연못 같은 분위기를 낸다. 비 오는 날 전통적인 대나무살 우산을 빌려주는데 약간 무겁긴 하지만 유카타를 입고 온천가를 거닐 때 잘 어울린다.

ADD 長野県下高井郡山ノ内町大字平隠3137 **ACCESS** 나가노전철 유다나카역에서 도보 7분 **TEL** 0269-33-2111 **ROOMS** 180 **PRICE** 21,000엔(2인 이용 시 1인 요금, 조·석식 포함)부터 **WEB** yudanaka-yoroduya.com

온천에 집중하는

가메이노유 加命の湯

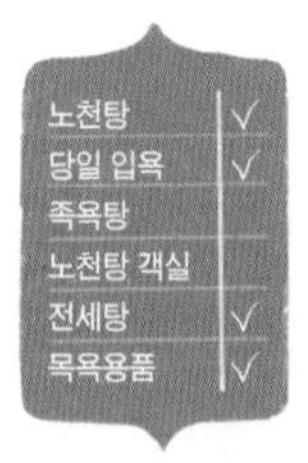

료칸의 이름에서부터 온천에 대한 주인의 자부심이 묻어나는 가메이노유. '가메이加命'란 수명을 더해준다는 의미이다. 각기 꾸밈이 다른 객실에서 물레방아가 돌아가는 일본 정원을 내다보며 시간의 흐름을 차분히 생각하게 하는 온천이다. 시설은 작은 편이지만 온천수는 아낌없이 새로 솟아나 흘러 신선한 온천을 음미한 후 체온 유지와 숙면을 위해 준비한 침구에 누우면 온몸을 회복시키는 편안한 잠이 찾아온다. 숙박자는 요로즈야의 모모야마부로桃山風呂, 시노노메부로東雲風呂를 무료로 이용 가능하다. 또한, 요로즈야 인근의 소토유 오유大湯(09:00~17:00)와 유다나카온센역 내의 가에데노유楓の湯(10:00~21:00, 첫째 주 화요일 휴무)도 무료로 이용할 수 있어 유다나카 온천의 유메구리로 충분히 즐길 수 있다.

ADD 長野県下高井郡山ノ内町平穏3174 ACCESS 나가노전철 유다나카역에서 도보 5분 TEL 0269-33-1010 ROOMS 7 PRICE 20,000엔(2인 이용 시 1인 요금, 조·석식 포함)부터 ONE DAY BATHING 12시경~16시경, 500엔 WEB www.kameinoyu.com

부드러워지는 소리가 들리는 온천

잇사노코미치 비유노야도 一茶のこみち美湯の宿

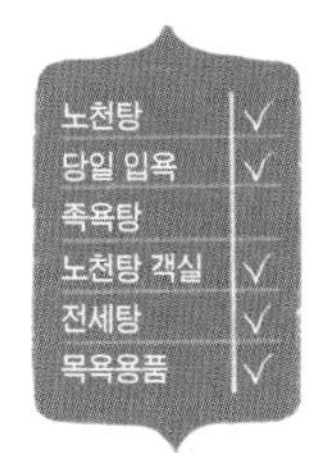

온천의 수질을 관리하는 유모리를 둔 온천으로, 실내탕은 모두 자쿠지 설비가 되어 있다. 입욕자를 위한 것이기도 하지만, 온천수를 부드럽게 하는 효과도 있다고. 매년 검사를 받아야 하는 나가노현의 독자적인 규격을 만족시켜온 온천으로, 세 개의 원천을 온천에서 블렌드한다. 유다나카 온천가를 내려다보는 시원한 입지에 지역 식재료를 사용한 요리에 방점을 두었는데 독특하게도 말고기를 사용한 회나 샤부샤부를 별도로 주문할 수 있다. 온천을 하는 것으로 유명한 원숭이가 시설을 찾아오기도 하는데, 실제 원숭이가 온천을 하고 있는 지고쿠다니 야엔 공원까지 시기에 따라 무료 셔틀버스를 운행하기도 하니 요체크.

ADD 長野県下高井郡山ノ内町平穏2951-1 ACCESS 나가노전철 유다나카역에서 도보 10분, 숙박자 무료 픽업 서비스 TEL 0269-33-4126 ROOMS 46 PRICE 15,120엔(2인 이용 시 1인 요금, 조·석식 포함)부터 ONE-DAY BATHING 14:00~19:00, 1,000엔 WEB www.yudanakaview.co.jp

05

나가노현 **벳쇼 온천** 別所温泉

해발 570m의 고원에 자리한 벳쇼 온천은 나가노현에서 가장 오래된 온천이다. 얼마나 오래되었는지, 전설로 전해지는 4세기 일본 야마토 왕조의 왕자가 개창했다는 기록이 전해질 정도다. 고대로부터 전해져온 역사의 발자취가 곳곳에 쌓여 있는 벳쇼 온천. 온천가는 도보로 10분 정도면 다닐 수 있을 정도로 아담하지만, 일본 국보 팔각삼층탑八角三重塔이 있는 안라쿠지安樂寺 절을 비롯한 중요문화재가 산재해 있어 흥미로운 산책이 가능하다. 벳쇼 온천은 또한 일본 문인들의 단골 온천으로도 유명하다. 노벨문학상을 받은 가와바타 야스나리川端康成가 소설 『꽃의 왈츠花のワルツ』를 이곳의 한 료칸에서 집필하는 등 많은 문학 작품에 영감을 주기도 했다. 벳쇼 온천 개창의 중심이 된 공공 온천 시설로서 고풍스러운 외관의 소토유 시설 3곳이 여전히 그 자리를 지키며 과거의 기억을 소환한다. 온천가 골목골목에 각 온천 시설을 안내하는 종합안내판이 있으니 숙소의 일본어 표기를 익혀두면 안심이 된다. 역 앞쪽에서 온천가까지 반딧불이를 볼 수 있는 깨끗한 개울도 있다.

♨ 온천 성분

피지를 녹여 각질층을 부드럽게 해주는 약알칼리성의 단순유황온천. 모공도 청소해주고 멜라닌을 분해하는 등 피부 미용 효과가 탁월하다고 알려져 있다.

♨ 온천 시설

벳쇼 온천에는 3곳의 소토유와 건강 온천 시설 아이소메노유あいそめの湯가 자리하고 있다. 소토유 시설인 이시유石湯, 다이시유大師湯, 오유大湯는 원천을 흘려보내는 원천 가케나가시 방식으로 깨끗하고 신선한 온천을 즐길 수 있다. 모두 오전 6시부터 밤 10시까지 영업하며, 입욕료는 각 200엔이다. 각기 휴일을 달리해 적어도 2곳은 즐길 수 있게 했다. 아이소메노유는 욕실과 노천탕, 암반욕, 라운지 등을 갖춘 널찍한 시설이다. 입장료는 500엔. 무료로 발을 담글 수 있는 아시유足湯 시설도 2곳 있다.

♨ 숙박 시설

옛 분위기를 잘 간직하고 있는 료칸이 대부분이며, 게스트하우스를 포함해 16개의 시설이 있다. 저녁이 되면 각 건물이 밝힌 조명이 서로 어우러져 따뜻하고 운치 있는 풍경을 만들어낸다.

♨ 찾아가는 방법

하네다공항에서 열차 또는 모노레일로 도쿄東京역까지 이동한 후 신칸센으로 환승해 우에다上田역까지 이동, 우에다 전철로 환승해 벳쇼온센別所温泉역 하차(약 3시간 소요).

TEL 0268-38-3510 **WEB** www.bessho-spa.jp

무사의 저택

우에마쓰야 上松屋

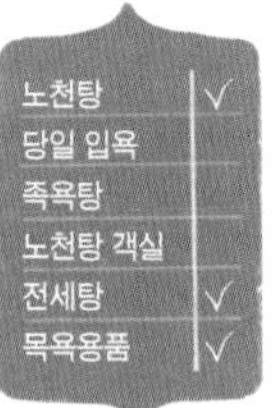

온천 료칸에 혼자 묵는 것은 경제적으로뿐만 아니라 심리적으로도 왠지 힘든 일이지만, 우에마쓰야처럼 여러 가지 플랜으로 환영하는 료칸도 있다. 부담 없이 묵을 수 있는 적당한 크기의 객실을 갖추고 있고, 혼자 하는 여행의 목적에 따른 주변 관광 추천 플랜도 조언해준다. 온천은 크게 2곳으로 나뉘어 있는데 남탕, 여탕이 바뀌는 형식. 노천탕 주변에는 편히 앉아 바람을 맞을 수 있는 의자와 벤치도 설치되어 있다. 라운지에서는 온천하면 생각나는 탁구 외에 포켓볼도 가능! 일본에서 유명한 무사인 사나다 유키무라가 이 온천 지역과 인연이 있어 전국시대를 현대풍으로 변형한 객실을 마련해 관련 자료, 상품 등을 배치하기도 했으며, 관련 자료들을 전시하고 무료로 볼 수 있도록 한 다케야고텐武屋御殿도 운영한다.

ADD 長野県上田市別所温泉1628 **ACCESS** 벳쇼온센역에서 도보 8분, 또는 셔틀버스 이용 **TEL** 0268-38-2300 **ROOMS** 32 **PRICE** 11,880엔(객실 2인 이용 시 1인 요금, 조·석식 포함)부터 **WEB** www.uematsuya.com

풍부한 자연 속 에코 모던 료칸

호시노야 가루이자와 星のや 軽井沢

호시노야는 고급스러운 온천 숙박 시설로 유명한데 그 시초가 된 것이 이 호시노야 가루이자와다. 구사쓰 온천 가는 길에 있는 유카와 강변 호시노 온천에 자리 잡고 있으며, 피부미인 온천으로 소문이 나 많은 문인과 지식인이 드나들었다. 지금은 강변의 아름다운 풍경에 어우러진 건축과 맛있는 음식, 조명을 낮추어 몸과 마음을 휴식하게 하는 메디테이션바스(명상온천) 등으로 유명세를 얻으며 한 번쯤 경험해보고 싶은 시설로 등극했다. 숙박 시설과 더불어 자연식 레스토랑과 카페, 인테리어 숍 등 15개의 가게가 작은 마을을 연출하는 하루니레 테라스ハルニレテラス, 일식을 기본으로 정식, 소바, 일품요리를 판매하는 손민쇼쿠도村民食堂, 신선한 원천의 힘을 느낄 수 있는 돈보노유トンボの湯 온천 등을 아우르는 호시노 에어리어는 작은 산책로와 함께 하나의 덩어리로 묶여 다른 차원의 공간으로 온 듯한 휴일을 선사한다. 손민쇼쿠도와 돈보노유는 2023년 3월까지 휴업.

ADD 長野県北佐久郡軽井沢町長倉2148 **ACCESS** 하네다공항에서 열차 또는 모노레일로 도쿄東京역 이동, 신칸센으로 환승해 JR가루이자와軽井沢역 하차(약 1시간 50분 소요), 남쪽 출구에서 무료 송영 버스 이용(15분 소요) **TEL** 0570-073-066 **ROOMS** 77 **PRICE** 1박 1실 62,000엔(식사 별도)부터 **ONE-DAY BATHING** 돈보노유 10:00~22:00, 1,350엔 골든 위크와 8월은 1,550엔) **WEB** hoshinoya.com/karuizawa

어떻게 다닐까?

자전거

버스를 타기엔 애매하고 걷자니 멀다. 가루이자와역에서 주요 관광지인 긴자거리까지가 딱 그렇다. 이럴 때는 자전거가 답이다. 거리 곳곳에 자전거 · 스쿠터 렌털 숍이 수두룩하다. 보통 시간당 또는 하루 단위로 빌릴 수 있으며, 1박 2일 대여해주는 곳도 있다. 숙소에서 조금 싸게 또는 무료로 자전거를 빌려주기도 한다.

어디를 갈까?

❶ 가루이자와 프린스 쇼핑 플라자 軽井沢プリンスショッピングプラザ

가루이자와 최대의 쇼핑몰. 골프장이 있던 자리에 들어서 너른 풀밭과 호수가 포함된 전체 부지가 축구장 4개와 맞먹는 약 26ha이고 여기에 점포 수만 200개가 넘는다. 우리가 알 만한 글로벌 패션 브랜드는 없는 것이 없고, 아직 국내에 들어오지 않은 해외 브랜드도 수두룩하다. 발랄한 디자인의 a bathing ape 등은 괜히 들렀다가 지갑 열리기 딱 좋다. 수시로 할인 이벤트를 해서 시기만 잘 맞추면 고가의 명품을 '득템'할 수 있다.

ACCESS JR가루이자와軽井沢역 남쪽 출구 바로 WEB www.karuizawa-psp.jp

❷ 가루이자와 긴자거리 軽井沢 銀座通り

구 가루이자와 사거리에서 가루이자와 쇼 기념예배당까지 이어진 약 800m의 번화가. 오래된 잼 가게와 존 레논이 즐겨 찾았다는 베이커리를 비롯해 개성 넘치는 잡화점, 로컬 와인 숍, 기념품 매장, 아기자기한 카페, 감각적인 레스토랑 등을 구경하다 보면 시간 가는 줄 모른다. 중심가를 살짝 벗어나면 숲 사이사이 오래된 교회와 성당이 자리하고 있어 지친 다리를 쉬일 겸 들러도 좋다.

ACCESS JR가루이자와軽井沢역 북쪽 출구에서 도보 20분

❸ 구 미카사 호텔 軽井沢旧三笠ホテル

1906년에 지어진 아름다운 서양식 호텔로 국가 중요문화재이다. 전체 구조는 미국식 목조에 문 디자인은 영국식, 판자벽은 독일식으로 개항기 일본의 건축 경향을 엿볼 수 있다. 호텔이 자리한 곳은 가루이자와에서 별장 지대로 유명한 숲으로, 서로 경쟁하듯 지어진 별장 건물을 구경하는 재미도 쏠쏠하다. 울울창창한 전나무 숲길을 따라 자전거 라이딩을 즐겨도 좋다. 현재 보존 공사를 하고 있으며, 2025년 개관 예정이다.

ACCESS JR가루이자와軽井沢역 북쪽 출구에서 기타가루이자와北軽井沢 방면 버스 타고 8분 후 미카사三笠 정류장 하차, 바로.

❹ 가루이자와 뉴 아트 뮤지엄 軽井沢ニューアートミュージアム

일본 현대미술 작가의 작품을 기획 및 상설 전시하고 있는 미술관. 젊은 작가의 기발하고 참신한 작품이 주를 이뤄 미술에 대한 지식이 없더라도 흥미롭게 감상할 수 있다. 흰 기둥이 촘촘히 세워진 유리 파사드의 외관은 아방가르드한 전시 분위기와도 잘 어울린다.

ACCESS JR가루이자와軽井沢역 북쪽 출구에서 도보 10분 WEB knam.jp

❺ 가루이자와 쇼 기념예배당 軽井沢ショー記念礼拝堂

가루이자와의 아버지라 불리는 쇼 선교사가 지은 작고 소박한 목조 예배당. 1895년 가루이자와에 처음으로 들어선 교회로 가루이자와를 알린 계기가 된 곳이라 기념 삼아 방문하는 관광객이 많다. 누구에게나 열려 있으나 기도하는 사람을 위해 정숙할 것. 일요일 오전 10시에 예배가 있다.

ACCESS JR가루이자와軽井沢역 북쪽 출구에서 도보 30분 WEB http://nskk.org/chubu/church/16shaw/

06

니가타현 에치고유자와 온천 越後湯沢温泉

소설『설국雪国』의 무대이자 니카타현의 관문과도 같은 에치고유자와. 원작 소설가이자 노벨문학상을 수상한 가와바타 야스나리川端康成가 실제 묵으며 집필했던 료칸을 비롯해 문학관과 소설 속 등장한 장소를 엮은 문학의 길이 조성되어 있는, 그야말로 '설국의 도시'다. 또한 '니가타현'의 유자와가 아니라 '도쿄도'의 유자와라 불릴 정도로 도쿄와의 교통이 편리하고, 온천과 스키장이 잘 조성되어 있어 도쿄 시민의 휴가철 관광지로 발달했다. 아기자기한 온천가는 발달하지 않았지만 에치고유자와역 내 쇼핑센터에서 니가타의 유명한 니혼슈(일본술)를 비롯해 웬만한 특산품과 기념품을 구입할 수 있다. 온천 숙소는 에치고유자와역과 갈라유자와역 중심으로 몰려 있어서 접근성이 좋다. "국경의 긴 터널을 지나자 설국이었다. 밤의 밑바닥이 하얘졌다"는 소설『설국』의 첫 문장처럼 에치고유자와의 진정한 매력은 겨울에 더욱 빛을 발한다. 산으로 둘러싸여 더욱 차갑게 내려앉은 공기를 마시고 소복이 내리는 눈을 바라보며 노천욕을 즐길 수 있기 때문. 신칸센으로 도쿄역에서 1시간 30분이면 갈 수 있기 때문에 당일치기로 다녀와도 좋다.

♨ 온천 성분
약알칼리성 단순천이 대부분이지만 드물게 유황천 또는 나트륨·칼슘·염화물천의 온천도 발견할 수 있다. 원천의 수온은 32도~83도로 다양하며 중풍과 위장병, 부인병, 류머티즘 등에 효능이 있다.

♨ 온천 시설
에치고유자와 온천에는 야마노유山の湯, 고마코노유駒子の湯, 이와노유岩の湯, 가이도노유街道の湯, 슈쿠바노유宿場の湯 등 당일 온천을 즐길 수 있는 5곳의 소토유外湯 시설이 있다. 소설 『설국』을 주제로 하는 문학의 길을 따라 걷다 보면 자연스레 3곳의 아시유足湯 시설을 만날 수 있다.

♨ 숙박 시설
에치고유자와역을 중심으로 16곳의 료칸 및 온천 호텔이 자리하고 있으며, 일본 북알프스의 장대한 풍경을 바라보며 노천욕을 즐길 수 있는 곳이 많다. 또한 등산객과 스키어들을 대상으로 하는 작은 민박과 펜션이 발달해 역과 스키장 주변에 52곳이나 있다.

♨ 찾아가는 방법
하네다공항에서 열차 또는 모노레일로 도쿄東京역으로 이동, 신칸센으로 환승해 JR에치고유자와越後湯沢역 하차(약 2시간 소요).

TEL 025-785-5353 **WEB** www.snow-country-tourism.jp

온천 마니아를 위한 유메구리(온천 순례)

5곳의 소토유外湯를 이용할 수 있는 '소토유메구리外湯めぐり' 티켓을 1,500엔에 판매한다. 역에서 가까운 야마노유와 고마코노유, 노선 버스로 갈 수 있는 가이도노유 세 곳만 이용해도 이득이다. 이용 기간이 정해져 있지 않아 나중에라도 언제든 사용 가능하다.

노천탕	√
당일 입욕	√
족욕탕	
노천탕 객실	
전세탕	
목욕용품	√

소설 『설국』이 탄생한 료칸

다카한 高半

가와바타 야스나리가 소설 『설국雪国』을 집필한 곳이 바로 이 다카한이다. 이곳의 '가스미노마'라는 방에서 탄생한 소설로, 2층에는 설국과 관련된 자료실이 따로 마련되어 있다. 은근한 유황 냄새와 뜨거운 물에 계란을 푼 것 같은 모양의 유노하나湯の花 때문에 '다마고노유(달걀 탕)'라는 이름이 붙은 다카한의 온천은 원천 그대로를 방류하는 가케나가시 방식. 더군다나 온천수가 욕조에 머무는 시간은 단 세 시간으로, 시간을 두고 신선한 온천을 여러 번 경험해보는 것도 좋겠다. 밝은 나무격자 사이로 푸른 녹음이 비치는 노천탕은 공간이 주는 힐링 효과도 발군. 온천 시설 안의 냉탕은 수돗물이 아니라 산의 약수를 사용하니 꼭 한번 이용해보자.

ADD 新潟県南魚沼郡湯沢町湯沢923 **ACCESS** JR에치고유자와역에서 도보 22분, 또는 무료 송영 서비스 이용 **TEL** 025-784-3333 **ROOMS** 36 **PRICE** 13,110엔(2인 이용 시 1인 요금, 조·석식 포함)부터 **ONE-DAY BATHING** 13:00~18:00, 1,000엔 **WEB** www.takahan.co.jp

눈의 고장을 찾은 스키어들의 휴식처

야마노유 山の湯

노천탕	
당일 입욕	√
족욕탕	
노천탕 객실	
전세탕	
목욕용품	√

산장 오두막처럼 친근한 분위기의 야마노유는 에치고유자와 온천에 자리한 5곳의 소토유外湯 중 유일한 가케나가시 방식의 알칼리성 단순유황온천이다. 42.5도의 원천을 그대로 사용하는 덕분에 진한 유황 냄새를 폴폴 풍기고 피부에 닿는 감촉 또한 매끈하고 단단하다. 다섯 사람 정도만 앉아도 꽉 찰 것 같은 작은 욕조에 노천탕도 아니지만 주민들에게 오랫동안 사랑받아온 이유를 알 것 같다. 야마노유의 뛰어난 수질에 반한 이는 동네 주민만이 아니었다. 가와바타 야스나리는 소설 『설국雪国』을 집필하면서 종종 야마노유에서 온천욕을 즐겼다고 전해진다. 또한 눈의 고장답게 겨울철 스키 인파로 북적이는 에치고유자와고원 스키장, 갈라유자와 스키장에서 멀지 않아 기분 좋게 땀을 흘리고 추위와 피로를 풀기 위해 이곳을 찾는 스키어들의 발걸음도 잦다.

ADD 新潟県南魚沼郡湯沢町湯沢930 **ACCESS** JR에치고유자와역에서 도보 20분 **TEL** 025-784-2246 **ONE-DAY BATHING** 06:00~21:00, 화요일 휴무, 500엔 **WEB** yuzawaonsen.com/01yama.html

숲과 정원의 온천

간스이로 環翠楼

노천탕	
당일 입욕	√
족욕탕	
노천탕 객실	√
전세탕	
목욕용품	√

입구에서 건물까지 삼나무 숲이 이어지고, 총 10개의 객실만이 자리한 숲 속 료칸. 연못이 있는 정원이 6천 평에 달한다. 정원과 어우러진 130년 된 목조 본관 건물이 묵직하게 다가와 번잡한 일상은 잠시 잊을 수 있다. 방 하나하나가 독립되어 있어 자신만의 시간을 갖는 데도 도움을 준다. 온천은 단순방사능천(라듐천)으로 미량의 방사능을 접하면 자연치유력이 높아진다는 '호르메시스 효과'를 기대할 수 있다. 수증기를 들이마시면 호흡기를 튼튼하게 하는 효과도 있다. 시설 내에 노천탕은 없지만 산책 겸 걸어 나가면 입구 가까이에 스기무라 온천향의 공동 노천탕, 아시유足湯 시설, 음천 시설 등이 있다. 특히 아시유는 버블탕, 제트 등 여러 종류가 있어 재미있다.

ADD 新潟県阿賀野市村杉4527 **ACCESS** 하네다공항에서 열차 또는 모노레일로 도쿄東京역까지 이동, 신칸센을 타고 JR니가타新潟역 하차, 보통열차로 갈아타 니쓰新津역에서 우에쓰본선羽越本線으로 환승 후 스이바라水原역 하차(약 4시간 소요), 역에서 송영 차량으로 15분 이동(2인 이상, 5일 전 예약) **TEL** 0250-66-2131 **ROOMS** 10 **PRICE** 26,500엔(객실 2인 이용 시 1인 요금, 조·석식 포함)부터 **ONE-DAY BATHING** 점심 식사 플랜으로 이용 가능. 10명 이상, 1인 4,000엔(객실 식사) **WEB** www.kansuirou.jp

어디를 갈까?

❶ 갈라 유자와 스노 리조트 GALA YUZAWA SNOW RESORT

JR갈라유자와역 개찰구에서 나와 바로 리프트를 탈 수 있는 갈라 리조트. 탁월한 접근성에 더해 겨울 시즌에는 다양한 경사와 탁월한 설질을 자랑하는 스키장에서의 스키를, 여름 시즌에는 스노매트를 이용한 여름 겔렌데에서의 스키와 곤돌라로 산 정상에 올라 트레킹 등을 즐길 수 있다. 겨울 시즌에는 작지만 따뜻하게 몸을 데울 수 있는 온천 시설도 문을 연다.

ACCESS JR갈라유자와ガーラ湯沢역에서 연결 **WEB** https://gala.co.jp

❷ 묘코산 · 조신에쓰 고원 국립공원 妙高山·上信越高原国立公園

고원 특유의 식물, 사계절 풍경, 트레킹, 온천을 즐길 수 있는 국립공원. 전체 면적이 오사카부와 비슷할 정도로 광대하다. 특히 2,454m 높이의 화산인 묘코산은 일본 100대 명산 중 하나로, 화산 특유의 우뚝 솟아오른 산의 풍광이 위엄 있다. 7개의 스키 시설에서는 표고 차를 활용해 탁 트인 시야의 슬로프를 즐길 수 있고, 온천 시설도 다양하다.

ACCESS JR묘코코겐妙高高原역 하차 바로 **WEB** www.myoko.tv/fascination/mvc

❸ 폰슈칸 에치고유자와점 ぽんしゅ館越後湯沢店

니가타의 특산인 니혼슈를 시음할 수 있는 테마 시설. 500엔을 내면 소주잔과 함께 토큰 같은 쿠폰을 주고, 니가타 양조장에서 생산된 93종의 니혼슈 가운데 5가지를 골라 시음할 수 있다. 취향이 맞는 니혼슈는 바로 옆 판매시설에서 구입할 수 있으며, 그 밖에 니가타의 식재료로 만든 절임, 장류, 건어물 등도 판매한다. 2013년에는 니가타역점도 문을 열었다.

ACCESS JR에치고유자와역 내 **WEB** www.ponshukan.com/yuzawa

07

시즈오카현

아타미 온천 · 이토 온천 熱海温泉·伊東温泉

시즈오카현 동부, 사가미 만相模湾과 스루가 만駿河湾 사이에 삐죽이 뻗은 이즈 반도는 화산 지대가 넓게 분포해 예로부터 온천이 발달했다. '뜨거운(熱) 바다(海)'라는 이름처럼 역사 깊은 천연 해수 온천지인 아타미 온천은 하루 총 2만4천 톤이 솟아나고 42도 고온의 온천이 전체의 90%를 차지하는 등 남부럽지 않은 질과 양을 자랑한다. 일본 전국시대를 통일한 도쿠가와 이에야스德川家康가 그 효능에 반해 에도(지금의 도쿄)에 있는 자신의 성으로 아타미 온천수를 어렵게 운반해 사용했다는 일화가 전해질 정도. 아타미역에서 JR열차로 20분 정도 거리에 있는 이토역 주변에 조성된 이토 온천 역시 오래된 온천이다. 원천만 780여 곳으로 어디를 파나 온천이 솟아나온다고 할 정도로 수량이 풍부하며, 이즈 고원伊豆高原 지대의 온천까지 포함해 다양한 공공 입욕 시설과 아시유足湯, 데유手湯 시설을 찾아 산책하며 즐길 수 있다. 특히 고원 쪽에는 온천을 하며 삼림욕 효과를 동시에 볼 수 있는 야외 온천 시설이 가볼 만하다.

♨ 온천 성분

아타미 온천의 전체 60%를 차지하는 염화물 온천은 보온 효과가 뛰어나 신경통 및 냉증에 특히 좋고 약 30%은 황산염천, 나머지는 단순천이다. 이토 온천은 대체로 단순천, 약식염천이다. 단순천은 병의 회복기에 좋으며, 약식염천은 몸을 따뜻하게 하는 효과가 크고 외상, 긁힌 상처에도 좋다.

♨ 온천 시설

아타미 온천에서는 온천 문양이 디자인된 파란색 포렴 오오마네기おおまねぎ가 걸려 있는 28곳에서 당일 입욕을 즐길 수 있다. 아타미역 앞 이에야스노유家康の湯는 한꺼번에 15명까지 앉을 수 있는 대형 족탕이다. 반면, 이토 온천의 온천가에 데유手湯 시설 3곳, 아시유足湯 시설 7곳이 있으며 공공 온천 시설이 10곳 자리한다. 특히 시치후쿠진노유七福神の湯라 불리는 8곳은 각 신의 조각상이 건물 앞에 세워져 있어 알아보기도 쉽다. 복을 주는 일곱 신(시치후쿠진)을 찾아 온천 순례를 하는 것이 인기.

♨ 숙박 시설

아타미 온천은 72곳의 숙박 시설이 있으며, 바닷가 언덕 지대에 위치해 망망대해를 배경으로 프라이빗 온천을 즐길 수 있는 곳이 많다. 또한 이토 온천에는 150여 곳의 숙소가 있는데 료칸, 리조트 호텔, 민박, 펜션 등 그 형태가 다양하다. 시내 길가에 숙소들이 점점이 있다고 생각하면 된다.

♨ 찾아가는 방법

하네다공항에서 게이큐쿠코선京急空港線으로 시나가와品川역까지 이동한 후 신칸센으로 환승, JR아타미熱海역 하차(약 1시간 10분 소요). 이토 온천은 JR아타미熱海역에서 이토선伊東線으로 환승해 JR이토伊東역(숙소 위치에 따라 JR미나미이토南伊東역) 하차

TEL 0557-81-5141(아타미 온천)/0557-37-6105(이토관광협회) **WEB** www.atamispa.com(아타미 온천)/itospa.com(이토관광협회)

푸른 바다 위 로맨틱한 장미 노천탕

호텔 아카오

ホテルアカオ

노천탕	√
당일 입욕	
족욕탕	
노천탕 객실	√
전세탕	√
목욕용품	√

사가미 만 앞바다가 한눈에 내려다보이는 높은 절벽 위에 자리한 호텔 아카오. 로비의 프레스코 벽화와 곳곳의 유럽풍 앤티크 가구가 흑백사진 속 화려했던 한 시절의 향수를 묘하게 자극한다. 손님의 연령층도 상당히 높은 편인데, 황혼의 여유와 기품이 몸에 밴 노부부의 모습이 이 공간과 썩 잘 어울린다. 일반적인 가이세키 요리 외에 캐주얼 프렌치 코스를 선택할 수 있는 점도 이색적이다. 최근 리뉴얼을 통해서 깔끔한 객실을 자랑한다. 또 전 객실이 바다로 큰 창이 나 있어 마치 바다 위에서 잠자는 기분을 느낄 수 있다. 바다가 내려다보이는 편백나무 욕조에서 온천을 즐길 수 있다. 근처 아카오 포레스트의 그림 같은 정원 산책도 놓치지 말자.

ADD 静岡県熱海市熱海1993-250 **ACCESS** JR아타미역에서 도보 40분, 무료 송영 서비스 제공 **TEL** 0557-83-6161 **ROOMS** 100 **PRICE** 트윈룸 30,000엔(2인 이용 시 1인 요금, 조·석식 포함)부터 **WEB** www.acao.jp/hotel-acao

비즈니스호텔처럼 가벼운

호텔 료쿠후엔 ホテル緑風園

일반 비즈니스호텔처럼, 혹은 오히려 그보다 더 저렴한 가격에 24시간 온천을 마음껏 즐길 수 있는 온천 호텔 료쿠후엔. 바위로 바닥과 벽을 꾸민 노천탕과 커다란 절구 모양의 바위 전세 노천탕을 갖추었을 뿐 아니라 조식은 무료로 제공된다. 방은 여느 온천 호텔처럼 다다미가 깔린 방을 기본으로 하고 가격대에 따라 침대가 놓인 다다미방도 선택할 수 있다. 편안한 잠을 위해 베개를 고를 수 있는 서비스까지 포함해 비즈니스호텔의 장점에 온천을 더한 감사한 시설. 저녁 식사는 이곳에서 추천하는 음식점 지도가 있으니 참고할 것.

ADD 静岡県伊東市音無町3-1 **ACCESS** JR이토역에서 도보 15분 **TEL** 0557-37-1885 **ROOMS** 30 **PRICE** 5,350엔(2인 이용 시 1인 요금, 조식 포함)부터 **ONE-DAY BATHING** 13:30~22:00, 1,000엔, 전세탕(50분) 1,890엔 **WEB** www.ryokufuen.com

폭포의 마이너스 이온에 감싸인

아마기소 天城荘

노천탕	√
당일 입욕	√
족욕탕	
노천탕 객실	√
전세탕	√
목욕용품	√

이즈하코네 국립공원 내, 오다루大滝 폭포가 떨어지는 계곡의 노천온천으로 유명한 아마기소. 사실 이것은 소토유外湯인 데아이出会い 온천으로, 마이너스 이온을 흠뻑 맞을 수 있는 폭포 노천탕과 두 개의 실내탕으로 이루어져 있다. 아마기소에서 도보로 5분 정도 떨어져 있으며 남녀 혼탕에 수영복 착용이 기본으로, 아마기소에서 300엔에 수영복을 빌릴 수 있다. 아마기소 내에도 노천탕과 실내탕이 있는데, 노천탕에서는 특이하게 푸르른 숲 너머로 독특한 형태의 루프형 도로가 보인다. 산을 내다볼 수 있는 전면 유리의 라운지에서 흔들의자에 앉아 느긋하게 쉴 수 있고, 겨울에는 일본 전통 난방 테이블인 고타쓰炬燵를 설치해 정감 있다. 지역의 명수로 알려진 약수를 음용수로 비치해 입욕 전 마시면 혈액순환을 돕는다.

ADD 静岡県賀茂郡河津町梨本359 **ACCESS** 하네다공항에서 게이큐쿠코선京急空港線으로 시나가와品川역까지 이동한 후 신칸센으로 환승, JR아타미역에서 내려 특급열차로 갈아탄 후 가와즈河津역 하차(약 2시간 20분 소요), 역에서 슈젠지修善寺행 버스로 약 20분 이동 후 오다루이리구치大滝入口 정류장 하차 바로. 또는 가와즈河津역에서 1일 2편 셔틀버스 이용(예약제로 운행) **TEL** 0558-35-7711 **ROOMS** 31 **PRICE** 18,500엔(2인 이용 시 1인 요금, 조·석식 포함)부터 **ONE-DAY BATHING** 11:00~19:00, 수영복&수건 대여 포함 2,500엔 **WEB** www.amagisou.jp

어디를 갈까?

❶ 후지산 富士山

산이 있으니 오른다고 했던가. 3,776m로 일본에서 가장 높은 후지산은 7월 1일부터 8월 말경까지 등산이 가능하며, 그 외의 시기에는 산장 등이 대부분 문을 닫는다. 기상 조건이 험해 전문 산악인들에게도 녹록치 않으며, 여름에 일반 등산이 허가된 시기에도 장비를 갖춰야 해서 등산로 입구에 대여점이 있다. 도쿄에서는 등산로 입구인 고고메五合目까지 바로 버스를 운행하기도 하며, 주변 각 역에서 등산로까지 등산버스를 이용할 수 있다.

ACCESS JR후지산富士山역에서 후지등산버스 이용, 1시간 5분 후 후지산고고메富士山五合目 하차

❷ 후지산 혼구 센겐타이샤 신사 富士山本宮浅間大社

보는 것만으로도 묘한 감동을 주는 후지산. 주변 어디에서나 모습을 볼 수 있지만 그중에서도 사진 촬영하기 좋은 곳이 후지노미야의 센겐타이샤 신사다. 빨간 신사의 배경으로 펼쳐진 후지산을 볼 수 있기 때문. 후지산 신앙과 관련되어 '**浅間**(센겐 혹은 아사마)'라는 이름이 붙은 신사를 흔히 볼 수 있는데, 이 후지산 혼구 센겐타이샤와 헷갈리지 말자. 만 7천 평의 부지에 맑은 물의 연못과 마장馬場까지 갖추었다.

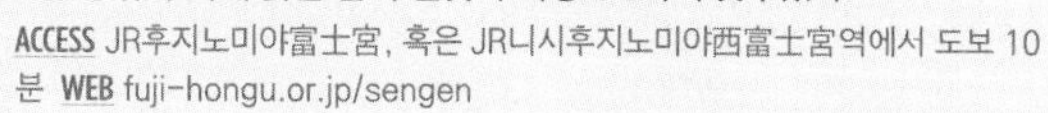
ACCESS JR후지노미야富士宮, 혹은 JR니시후지노미야西富士宮역에서 도보 10분 WEB fuji-hongu.or.jp/sengen

Chubu

주부 中部

우나즈키 온천
宇奈月温泉

히라유 온천
平湯温泉

게로 온천
下呂温泉

히다타카야마 온천
飛騨高山温泉

주부 알아보기

지명 그대로 일본 혼슈本州의 중심부를 차지하고 있는 지역이다. 최고봉의 높이가 3,000m가 넘어 '일본 북알프스'라 불리는 히다 산맥이 남북으로 길게 자리하고 남으로는 태평양과, 북으로는 동해에 접해 지형적 특색이 뚜렷하고 오랜 역사와 전통이 촘촘히 새겨진 숨은 보석 같은 곳이다. 이러한 천혜의 환경에 힘입어 개성 넘치는 온천이 곳곳에 발달했다. 일본에서 가장 오래된 온천 마을 중 하나로 게다 신고 유카타 입고 온천 순례(유메구리)를 즐길 수 있는 게로 온천, 에도시대 목조 건축물이 고풍스럽게 남아 있는 히다타카야마 온천, 만년설의 웅대한 히다 산맥 중턱에서 노천온천을 즐길 수 있는 히라유 온천, 신비한 에메랄드 강과 험준한 구로베 협곡에 둘러싸인 우나즈키 온천 등 다채로운 온천 마을이 여행자의 선택을 기다리고 있다.

어느 지역일까?

주부 지역은 크게 우리나라 동해에 접한 니가타현, 도야마현, 이시카와현, 후쿠이현(이상 호쿠리쿠 지역), 내륙의 중심인 나가노현, 기후현(이상 주오 고지 지역), 태평양을 접한 아이치현(도카이 지역)으로 나뉜다. 이 중 니가타현, 나가노현은 도쿄가 속한 간토 지역의 영향을 더 많이 받아 신에쓰 지역으로 따로 묶어 소개한다. 최대 도시는 아이치현의 나고야시로 세계 1위의 자동차 생산기업인 도요타의 본산이기도 하다. 과거 교통의 변방이었던 도야마현과 이시카와현은 2015년 3월 호쿠리쿠 신칸센이 개통하면서 최대의 수혜지역으로 손꼽힌다. 도쿄역에서 도야마역까지 2시간 만에 갈 수 있게 되어 이 지역의 온천과 관광지가 새로운 여행 코스로 떠오르고 있다.

날씨는 어떨까?

쓰시마 난류의 영향으로 특히 겨울철에 우리나라 동해에 접한 북쪽 도시와 태평양에 가까운 남쪽 도시가 현격한 기후 차이를 보인다. 호쿠리쿠 지방과 기후현 북쪽 도시는 최북단 홋카이도와 맞먹는 일본 최대 강설 지역이다. 갓쇼즈쿠리合掌造り라는 억새로 엮은 경사가 심한 맞배지붕의 전통 민가가 이런 연유로 지어졌다. 기후현 남쪽과 나고야시 등 태평양과 가까운 도시는 대체로 우리나라와 비슷하다.

어떻게 갈까?

나고야 중부국제공항에서 나고야名古屋역까지 공항철도를 타면 30~40분 정도 소요된다. 나고야역에서 JR열차를 이용해 게로 온천이 있는 게로下呂역, 히다타카야마 온천이 있는 JR다카야마高山역까지 이동할 수 있다. 고속버스도 자주 운행한다. 우나즈키 온천을 가려면 도야마공항에서 JR도야마富山역으로 이동한 후 우나즈키온센宇奈月温泉역으로 가면 된다. 도야마공항에서는 히라유 온천으로 가는 고속버스도 운행한다.

어디로 입국할까?

❶ 센트레아 나고야 중부국제공항 Centrair 中部国際空港

나고야를 중심으로 하는 아이치현, 게로 온천, 히다타카야마 온천 등이 자리한 기후현 등을 여행할 때 가장 편리하게 이용할 수 있는 국제공항이다. 센트레아는 중부공항의 애칭으로 일본 중부 지역을 뜻하는 'Central'과 공항을 의미하는 'Airport'의 합성어.

WEB www.centrair.jp/ko

❷ 도야마공항 富山空港

도야마공항은 도야마역까지 공항버스로 20분이면 갈 수 있을 정도로 가깝다. 일본 북알프스와 더불어 온천을 즐기고픈 여행자에게 적합하다. 비운항 기간이 있으니 홈페이지에서 확인할 것.

WEB www.toyama-airport.jp

❶ 히쓰마부시 ひつまぶし

나고야식 장어덮밥. 뱀장어를 달착지근한 간장 양념을 덧바르며 숯불에서 구워낸 후 먹기 좋게 잘라 뜨거운 밥 위에 얹어 나온다. 제대로 맛보려면 장어만 따로 먹고 밥과 섞어 먹고 마지막에 뜨거운 차를 부어 오차즈케お茶漬로 먹는 3단계로 즐겨보자.

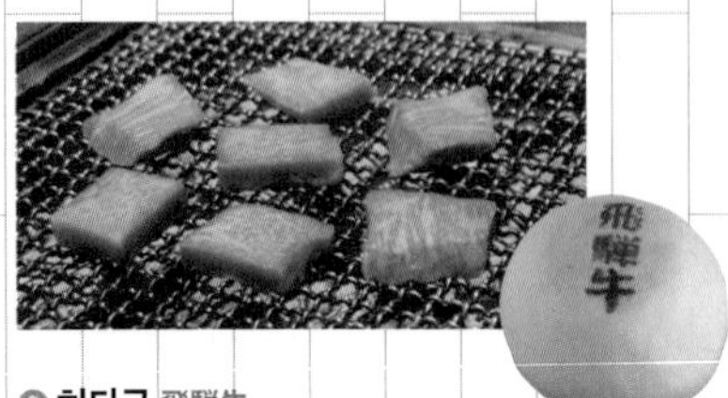

❷ 히다규 飛騨牛

고베규, 마쓰자카규와 함께 일본 3대 소고기로 이름난 기후현의 흑소. 육질을 제대로 즐기려면 구이나 샤브샤브가 좋다. 히다飛騨는 기후현 북부의 옛 이름으로 히다규는 기후현의 료칸에서 식사 메뉴로 거의 빠짐없이 나온다. 만두와 고로케도 히다규가 들어가니 더 특별하다.

❸ 호바미소 朴葉味噌

잘 말린 후박나무 잎에 토속된장을 올리고 풍로에 구워 먹는 기후현의 전통 음식. 우리나라 된장보다 좀 더 달짝지근해 갓 지은 흰 쌀밥에 곁들여 먹으면 그야말로 꿀맛이다. 생선이나 채소와 함께 구워내면 그 자체로 훌륭한 요리가 된다.

❹ 블랙라멘 ブラックラーメン

제2차 세계대전 후 육체노동자에게 염분을 공급하기 위해 탄생한 블랙라멘은 진한 간장으로 낸 검은색 국물이 특징이다. 국물이 짭짜름해 밥까지 든든하게 말아 먹을 수 있다. 도야마 시내에 유명한 블랙라멘 전문점이 있으며, 인근 온천가에서 야식으로 즐겨도 좋다.

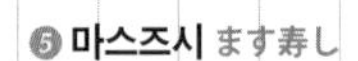

❺ 마스즈시 ます寿し

대나무 잎에 싸서 눌러 만든 송어초밥. 생소한 만듦새에 한 번, 의외의 달콤새콤한 맛에 두 번 놀란다. 도야마 시내에 대를 이어 만드는 마스즈시 전문점이 여럿 있으며, 도야마역이나 가나자와역에서 도시락(에키벤)으로 판매하기도 한다.

❻ 우나즈키 비어 宇奈月ビール

우나즈키 토종 보리를 이용해 구로베 강의 물로 만든 지역 맥주. 독일 쾰른의 쾰쉬 맥주 '주지쿄', 뒤셀도르프 지역의 알토 맥주 '도롯코', 바이에른 지역의 둥켈 맥주 '카모시카'가 있다. 대체로 쌉싸래하고 시원한 목넘김이 특징이다. 온천 후 또는 료칸에서 저녁 식사와 함께 즐기기 좋다.

뭐 사갈까?

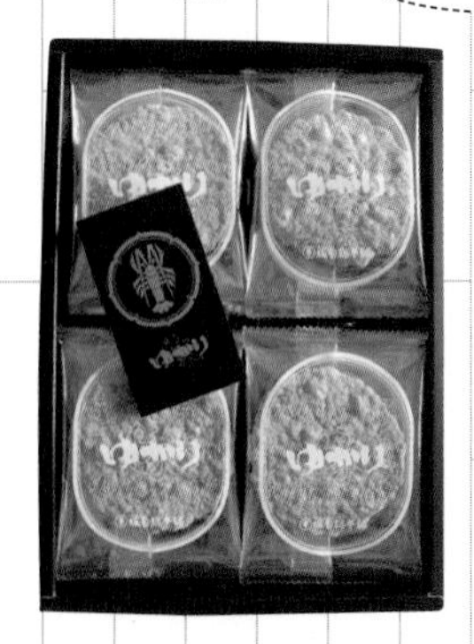

❶ **새우과자 유카리** えびせんべい ゆかり

나고야의 오미야게 추천 리스트에서 빠지지 않는 새우과자(에비센베이). 슈퍼에서 흔히 볼 수 있는 새우깡을 떠올리면 곤란하다. 훨씬 진한 풍미로 고급스럽게 환골탈태한 진정한 새우과자를 맛볼 수 있다. 맥주 안주로 이만한 것도 없다.

❷ **사루보보** さるぼぼ

액운을 가져간다는 히다 지역의 빨간색 인형. '사루'는 일본어로 '원숭이', 보보는 이 지역말로 '아기'를 의미한다. 사루보보가 사라지면 질병이나 사고를 대신 액땜했다는 재미난 이야기도 전해진다. 연애운, 공부운, 취직운 등에 따라 파랑, 노랑, 초록 등 여러 가지 색의 사루보보가 있다.

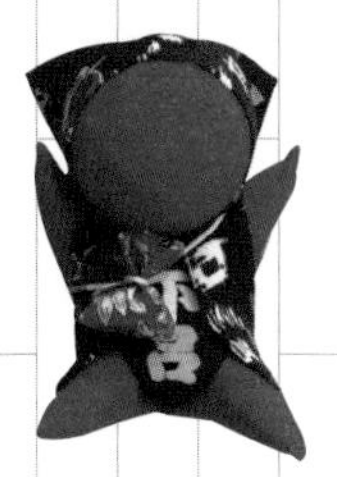

❸ **전통 인형 공예품**

고풍스런 히다타카야마 온천가를 걷다 보면 다양한 전통 수공예품이 눈길을 사로잡는다. 그중 천연 무명천에 히다타카야마의 전통 목판을 찍어 색을 물들이고 쪄낸 후 왕겨를 가득 담아 꿰맨 소박하면서도 포근한 봉제인형木版手染은 아이들 장난감은 물론 인테리어 소품으로도 손색없다.

01

게로 온천 + 히다타카야마 온천 + 나고야 관광 3박 4일

치유 온천으로 유명한 게로 온천에서 온천 순례를 즐기고, 에도시대로 타임 슬립한 것 같은 히다타카야마 온천에서 유유자적 산책하며 한나절 보내는 일정이다. 나고야 중부국제공항으로 출입국하는 일정이니 나고야에서의 도심 여행은 덤. 지역 최대 도시인 만큼 먹거리와 쇼핑 아이템이 차고 넘친다.

1 Day 입국 + 게로 온천

- *10:00* 나고야 공항 입국. 공항철도 이용해 JR나고야역으로 이동(30분)
- *11:00* 점심 식사
- *12:48* JR나고야역에서 열차 승차
- *14:22* JR게로역 도착
- *14:30* 유메구리테가타 구입, 온천가 산책 및 온천 순례
- *18:00* 저녁 식사
- *20:00* 숙소 온천 및 휴식

2 Day 히다타카야마 온천

- *08:00* 숙소에서 아침 식사
- *09:28* JR게로역 출발
- *10:16* JR다카야마역 도착
- *10:30* 후루이마치나미 산책 관광, 점심 식사
- *17:00* 숙소에서 휴식
- *18:00* 저녁 식사

3 Day 나고야 관광

- *07:00* 아사이치(아침시장) 구경 및 아침 식사
- *09:38* JR다카야마역에서 열차 탑승
- *12:02* JR나고야역 도착, 점심 식사
- *13:00* 메구루버스 티켓 구입, 시내 관광(나고야성, 도요타 자동차관 등)
- *16:00* 쇼핑(미들랜드 스퀘어, 오스 상점가 등)
- *18:00* 저녁 식사
- *19:00* 나고야 TV타워 야경 및 맥주 한잔
- *21:00* 나고야 시내 숙소 휴식

4 Day 출국

- *07:30* 아침 식사
- *08:30* 나고야역에서 공항철도로 이동
- *09:00* 나고야 공항 도착
- *11:00* 나고야 공항 출국

02

우나즈키 온천 + 구로베 협곡열차 + 히라유 온천 2박 3일

웅장한 북알프스가 품고 있는 2곳의 청정 온천지로 대자연 힐링 여행을 떠나보자. 도야마공항에서 북알프스 산중턱 깊숙한 곳에 자리한 기후현 히라유 온천까지 한 번에 이동할 수 있어 편리하다. 북알프스 구로베 강 초입에 자리한 우나즈키 온천에서는 협곡열차로 해발 3천 미터까지 오르며 신비한 에메랄드빛 강과 험준한 협곡을 탐험할 수 있다.

1 Day

도야마 + 우나즈키 온천

16:00 도야마공항 도착, 도야마역 방면 셔틀 버스 탑승(20분 소요)

17:13 JR도야마역에서 열차 탑승. 구로베우나즈키온센역에서 도보로 신쿠로베역으로 이동, 도야마 지방철도로 환승

18:05 우나즈키온센역 도착

18:30 숙소 체크인 후 저녁 식사

20:30 온천 및 숙소에서 휴식

2 Day

구로베 협곡열차 + 히라유 온천

08:17 우나즈키역 구로베 협곡열차 탑승

09:33 게야키다이라역 도착, 협곡 산책 후 족욕 또는 온천

10:43 게야키다이라역 구로베 협곡열차 탑승

12:02 우나즈키역 도착

12:06 우나즈키온센역 차탑승(신오우쓰역에서 도보로 우오쓰역 이동해 아이노카제토야마철도로 환승)

13:11 도야마역 도착. 후루이마치나미에서 점심 & 산책

15:05 도야마역 앞에서 지테츠버스로 히라유 온천

18:11 히라유 온천 버스터미널 도착

18:20 숙소 체크인 후 저녁 식사

19:30 숙소에서 온천 및 휴식

3 Day

도야마공항 출국

09:00 온천가 산책&쇼핑 및 온천 즐기기

12:00 점심 식사

13:00 히라유 온천 버스터미널 출발

15:09 도야마공항 도착

17:00 도야마공항 출국

01

기후현 게로 온천 下呂温泉

첩첩이 산 능선으로 둘러싸인 히다 강飛騨川 물줄기를 따라 40여 곳의 료칸과 온천 호텔이 즐비한 게로 온천은 전통적인 일본 온천향의 모습을 하고 있다. 마을로 들어서는 다리 아래로 천연 노천탕이 자리하고 있으며, 수양버들이 드리워진 실개천을 따라 유카타를 입고 게다를 신은 채 여유롭게 족욕을 즐기거나 온천을 이용하는 여행자를 볼 수 있다. 고풍스런 온천 거리와 어울리는 오래된 전설도 하나 내려온다. 한때 온천수가 끊어져 마을 사람들 모두 슬픔에 빠졌는데 어디선가 백로(시로사기) 한 마리가 날아와 강가의 같은 자리에 계속 앉아 있었고, 이를 기이하게 여겨 그 자리를 파보니 다시 온천수가 펑펑 솟아났다는 이야기다. 백로와 관련된 문양이나 이름이 많은 것은 그 고마움을 기리기 위함일 것이다. 게로 온천은 에도시대의 유학자 하야시 라잔林羅山이 군마현의 구사쓰 온천, 효고현의 아리마 온천과 함께 일본 3대 명탕으로 손꼽았을 정도로 치유 효과가 탁월하다. 실제 류머티즘이나 신경계 질환 등에 의학적인 효능이 있는 것으로 판명되어 온천을 이용한 재활치료시설과 온천의학연구소가 개설되는 등 전통적인 옛 모습을 간직하면서도 현대적인 발전을 거듭해오고 있다.

♨ 온천 성분

강바닥에서 샘솟는 게로 온천의 원천은 84도에 달하는 높은 수온의 알칼리성 단순천으로 무색투명하다. 류머티즘 질환과 신경마비, 신경증, 피로회복 등에 효능이 있으며 피부를 매끈하게 해주는 피부 미용 효과도 탁월하다.

♨ 온천 시설

강변에 자리한 무료 노천탕인 분천지噴泉池에선 아시유를 즐길 수 있다. 마을 곳곳에 마련된 10여 곳의 족욕 시설은 서로 다른 테마로 꾸며져 있어 구경하는 재미가 쏠쏠하다. 실개천 맞은편에 줄지어 자리한 유아미야 아시유, 사루보보 아시유, 미야비 아시유에 특히 사람들이 많이 모인다. 숙박 시설 없이 온천만 즐길 수 있는 소토유外湯도 3곳이 있다.

♨ 숙박 시설

객실이 250개에 달하는 대규모의 온천 호텔부터 10개 내외의 프라이빗 료칸 등 다양한 형태의 숙박 시설 42곳이 있다. 게로역에서 히다 강 건너 저지대까지는 도보로도 이동이 가능하지만 산 쪽으로는 급경사 지대이기 때문에 반드시 송영 차량이나 택시를 이용하도록 하자.

♨ 찾아가는 방법

나고야공항에서 공항철도로 JR나고야名古屋역으로 이동, 특급열차로 환승해 JR게로下呂역 하차(약 1시간 40분 소요).

TEL 0576-25-2064 **WEB** www.gero-spa.com/onsen

온천 마니아를 위한 유메구리(온천 순례)

게로 온천에서는 1,300엔에 3곳의 온천탕을 체험할 수 있는 유메구리테가타湯めぐり手形 티켓을 발행하고 있다. 보통 당일 입욕이 500~1,000엔이니 상당히 이득이다. 전통 깊은 온천향답게 25곳의 온천장 가운데 고를 수 있고, 다 쓴 유메구리테가타는 기념품으로도 손색없다. 한 명당 하나의 유메구리테가타를 사용하여야 하지만 4~12세의 어린이일 경우엔 동반 입욕이 가능하다. 남은 이용권은 6개월간 유효하다.

게로 온천 직행버스 下呂温泉直行バス

게로 온천 여관공동조합에서 운행하는 직행버스를 나고야에서 게로 온천까지 왕복 3,700엔이라는 파격적인 요금으로 이용할 수 있다. 게로 온천에 투숙하는 여행자를 대상으로 승차 2일 전까지 2명 이상만 이용 가능하며 인터넷이나 전화로 예약할 수 있다. JR나고야역 신칸센 홈에서 오후 2시에 출발해 게로 온천에 오후 4시 30분에 도착하는 일정이다. 게로 온천에서는 JR게로역 앞 관광안내소에서 오전 10시 30분에 출발한다. **TEL** 0576-25-2541 **WEB** www.gero-spa.or.jp/bas

노천탕	√
당일 입욕	
족욕탕	√
노천탕 객실	√
전세탕	√
목욕용품	√

80년 역사의 문화재 료칸

유노시마칸 湯之島館

1931년 지어진 유노시마칸은 메이지시대 건축양식이 고스란히 남아 있는 고풍스러운 료칸이다. 세월에 따라 증축을 거듭해 복도가 마치 미로처럼 이어져 있고 반질반질한 나무 계단과 난간이 지난 시절 향수를 자극한다. 등록 유형문화재로 지정되어 옛 모습 그대로를 80년 동안 지키고 있는 까닭이다. 게로 온천의 가장 높은 지대에 자리 잡아 사방이 온통 숲으로 둘러싸인 유노시마칸은 고요한 분위기 속에서 휴식을 하고 싶은 여행자에게 딱이다. 입구에서부터 안쪽 깊은 곳까지 쭉쭉 뻗은 삼나무와 편백나무를 품고 있어 숲 속 한가운데서 노천욕을 즐기는 기분을 제대로 만끽할 수 있다. 울울창창한 숲 속 테라스에 자리한 족탕은 새벽안개가 내려앉은 이른 아침에 즐기면 특히 좋다. 온천탕은 물론 객실의 욕조나 샤워기, 세면대에 이르기까지 원천을 그대로 사용하는 가케나가시 방식을 고수하고 있는 점도 전통적인 이곳 분위기와 어긋나지 않는다.

ADD 岐阜県下呂市湯之島645 **ACCESS** JR게로역에서 차로 5분, 무료 송영 서비스 제공 **TEL** 0576-25-4126 **ROOMS** 67 **PRICE** 다다미방 27,000엔(2인 이용 시 1인 요금, 조·석식 포함)부터

일본의 전통문화가 살아 있는

스이메이칸 水明館

노천탕 √
당일 입욕 √
족욕탕
노천탕 객실 √
전세탕 √
목욕용품 √

우뚝 솟은 대규모 시설로 게로역에서 내려 가장 먼저 보이는 스이메이칸. 히다강飛騨川을 사이에 두고 게로 온천가와 마주보고 있다. 부지 내에 갓쇼즈쿠리의 다실을 갖춘 일본 정원과 일본 전통예능인 노能의 무대, 불당인 간논도観音堂와 신사인 도요카와이나리豊川稲荷 등 일본의 대표적인 전통문화를 모두 접할 수 있어 여느 관광지처럼 느껴질 정도다. 한 면 전체를 유리창으로 낸 대리석의 전망 실내탕에서는 강 너머 게로 온천가가 시원하게 펼쳐지고, 온천질은 같지만 나무향기 감도는 시모다메노유, 박력 있는 바위로 마감된 노천탕 등 다양한 분위기를 내고 있다. 밤 9시부터 자정까지 영업하는 관내 라멘 가게가 밤의 허전한 속을 달래주는 히든 포인트.

ADD 岐阜県下呂市幸田1268 ACCESS JR게로역에서 도보 3분 TEL 0576-25-2800 ROOMS 246 PRICE 18,150엔(2인 이용 시 1인 요금, 조·석식 포함)부터 ONE-DAY BATHING 11:00~17:00(주말 공휴일 ~14:00), 1,100엔 WEB www.suimeikan.co.jp

나서지 않으면서 실력 있는

스이호엔 水鳳園

노천탕	√
당일 입욕	√
족욕탕	√
노천탕 객실	√
전세탕	√
목욕용품	√

게로 온천 안쪽으로 실개천을 따라 올라가다 보면 누구나 이용할 수 있는 족욕 시설인 게루마노 아시유가 있고, 그 옆으로 스이호엔의 입구가 안쪽 깊숙이 자리하고 있다. 단정하게 꾸며진 입구, 마주치면 따뜻하게 웃어주는 종업원, 시내를 훤히 볼 수 있으면서도 반쯤 지붕을 가려 아늑하게 즐길 수 있도록 설계된 꼭대기의 노천탕까지, 이곳에 머물다 보면 큰길로 문을 내지 않은 이유를 알 것도 같다. 특히 노천탕이 딸린 객실은 모두 생김이 다르며, 일본 특유의 쓰보니와坪庭(작은 감상용 정원)가 설치되어 있어 방 안에서도 자연과 더불어 휴식할 수 있다. 온천 내에는 다양한 종류의 목욕용품을 갖추어 취향에 맞게 사용할 수 있다.

ADD 岐阜県下呂市森2519-1 **ACCESS** JR게로역에서 차로 5분, 무료 송영 서비스 제공 **TEL** 0576-25-2288 **ROOMS** 19 **PRICE** 다다미방 21,560엔(2인 이용 시 1인 요금, 조·석식 포함)부터 **ONE-DAY BATHING** 18:30~20:00, 1,000엔 **WEB** www.e-onsen.co.jp

시원하게 근육을 풀어주는 히노키탕

시라사기노유 白鷺の湯

1927년부터 영업해온 공공 온천탕으로 로마네스크풍의 흰색 목조 외관이 눈에 확 띈다. 숙박 시설이나 노천탕은 없지만, 유리창 너머로 밖이 훤히 보이고 히노키 나무로 만들어진 널찍한 탕에 약간 뜨거운 고온의 온천이라 근육이 시원하게 풀린다. 유메구리테가타로도 이용할 수 있지만 요금이 저렴하니 별도로 지불하는 것이 유리하다. 건물 입구에는 무료로 누구나 이용할 수 있는 비너스노 아시유도 있다.

노천탕	
당일 입욕	√
족욕탕	√
노천탕 객실	
전세탕	
목욕용품	√

ADD 岐阜県下呂市湯之島856-1 **ACCESS** JR게로역에서 도보 10분 **TEL** 0576-25-2462 **ONE-DAY BATHING** 10:00~22:00, 수요일 휴무, 400엔

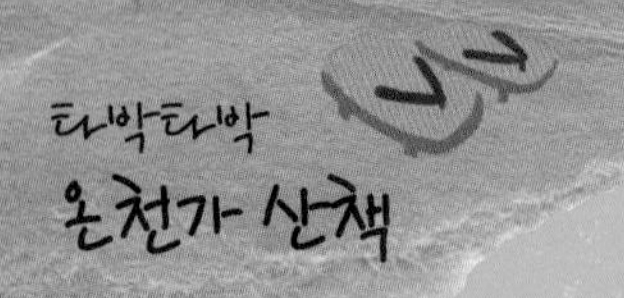

센다 せん田

지역의 신선한 채소와 히다 쇠고기를 맛볼 수 있는 덮밥 전문점. 히다규마부시덮밥飛騨牛まぶし과 호바미소朴葉味 스테이크가 유명한 게로 온천의 인기 맛집.

COST 덮밥세트 1,890엔 **OPEN** 11:30~14:00, 17:30~22:00, 수요일 휴무 **TEL** 0576-25-5487

온센지 절
温泉寺

다케가와 과자점 たけ川菓子舗

유노마치도리湯の街通り에 위치한 게로 온천의 명물 온센만주를 파는 화과자점. 특히 가을철에는 말차향 도라야키 빵에 달콤한 밤소를 넣은 구리안마키가 계절 한정 상품으로 일본 관광객들에게 인기. 게로 온천의 여행 선물로 좋다.

COST 구리안마키 170엔 **OPEN** 08:00~19:00 **TEL** 0576-25-2424

야쿠시노아시유
薬師の足湯

시라사기노유 白鷺の湯

사기노아시유
鷺の足湯

비너스노아시유
ビーナスの足湯

온천탑
温泉塔

게로 온천

온천 상점가는 히다 강과 수직 방향으로 만나는 작은 개천 주변에 오밀조밀 모여 있어 기념품을 구입하거나 온천 푸딩을 맛보며 한가로이 산책하듯 거닐기 좋다. 온천가의 북쪽 끝에 자리한 갓쇼무라까지도 도보로 15분이면 충분할 정도로 멀지 않다. 반면, 숙박 시설은 남북으로 길게 흩어져 있고 어떤 곳은 오르막과 계단을 오르내려야 하니 유메구리를 즐기려면 동선 계획을 잘 짜도록 한다.

메이지야소바텐 明治屋蕎麦店

게로역 바로 맞은편의 메밀소바와 사사초밥笹すし 전문점. 메밀과 밀가루를 8:2로 섞은 니하치소바二八蕎麦를 직접 뽑아 면발이 부드럽다. 재료 소진 시 영업을 종료한다.

COST 소바 당고 세트 1,200엔 **OPEN** 10:30~15:00(화, 수 휴무) **TEL** 0576-25-2031

이데유 아사이치 いで湯朝市

아침 8시부터(3월 중순~12월 초) 정오까지만 열리는 작은 아침시장. 점포 개수는 많지 않지만 그날 짠 신선한 사과주스, 지역 농산물로 만든 주전부리 등을 맛보고 구입할 수 있다. 갓쇼무라의 초입에 자리하니 가벼운 마음으로 들러보자.

스이호엔 水鳳園

게루마노아시유 下留磨の足湯

갓쇼노아시유 合掌の足湯

게로 온천 갓쇼무라 下呂温泉合掌村

세계건축문화유산으로 지정된 시라카와고 등지의 갓쇼즈쿠리 양식의 민가 10여 채를 이축해 조성한 야외 민속박물관. 이 지역의 생활양식과 풍속을 엿볼 수 있고 산책로와 정원은 사계절 아름다운 자태를 뽐낸다.

COST 800엔 OPEN 08:30~17:00 TEL 0576-25-2239 TIP 관광안내소에서 입장료 10% 할인 쿠폰을 받을 수 있다.

유아미야 ゆあみ屋

온천가 입구에 자리한 기념품 가게로 이곳에서 파는 온천 푸딩으로 더 유명하다. 가게 앞에 마련된 아시유에 발을 담근 채 온천수에 담가두었던 부드러운 푸딩을 푹 떠먹어 보자.

COST 온센푸딩 400엔 OPEN 09:00~21:00(동절기 18:30까지) TEL 0576-25-6040

미야비노아시유 雅の足湯

이데유 오하시 다리 いで湯大橋

게로 시청 下呂市役所

편의점 コンビニ

우체국 郵便局

분천지 噴泉池

시라사기 녹지공원 しらさぎ緑地公園

히다 강 飛騨川

니타로 게로역앞점 仁太郎 下呂駅前店

게로역 바로 맞은편의 작은 찻집 겸 화과자점. 생크림이 듬뿍 들어간 크레페나 호박 푸딩처럼 달콤한 스위츠도 맛볼 수 있다. 테이블이 2개뿐인 작은 카페에서는 큰 창을 통해 기차역을 볼 수 있어 기차를 기다리며 차 한 잔 마시기 딱 좋다.

COST 니타로 만쥬 90엔 OPEN 09:00~18:00 TEL 0576-25-2884

모리노아시유 モリの足湯

스이메이칸 水明館

종합관광안내소 総合観光案内所

게로역 下呂駅

게로온센 버스정류장 下呂温泉バス停

02

기후현 히다타카야마 온천 飛騨高山温泉

일본의 북알프스라 불리는 아름다운 히다飛騨 산맥 아래 자리한 히다타카야마 온천. 해발 3,000미터가 넘는 산맥의 영향으로 여름은 덥고 겨울에 눈이 많이 내리는 전형적인 고산 기후의, 인구 9만 명 남짓한 이 작은 산골마을에 매년 250만 명의 관광객이 찾아온다. '작은 교토'라 불리는 고풍스런 옛 거리 때문이다. 에도시대의 목조건물이 잘 보존되어 있는 골목골목을 거닐다 보면 타임머신을 타고 과거로 돌아온 듯한 착각을 불러일으킨다. 이 지역의 7세기 나라시대 지명인 히다를 덧붙여 사용하는 것 역시 이와 무관하지 않다. 외관은 오래되었지만 안으로 들어서면 찻집과 갤러리, 수공예품 가게, 특산물점 등 여행자들을 위한 즐길 거리로 가득하다. 만두, 당고, 센베이 등 눈과 코를 홀리는 길거리 주전부리도 다양해 먹부림 여행지로도 손색없다. 온천의 여유로움과 관광지의 활기를 모두 놓치고 싶지 않은 여행자들에겐 히다타카야마 온천만 한 곳도 드물다.

♨ 온천 성분

알칼리 단순천으로 피부를 매끌매끌하고 빛나게 해주는 '미인탕'으로 유명하다.

♨ 온천 시설

숙박을 하지 않고도 온천을 이용할 수 있는 당일 입욕은 4곳의 료칸 및 온천 호텔에서 가능한데, 이 중 다카야마 그린호텔高山グリーンホテル이 JR다카야마역에서 가까워 이용하기 좋다. 또 2곳의 아시유足湯가 히다물산관飛騨物産館과 다카야마역 인근 료칸 다카야마오안飛騨花里の湯 高山桜庵 앞에 마련되어 있으니 온천가를 거닐다 잠시 쉬어갈 수 있다.

♨ 숙박 시설

다양한 수질의 자가 원천수를 보유하고 있는 7곳의 료칸과 히다타카야마 공통 온천수를 사용하는 31곳의 료칸이 있다. 관광과 쇼핑이 목적이라면 온천 중심가에, 휴식과 분위기가 더 중요하다면 온천가에서 좀 떨어진 산중턱이나 외곽에 숙소를 잡도록 하자.

♨ 찾아가는 방법

나고야공항에서 공항철도로 JR나고야名古屋역으로 이동, 특급열차로 환승해 JR다카야마高山역 하차(2시간 20분). 또는 JR나고야역 앞 버스터미널에서 다카야마행 버스 이용(약 2시간 30분 소요).

TEL 0576-25-2064 **WEB** www.hidatakayama.or.jp

북알프스 감상하며 온천하는 재미

히다하나사토노유 다카야마사쿠라안

飛騨花里の湯　高山桜庵

다카야마시 중심부에 위치한 전 객실 다다미실인 시티 호텔. 다카야마 시내에서 가장 높은 최상층에는 북알프스 전망을 감상할 수 있는 전망온천 대욕장이 있다. 또한 3종의 전세탕이 준비되어 있는데, 다카야마에서 유일하게 무료로 이용할 수 있다. 호텔 현관 앞에는 누구나 자유롭게 이용할 수 있는 무료 족탕이 있어 호텔에 투숙하지 않고도 여행 중 피로를 풀고 갈 수 있다.

ADD 岐阜県高山市花里町4-313 **ACCESS** JR다카야마역에서 도보 5분 **TEL** 0577-37-2230 **ROOMS** 167 **PRICE** 10,780엔(2인 이용 시 1인 요금, 조식 포함) **WEB** https://www.hotespa.net/hotels/takayama

유카타 차림으로 산책하며 온천 체험

료칸 세이류 旅館 清龍

명물 히다규 요리를 만끽할 수 있는 히다규 전문 온천 료칸. 규모는 크지 않지만 조용하고 고즈넉하게 머물 수 있다. 대욕장과 도보 5분 거리에 있는 자매 숙소 스파 호텔 아르피나 무료 온천을 포함해 다섯 가지 온천을 즐길 수 있다. 유카타 차림으로 다카야마 거리를 산책하며 다양한 온천을 체험하는 재미도 좋다.

ADD 岐阜県高山市花川町6番地 **ACCESS** JR다카야마역에서 도보 7분 **TEL** 0577-32-0448 **ROOMS** 24 **PRICE** 13,750엔(2인 이용 시 1인 요금, 조석식 포함) **WEB** https://ryokan-seiryu.co.jp

귀족이 된 기분으로 우아하게

호쇼카쿠 宝生閣

노천탕	√
당일 입욕	
족욕탕	√
노천탕 객실	√
전세탕	
목욕용품	√

다카야마 시내가 내려다보이는 시로야마 산어귀에 위치한 정취있는 온천 료칸. 매끈한 나무와 통로에 깔린 다다미가 일본 료칸의 이미지를 잘 보여준다. 꼭대기층인 5층에는 누구나 무료로 이용할 수 있는 족욕 시설(17:00~23:00)이 있어 훌륭한 전망을 공유하고 있다. 중심 관광 거리인 후루이마치나미까지 도보 3분 거리로 다카야마를 관광하며 숙박하기에 부족함이 없다. 여성 전용 시설인 오리히메는 유료(1,500엔/90분)로 운영되는데 파노라마 뷰의 노천탕과 플라네타리움 온천 등이 준비되어 있어 더욱 특별하다. 실내 시설 중 온천에서 실제 온천수를 사용하는 것은 돌 노천탕(로텐이시부로)뿐이고 버블탕 등은 일반 온수를 사용하니 참고할 것.

ADD 岐阜県高山市馬場町1-88 **ACCESS** JR다카야마역에서 도보 15분, 숙박자 픽업 서비스 있음 **TEL** 0577-34-0700 **ROOMS** 61 **PRICE** 16,500엔(2인 이용 시 1인 요금, 조·석식 포함)부터 **WEB** www.hoshokaku.co.jp

나눠쓰는 마음이 너그러운

다카야마 그린호텔

高山グリーンホテル

노천탕	√
당일 입욕	
족욕탕	√
노천탕 객실	√
전세탕	√
목욕용품	√

널찍널찍한 천연온천을 갖춘 대형 호텔. 실내탕은 한쪽 벽이 유리로 되어 있어 시원하고, 노천탕은 정원 안에 두어 경치를 즐길 수 있으면서 밤에는 라이트업도 한다. 주 관광 거리인 후루이마치나미까지는 도보 20분 정도로 거리가 있지만, 대신 호텔 부지 내에 큼지막이 전통 거리처럼 꾸며놓은 물산관 건물이 있어 편리하게 이용할 수 있다. 물산관 앞의 족욕탕은 무료로 누구나 이용 가능(07:00~21:00). 호텔이라 료칸만큼 직원과의 거리가 가깝지는 않지만 그만큼 마음도 편하다. 일본의 분위기를 느끼고 싶다면 다다미방이나 침실과 다다미방이 절충된 객실로 고르면 된다.

ADD 岐阜県高山市西之一色町2-180 **ACCESS** JR다카야마역에서 도보 6분, 특급열차 시각에는 무료 픽업 서비스 있음 **TEL** 0577-33-5500 **ROOMS** 207 **PRICE** 12,100엔(2인 이용 시 1인 요금, 조·석식 포함)부터 **WEB** www.takayama-gh.com

타박타박 온천가 산책

히가시야마 데라마치 · 유보도 東山寺院群·遊歩道

전국시대에 히다 지역을 평정한 무장 가나모리 나가치카金森長近가 다카야마 성을 축성하면서 동쪽 언덕에 교토 히가시야마를 본떠 건립 · 이축한 10여 곳의 사찰과 이를 잇는 산책로. 푸른 이끼가 내려앉은 고찰과 돌담, 숲길을 거닐다 보면 어느새 발걸음이 느려지고 주변의 작은 소리에 귀 기울이게 된다.

다카야마 관광호텔 高山観光ホテル

우에몬요코초 右衛門横町

미야가와 아사이치 옆, 단정한 목조건물에 찻집, 잡화점, 기념품점 등이 모여 있는 미니 쇼핑몰. 히다타카야마 지역 특산품 쇼핑이 가능하고, 실내라 날씨에 상관없이 편히 둘러볼 수 있다. 자그마한 전시장과 정원 및 10여 개의 점포가 입점.

OPEN 08:00~16:00(시기 및 요일에 따라 다름) TEL 0577-57-8081

미야가와 아사이치 宮川朝市

매일 아침부터 정오까지 미야가와 강 가지바시鍛冶橋 다리 인근에서 열리는 아침시장. 히다타카야마의 아침시장은 일본의 3대 아침시장으로 불릴 정도로 역사가 오래되었다. 계절에 따른 신선한 청과물은 물론, 손수 만든 각종 반찬과 공예품 등 토속적인 분위기를 제대로 느낄 수 있어 늘 관광객으로 북적인다.

OPEN 07:00~12:00(동절기 08:00~12:00)

히다고쿠분지 飛騨国分寺

741년 나라시대에 창건된 고사찰. 국보로 지정된 본당의 목조 약사여래좌상과 화재로 소실된 칠층 목조탑의 초석, 두 차례 재건된 삼층탑, 그리고 1250년 수령의 은행나무 등 옛 히다국의 건축술과 오랜 역사를 가늠해볼 수 있다.

OPEN 09:00~16:00

멘야 시라카와 麺屋しらかわ

탱글탱글하고 가는 면발과 닭 육수 · 채소를 베이스로 한 맑은 국물의 다카야마 라멘을 맛볼 수 있는 곳. 오픈 키친으로 주문과 동시에 조리하는 젊은 요리사들의 활기찬 모습을 볼 수 있다.

COST 다카야마 라멘 700엔 OPEN 11:00~13:30, 21:00~25:00, 화요일 휴무, 월요일 밤 휴무 TEL 0577-77-9289

히다타카야마 온천

JR다카야마역과 버스터미널에서 동쪽으로 600여 미터 떨어진 미야가와 강宮川을 건너면 에도시대 전통가옥이 잘 남아 있는 옛 거리 '후루이마치나미古い町並み'가 나온다. 역 앞 또는 야나기바시柳橋 다리 앞 관광안내소에서 도보 지도를 받아 구석구석 돌아보자. 여기서 좀 더 동쪽에 자리한 사찰군과 이를 잇는 산책로는 북적거리는 중심가와는 또 다른 분위기이다. 첫날 오후에 도착했다면 둘째 날 아침에는 히다타카야마의 명물인 아침시장 구경을 놓치지 말자.

오이야 大井屋

갓 만든 일본 과자와 차를 즐길 수 있는 카페. 가판대의 따끈따끈 김이 폴폴 나는 만주를 그냥 지나쳐버리기란 쉽지 않다. 호바미소만주인 호호에는 찹쌀밥과 호바미소가 소로 들어 있다.

COST 호바미소만주 세트 682엔 **OPEN** 10:00~17:00(목요일 휴무) **TEL** 0577-32-2143

라이초야 雷鳥屋

그림책을 테마로 한 셀렉트숍. 리사와 가스파르, 무민, 미피 등 그림책과 그와 관련된 인형, 컵, 수건 등의 상품을 판매한다. 알록달록 캐릭터들이 보고 있는 것만으로도 힐링이 되는 작은 가게.

COST 배추벌레 월포켓 3,456엔 **OPEN** 10:00~17:00 **TEL** 0577-34-3601

르 미디(LE MIDI) 푸딩전문점 ルミディ プリン専門店

히다타카야마 최고의 인기 푸딩. 히다 지역 전통 호박인 노란 과육의 스쿠나카보차宿儺かぼちゃ와 히다산 우유, 계란으로 만든 푸딩을 한입 떠먹으면 담백하면서도 진한 풍미가 입안에서 작렬한다.

COST 가보차 푸딩 350엔 **OPEN** 10:00~15:00, 목요일 휴업 **TEL** 0577-57-8686

신코게이 真工藝

목판 봉제인형木版手染을 주로 판매하는 공예점. 은은한 색감의 봉제인형들은 튀지 않으면서 주변 분위기를 부드럽게 만들어 왠지 나란히 모아놓고 싶어진다. 매년 그 해의 간지를 테마로 한 인형을 새로 디자인해 판매한다.

COST 12간지 인형 1,320엔 **OPEN** 10:00~17:00, 화요일 휴무 **TEL** 0577-32-1750

카페 란카 藍花珈琲店

목재를 기본으로 한 묵직한 분위기의 가게에서 카푸치노가 아닌 '차푸치노'를 마실 수 있다. 진한 말차에 부드러운 우유 거품이 담겨 달착지근하면서도 가볍지 않다.

COST 차푸치노 650엔 **OPEN** 09:00~18:00, 목요일 휴무 **TEL** 0577-32-3887

다카야마진야마에 아사이치 高山陣屋前朝市

에도시대 관공서인 다카야마진야 앞 공터에서 열리는 아침시장. 미야가와 아사이치보다 규모는 작지만 직접 길러 조금씩 가져온 채소, 산나물, 꽃, 과일 등 소박한 산골 장터의 정취가 물씬 풍긴다.

OPEN 07:00~12:00(1월~3월 08:00~)

03

기후현 히라유 온천 平湯温泉

히라유 온천은 일본 북알프스의 품에 안긴 5곳의 온천지, 오쿠히다 온천향奥飛騨温泉郷 가운데 가장 오래된 온천이다. 활화산인 노리쿠라다케乗鞍岳 산기슭 해발 1,250m에 자리한 이곳은 예로부터 늙은 흰 원숭이가 온천에서 치료하는 모습을 보고 사람들도 찾기 시작했다는 전설이 전해질 정도로 온천 효과가 탁월하다. 수량이 풍부해 원천 그대로를 방류하는 가케나가시 방식으로 온천을 즐길 수 있고, 천연온천 특유의 향취를 제대로 맡을 수 있다. 깊은 산중에 자리하면서도 교통이 편리하고 당일 입욕을 즐길 수 있는 시설도 잘 갖추고 있어 관광객의 발길이 잦다. 아담한 온천가에는 곳곳에 족욕을 즐길 수 있는 아시유足湯나 커피 향이 솔솔 풍기는 카페 등이 있어 저녁 식사 후 가볍게 산책하기 좋다. 인근에 히라유 온천 스키장과 캠핑장이 있고 조금 더 산으로 들어가면 강 낚시 포인트와 로프웨이 등 사계절 다양한 액티비티가 가능해 가족 단위의 여행자에게도 안성맞춤이다.

♨ 온천 정보
히라유 온천은 약 40곳의 원천에서 분당 1만3천 리터의 물의 분출되며, 최고 90도까지로 온도가 높고 나트륨, 칼슘, 마그네슘, 탄산수소염천 등 다양한 성분을 함유하고 있다.

♨ 온천 시설
온천가에는 공공 노천탕인 히라유노유平湯の湯가 있으며, 히라유 온천의 발상지로 알려진 노천탕 가미노유神の湯(08:00~17:00, 11월 중순~4월 중순 휴무, 500엔)는 산 쪽으로 도보로 15분 정도 더 들어가야 한다. 또한 등대를 본뜬 히라유노모리ひらゆの森의 아시유足湯를 비롯해 히라유 버스터미널 앞과 아시유 공원足湯公園 등 3곳에서 족욕을 즐길 수 있다.

♨ 숙박 시설
히라유 온천의 입구가 되는 버스터미널 뒤편으로 산에 둘러싸인 25곳의 숙박 시설이 자리하고 있다.

♨ 찾아가는 방법
나고야공항에서 공항철도로 JR나고야名古屋역으로 이동, 특급열차로 환승해 JR다카야마高山역 하차(약 3시간 소요), 역 앞 버스터미널에서 고속버스 이용, 히라유平湯 버스터미널 하차(약 50분 소요).

TEL 0578-89-3030 **WEB** hirayuonsen.or.jp

머물고 싶은 료칸,
가보고 싶은 온천

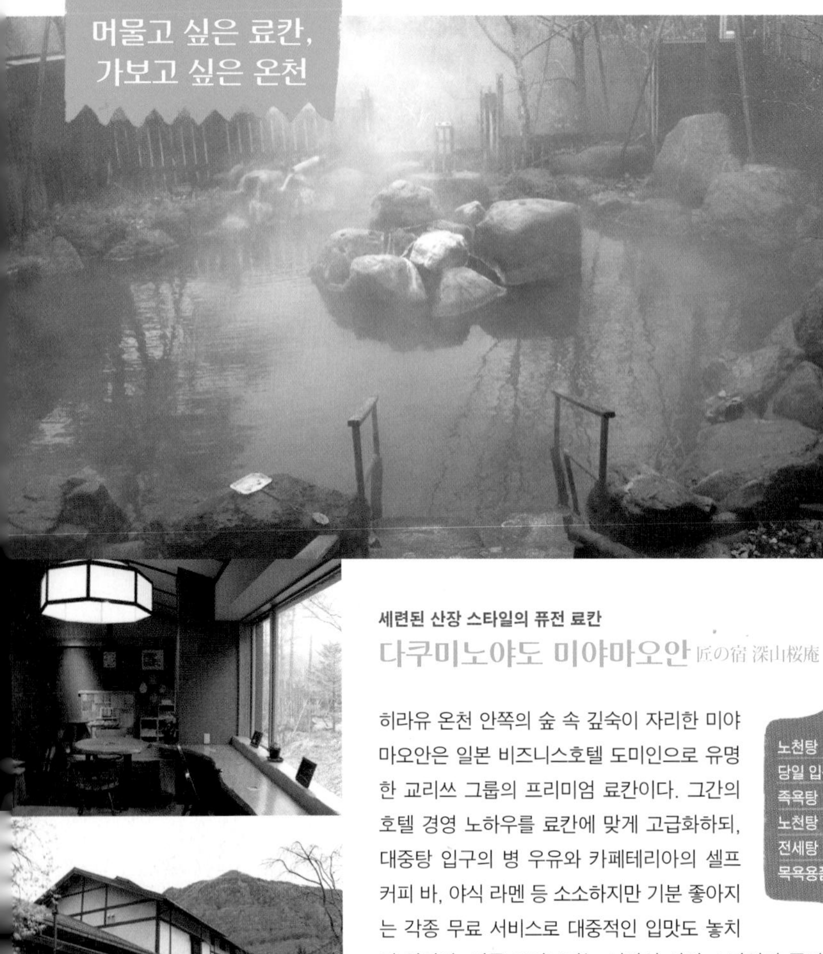

세련된 산장 스타일의 퓨전 료칸

다쿠미노야도 미야마오안 匠の宿 深山桜庵

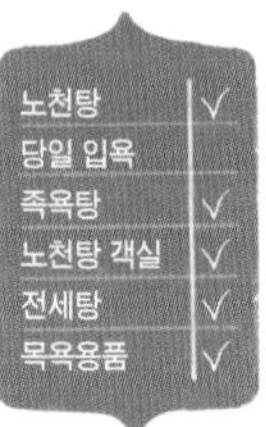

노천탕	√
당일 입욕	
족욕탕	√
노천탕 객실	√
전세탕	√
목욕용품	√

히라유 온천 안쪽의 숲 속 깊숙이 자리한 미야마오안은 일본 비즈니스호텔 도미인으로 유명한 교리쓰 그룹의 프리미엄 료칸이다. 그간의 호텔 경영 노하우를 료칸에 맞게 고급화하되, 대중탕 입구의 병 우유와 카페테리아의 셀프 커피 바, 야식 라멘 등 소소하지만 기분 좋아지는 각종 무료 서비스로 대중적인 입맛도 놓치지 않았다. 전통 료칸보다는 서양식 산장 스타일의 퓨전 료칸으로 객실 역시 다다미 위에 낮은 침대를 배치하는 등 서양식과 일본식을 적절히 혼합한 것이 특징이다. 객실과 복도 어디에서나 북알프스가 바라다보이지만 특히 노천탕에서의 전경이 기막히다. 산안개가 내려앉은 몽환적인 풍경을 바라보며 즐기는 노천욕은 피로를 말끔히 잊게 만든다. 또한 노송나무로 만든 널찍한 내탕에선 은은한 나무 향이 내내 코끝에 맴돈다. 수질은 단순천이지만 흔히 알고 있던 무색무취가 아니라 옅은 황색을 띠고 비릿한 쇠 냄새도 살짝 난다. 매분 50리터를 방류하는 가케나가시 방식이라 피부에 와 닿는 느낌도 더 보드랍고 매끌매끌하다.

ADD 岐阜県高山市奥飛騨温泉郷平湯229 **ACCESS** 히라유 버스터미널에서 도보 7분, 무료 송영 서비스 제공 **TEL** 0578-89-2799 **ROOMS** 72 **PRICE** 21,000엔(2인 이용 시 1인 요금, 조·석식 포함)부터 **WEB** www.hotespa.net/hotels/miyamaouan

물이 좋은 숲 속 노천탕

히라유노유 平湯の湯

시라카와고에서 이축한 갓쇼즈쿠리 건축 양식의 히라유민속관에 딸린 공공 노천탕. 작은 옛 민가 안에 변변한 샤워 시설도 없이 남녀 각각 탈의실과 바깥쪽의 노천탕 1곳이 전부이지만 그 점이 오히려 수질 하나로 승부하는 곳이라는 인상을 강하게 풍긴다. 돌로 된 탕 가장자리를 황갈색으로 물들이는 누런 빛깔의 온천수에서는 부들부들한 촉감이 느껴지고, 목까지 뜨끈하게 담그고 나면 '어흐~' 소리가 절로 날 정도로 강한 질감이 피부 깊숙이 느껴진다. 온천을 좋아하는 사람에게는 관리비 명목으로 내는 촌지寸志 300엔으로 누릴 수 있는 최대의 호사다.

ADD 岐阜県高山市奥飛騨温泉郷平湯 **ACCESS** 히라유 버스터미널에서 도보 6분 **OPEN** 06:00~21:00(겨울 08:00~19:00) **TEL** 0578-89-3338 **PRICE** 촌지 300엔

30개의 원천, 16곳의 노천탕

히라유노모리 ひらゆの森

노천탕	√
당일 입욕	√
족욕탕	√
노천탕 객실	√
전세탕	
목욕용품	√

히라유 온천에서 당일 입욕을 한다면 이곳, 히라유노모리만한 곳도 없다. 축구장 7개를 합친 것과 맞먹는 약 5만m^2의 원시림 부지에 마련된 남탕 7곳, 여탕 9곳 총 16곳의 노천탕은 그 자체만으로도 놀라움을 자아낸다. 단순히 탕만 다른 것이 아니라 모두 다른 원천이라는 것이 더욱 놀라운 점. 30개 이상의 원천에서 가케나가시 방식으로 방류해 히라유 온천의 진가를 제대로 확인할 수 있다. 온천 후에는 넓은 휴게실에서 휴식을 취하거나 레스토랑에서 간단한 식사를 즐길 수 있고, 매점에선 기후현의 유명한 히다규를 넣어 만든 고로케 등 먹기 좋은 간식도 판매한다. 숙박도 가능하며 식사 없이 잠만 잘 경우 1인당 5,830엔의 저렴한 가격에 묵을 수 있다. 버스터미널에서 도보로 2분이면 다다를 수 있는 가까운 위치도 선택의 이유에 한몫을 더한다.

ADD 岐阜県高山市奥飛騨温泉郷平湯763-1 **ACCESS** 히라유 버스터미널에서 도보 2분 **TEL** 0578-89-3338 **ROOMS** 32 **PRICE** 9,680엔(1인 요금, 조·석식 포함)부터 **ONE-DAY BATHING** 10:00~21:00, 600엔 **WEB** www.hirayunomori.co.jp

어떻게 다닐까?

지하철

나고야 시내는 물론 근교까지 운행하는 다섯 개의 지하철 노선을 편리하게 이용할 수 있다. 기본요금은 210엔이며 구간 거리에 따라 요금이 올라간다. 지하철 1일권은 760엔, 지하철과 시내버스의 공통 1일권은 주중에는 870엔, 주말과 매월 8일에는 도치니에코 티켓이라는 이름으로 620엔에 이용할 수 있다. 주요 지하철역과 관광안내소에서 판매한다.

나고야 관광루트버스 메구루 名古屋観光ルートバス メーグル

도요타산업기술박물관, 나고야성, 나고야 텔레비전타워 등 나고야 시내의 주요 관광지를 빠짐없이 들르는 관광버스로 원데이 티켓이 500엔이다. 지하철이나 버스와 달리 관광지 바로 앞까지 운행하고 관광지 입장료 할인까지 받을 수 있어 여러모로 이득이다. 나고야역 시내버스 11번 정류장에서 출발해 다시 나고야역으로 돌아온다. 오아시스21 인포센터와 주요 관광안내소에서 판매하며, 메구루 버스 기사에게 직접 티켓을 구입할 수도 있다. 월요일은 운행 안 함.

어디를 갈까?

❶ JR센트럴 타워즈 JR Central Towers

JR나고야역 바로 위에 우뚝 솟은 쌍둥이 타워. 단일 역 건물로는 일본 최대 규모로 한 동은 오피스, 다른 한 동은 호텔이다. 저층부에 자리한 JR나고야 다카시마야 백화점과 지하상가 등 쇼핑 시설은 나고야를 들르는 관광객들에게 짧은 시간 최대의 만족을 선사한다. 백화점 지하 1층의 식품관에선 데바사키(닭 날개 튀김), 과일 크레이프 케이크 등 나고야를 대표하는 음식을 맛볼 수 있다.

ACCESS JR나고야역에서 바로 WEB www.towers.jp

❷ 미들랜드 스퀘어 Midland Square

JR센트럴 타워즈와 함께 나고야 랜드마크의 양대 산맥. 2007년에 완공된 미들랜드 스퀘어가 좀 더 최신 시설과 럭셔리 브랜드를 갖추고 있다. 지상 5층 높이로 뻥 뚫린 아트리움 구조의 쇼핑몰에는 디올, 까르띠에 등 세계적인 브랜드는 물론 일본 유명 디자이너의 셀렉트 숍도 자리한다. 지하 1층의 푸드 부티크, 4층의 레스토랑 역시 고급스러운 초콜릿이나 식사를 원한다면 들러볼 만하다. 지상에서 높이 230m의 47층 전망대는 일본 최대 높이를 자랑한다.

ACCESS JR나고야역에서 도보 5분(JR센트럴 타워 맞은편) WEB www.midland-square.com

❸ 도요타산업기술기념관 トヨタ産業技術記念館

도요타 그룹의 옛 공장을 개조한 붉은 벽돌의 역사기념관. 원래 방직기를 생산하던 도요타가 수많은 실패와 도전 끝에 일본 최초의 자동차를 만들게 된 과정을 상세히 소개하고 있다. 자동차에 대해 잘 모르더라도

목재 목업(mock-up)과 엔진 테스트 등 수공예에 가까운 생산 과정은 매우 흥미롭다. 이런 과정을 통해 1936년 탄생한 도요타의 첫 승용차 '스탠다드 세단 AA형'도 전시되어 있다.

ACCESS 철도 나고야본선 사코栄生역에서 도보 3분. 또는 지하철 히가시야마선東山線 가메지마亀島역 2번 출구에서 도보 10분. 또는 메구루버스 산교기주쓰키넨칸産業技術記念館 하차 **WEB** www.tcmit.org

❹ 나고야 텔레비전 타워 名古屋テレビ塔

히사야오도리 공원에 자리한 높이 180m의 전망 타워로 지상 100m의 스카이 발코니(입장료 900엔)에서 나고야의 도심 전경을 한눈에 내려다볼 수 있다. 낮에는 타워 1층 노천카페에서 휴식을 즐기는 나고야 시민들을 볼 수 있고 밤에는 화려한 라이트업이 연출하는 로맨틱한 분위기 덕분에 연인들의 데이트 코스로 손꼽힌다.

ACCESS 지하철 메이조선名城線·사쿠라도리선桜通線 히사야오도리久屋大通역 남쪽 개찰구 4B 출구에서 바로. 또는 지하철 메이조선名城·히가시야마선東山 사카에栄역 3번이나 4번 출구에서 도보 3분. 또는 메구루버스 나고야테레비토名古屋テレビ塔 하차 **WEB** www.nagoya-tv-tower.co.jp

❺ 오스 상점가 大須商店街

일본 전국에서 가장 재미있는 상점가라 자부하는 나고야 시내의 상점가. 성별, 연령, 장르를 넘나드는 문화를 모두 담아 어떤 의미에서는 백화점, 혹은 만물상이라 부를 만하다. 구제, 친환경, 핸드메이드 등 각자 가게 주인의 개성이 드러나는 작은 가게들이 모여 독특한 분위기를 낸다. 꼭 쇼핑할 생각이 아니더라도 한 시간 정도 구경하며 산책하기에도 좋다.

ACCESS 나고야시 지하철 쓰루마이선鶴舞線 오스칸논大須観音역과 메이조선名城 가미마에즈上前津역에서 각 도보 3분(두 역 사이 구간이 상점가) **WEB** www.osu.co.jp

❻ 나고야성 名古屋城

전국시대를 평정하고 에도 막부를 창건한 도쿠가와 이에야스德川家康(1543~1616)가 완성한 성. 천수각 꼭대기의 금으로 만들어진 물고기 모양 장식(긴샤치金鯱)이 유명한데, 초기에는 270kg의 금을 사용했다 전해진다. 여러 차례 도난 및 화재를 겪어 현재는 두 개 한 쌍에 88kg의 금이 사용되었다.

ACCESS 나고야시 지하철 메이조선名城線 시야쿠쇼市役所역 하차 도보 5분. 또는 쓰루마이선鶴舞線 센겐초淺間町역 하차 도보 10분 **WEB** www.nagoyajo.city.nagoya.jp

04

도야마현 우나즈키 온천 宇奈月温泉

북알프스를 병풍처럼 두르고 신비한 에메랄드빛 구로베 강黒部川이 마을 주변을 휘돌아가는 우나즈키 온천. 이 작은 온천 마을의 역사는 20세기 초반 구로베 강의 수력 발전소 건립과 함께 시작되었다. 오래 전부터 구로베 협곡 주변에는 뛰어난 수질의 온천이 여럿 있었으나 워낙 산세가 거칠고 교통이 불편해 접근이 어려웠다. 그러다 이 지역이 개발되고 구로베 철도가 개통하면서 구로베 강 상류의 원천을 7.5km의 목관 파이프를 통해 구로베 협곡 초입까지 끌어올 수 있었고 우나즈키 온천이 문을 열게 된 것이다. 우나즈키 온천과 구로베 강은 성립 과정에서부터 떼려야 뗄 수 없는 관계로, 현재 구로베 협곡열차를 타기 위해 찾는 관광객들이 꼭 거쳐 가는 온천으로 자리매김했다. 또한 구로베 강의 맑고 투명한 강물로 만든 지비루(지역 특산 맥주) 우나즈키 맥주가 유명한데 가벼운 청량감이 온천 후 마시기 딱 좋다. 카페와 음식점, 상점이 오밀조밀 모여 있는 온천가는 독특한 형태의 전망대를 비롯해 27개의 조각상이 곳곳에 놓여 있어 한두 시간 산책하기 좋다.

♨ 온천 정보

원천이 구로베 강 상류의 구로나기 온천인 만큼 압도적인 투명도를 자랑하며 87.8℃의 고온의 약알칼리성 단순천이다. 7.5km의 관을 통해 들어오면서 우나즈키 온천의 온도는 60~63℃로 낮아지지만 이 역시도 상당한 고온이다. 화장품에 들어가는 메타규산을 다량 함유하고 있어 각질 제거와 미백 효과가 뛰어나다.

♨ 온천 시설

기차역 앞에 김이 모락모락 나며 온천수가 뿜어져 나오는 분수가 온천 마을다운 풍모를 상징한다. 주민들도 즐겨 찾는 우나즈키 온천회관宇奈月温泉会館이 리모델링을 거쳐 2016년 봄, 관광안내소 겸 온천시설인 '유메도코로우나즈키湯めどころ宇奈月'로 새롭게 문을 열었다. 입욕료는 510엔(09:00~22:00, 화요일 휴무)이며, 무료로 이용할 수 있는 족욕 시설도 있다.

♨ 숙박 시설

11곳의 숙박 시설이 있으며 대규모 온천 호텔이 많아 주차장이 널찍널찍하다. 숙박은 하지 않고 식사와 온천을 하며 몇 시간 동안 쉬어갈 수 있는 플랜을 운영하는 곳이 많다.

♨ 찾아가는 방법

도야마富山역에서 열차로 구로베우나키黒部宇奈月역 하차 후 열차 환승하여 우나즈키온센宇奈月温泉역 하차. 또는 도쿄역에서 신칸센으로 구로베우나즈키역 하차 후 환승으로 우나즈키온센역 하차.

WEB www.unazuki-onsen.com

북알프스와 구로베 강을 품은 하룻밤

오사케노오야도 기센 お酒のお宿 喜泉

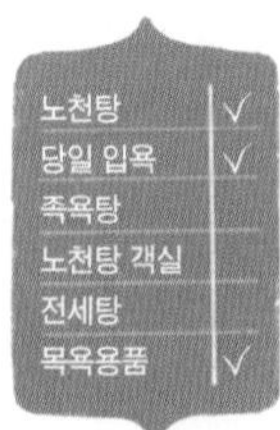

온천가에서 북서쪽의 석교를 건너 구로베 강에 바로 인접한 온천 호텔로, 지형의 단차 때문에 로비가 5층에 위치한다. 즉 아래쪽의 객실과 온천은 온전히 강과 산으로 둘러싸여 있다는 것. 북알프스의 장대한 풍광이 쏟아질 듯 가깝고, 깊은 협곡 아래 흐르는 구로베 강의 천둥 같은 물소리를 전 객실에서 들을 수 있다. 구로베 협곡에서 가져온 자연석을 바닥 타일로 쓴 노천탕과 봄철 머리 위로 벚꽃이 흐드러지는 가케나가시 방식의 히노키 노천탕, 봄부터 초여름까지 호쾌하게 떨어지는 폭포수를 정면에서 볼 수 있는 노천탕 등 주변의 자연경관을 120% 활용한 온천 시설을 자랑한다. 또한 4월 중순부터 11월 중순까지 미니버스를 타고 구로베 강과 협곡 주변을 도는 아침 산책은 숙박객 누구나 무료로 참가할 수 있다. 철교를 지나가는 협곡열차도 볼 수 있으니 꿀맛 같은 아침잠을 포기할 만한 가치가 있다.

ADD 富山県黒部市宇奈月町1387 ACCESS 도야마지방철도 우나즈키온센역에서 도보 10분, 무료 송영 서비스 제공 TEL 0765-62-1321 ROOMS 49 PRICE 15,150엔(2인 이용 시 1인 요금, 조·석식 포함)부터 ONE-DAY BATHING 12:00~16:00, 800엔 WEB www.gkisen.com

우나즈키 온천보다 오래된

엔타이지소 延対寺荘

노천탕	√
당일 입욕	√
족욕탕	
노천탕 객실	
전세탕	√
목욕용품	√

우나즈키 온천이 생기기 전부터 료칸으로 영업해왔던 엔타이지. 엔타이지소는 요리로 유명했던 엔타이지 료칸의 별관으로, 우나즈키 온천향에서 계곡이 가장 잘 보이는 곳에 세워졌다. 당연히 요리에는 특별히 정성을 들여 계절마다 등급별로 세 종류의 가이세키 요리를 어른과 어린이용으로 나누어 준비한다. 구로베 강이 흐르는 협곡 위의 노천탕은 석등과 어우러진 어스름한 저녁에 가장 예쁘다. 저녁 식사로 때를 놓쳤다면 밤에라도 꼭 들러보자. 관내에 라멘 등 야식을 먹으며 간단하게 한잔 할 수 있는 식당 고시지越路가 밤 9시부터 자정까지 영업해 적적한 밤을 달래준다. 구로베 협곡의 명물인 구로베 협곡 도롯코열차를 탈 수 있는 우나즈키역까지 송영 차량 서비스(편도 약 5분)도 제공한다.

ADD 富山県黒部市宇奈月温泉53 ACCESS 우나즈키온센역에서 도보 5분, 무료 송영 차량 이용 가능 TEL 0765-62-1234 ROOMS 82 PRICE 14,300엔(2인 이용 시 1인 요금, 조·석식 포함)부터 ONE-DAY BATHING 11:00~16:00, 1,000엔 WEB www.entaiji.com

어떻게 다닐까?

노히버스 濃飛バス

다카야마를 중심으로 주부 지역의 나고야, 도야마, 가나자와는 물론 도쿄(신주쿠)와 오사카까지 아우르는 고속버스. 시라카와고, 오쿠히다 온천향 등 열차가 가지 않는 주요 관광지를 운행하며 열차보다 대체로 저렴해 JR패스 이용자가 아니라면 여러모로 유리하다.

WEB www.nouhibus.co.jp

❶ 시라카와고 갓쇼즈쿠리 마을 白川郷合掌造り集落

평균 강설량이 무려 1백 미터가 넘는 기후현 북부의 시라카와고 지역은 세계문화유산으로 지정된 '갓쇼즈쿠리合掌造り'라는 독특한 건축양식으로 유명하다. 눈이 쌓이지 않도록 뾰족한 삼각 초가지붕으로 지어진 전통 가옥 수십 채가 모여 이룬 풍경은 동화 속 마을처럼 아름답고 몽환적이다. 중심가에는 음식점과 카페, 상점, 숙박 시설 등 각종 편의 시설이 있으며, 20분마다 운행하는 셔틀버스(편도 200엔)를 타고 산 전망대에 오르면 마을 전체를 내려다볼 수 있다.

ACCESS 다카야마高山~가나자와金沢 노선의 노히버스 이용. 다카야마에서는 50분, 가나자와에서는 1시간 15분 정도 소요 **WEB** www.gassho-kaido.jp

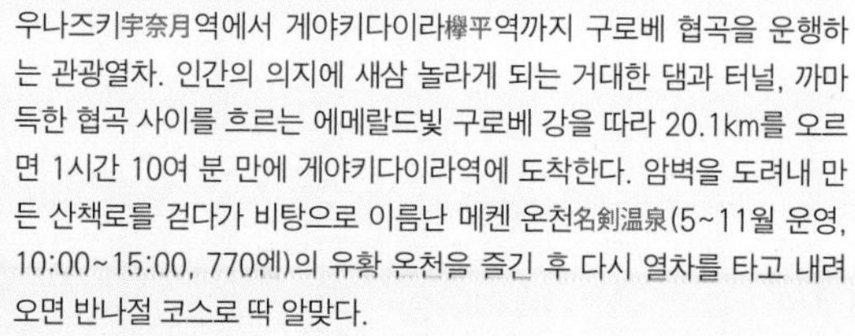

❷ 구로베 협곡 도롯코열차 黒部峡谷 トロッコ電車

우나즈키宇奈月역에서 게야키다이라欅平역까지 구로베 협곡을 운행하는 관광열차. 인간의 의지에 새삼 놀라게 되는 거대한 댐과 터널, 까마득한 협곡 사이를 흐르는 에메랄드빛 구로베 강을 따라 20.1km를 오르면 1시간 10여 분 만에 게야키다이라역에 도착한다. 암벽을 도려내 만든 산책로를 걷다가 비탕으로 이름난 메켄 온천名剣温泉(5~11월 운영, 10:00~15:00, 770엔)의 유황 온천을 즐긴 후 다시 열차를 타고 내려오면 반나절 코스로 딱 알맞다.

ACCESS 우나즈키온센역에서 200m 떨어진 우나즈키宇奈月역에서 출발 **WEB** www.kurotetu.co.jp

Kansai

기노사키 온천
城崎温泉

효고현
교토부
시가현
오사카부
미에현
나라현
와카야마현

아리마 온천
有馬温泉

류진 온천
龍神温泉

시라하마 온천
白浜温泉

가와유 온천 · 유노미네 온천
川湯温泉·湯峰温泉

난키카쓰우라 온천
南紀勝浦温泉

흔히 오사카로 대표되는 간사이 지역. 도쿄와 함께 일본의 양대 도시로 일컬어지는 오사카를 중심으로 교토, 고베, 나라 등 역사와 전통을 자랑하는 유서 깊은 도시들이 모여 있고, 간사이국제공항으로 대한항공·아시아나항공을 비롯해 저가 항공이 쉴 새 없이 운항해 한국인들이 가장 많이 찾는 해외여행지이기도 하다. 번화한 도시와 관광지를 벗어나 호젓하고 전통 있는 온천들은 그 주변 현 쪽에 많다. 특히 고베가 있는 효고현에는 일본 3대 온천 중 하나인 아리마 온천이 있어 오사카를 관광하며 겸사겸사 다녀오기 좋고, 간사이 지역 북쪽 끝의 동해와 가까운 기노사키 온천은 아기자기한 작은 온천 마을로 유메구리(온천 순례)를 즐길 수 있는 온천 시설이 다양해 최근 인지도가 오른 온천이다. 시간에 여유가 있다면 오사카 남쪽의 기이 반도에 자리한 와카야마 지역을 선택하자. 드넓은 바다와 깊은 산중, 맑은 강가의 온천을 모두 갖춘 와카야마에서는 온천과 식사 둘 다 후회가 없다.

어느 지역일까?

간사이 지역은 주로 오사카부, 교토부, 효고현, 시가현, 나라현, 와카야마현의 6개 행정구역을 묶어 말한다. 지도에서 일본 중간 가장 큰 섬(혼슈)의 허리 부분이라고 생각하면 된다. 관광을 다룰 때는 오사카와 교토, 나라가 주가 되지만 온천은 효고와 와카야마가 주인공이 된다. 오사카의 왼쪽에 있는 효고와 오사카의 아래쪽에 있는 와카야마는 가까운 거리에 비해 아직 알려지지 않은 온천지가 많아 나만의 특별한 여행을 계획할 때 더욱 추천한다.

날씨는 어떨까?

오사카 도심은 분지 지형으로 여름철 상당히 덥고 바다와 가까워 습도도 높은 편이다. 효고현의 아리마 온천과 와카야마현의 가와유 · 유노미네 온천은 산속에 있어 한여름이라도 얇은 긴팔 상의를 준비하면 아침이나 늦은 밤 유용하다. 또한 와카야마현의 산지는 다우 지역이므로 작은 우산을 준비해가는 것이 좋다.

어떻게 갈까?

효고현의 아리마 온천은 JR오사카大阪역이나 JR신오사카新大阪역에서 아리마 온천까지 운행하는 버스를 이용하는 것이 편리하다. 고베 관광이 끼어 있다면 JR산노미야三ノ宮역이나 JR신코베新神戸역에서 버스를 이용한다. 버스로 오사카 출발 기준 약 1시간, 산노미야 출발 기준 약 30분이 소요된다. 열차로는 서너 번 갈아타야 되므로 추천하지 않는다. 기노사키 온천은 JR오사카大阪역 또는 JR신오사카新大阪역에서 기노사키 온천 방면 버스와 특급열차 중 선택할 수 있다. 버스가 30분 정도 더 걸리지만 좀 더 저렴하다. 와카야마 시라하마 온천의 주요 거점은 JR시라하마白浜역이고, 가와유 온천과 유노미네 온천은 JR기이타나베紀伊田辺역까지 이동 후 버스로 약 1시간 30분 정도 더 들어가야 한다.

어디로 입국할까?

간사이국제공항 関西国際空港

간사이국제공항으로는 인천공항과 김포공항, 김해공항, 제주공항, 대구공항에서 비행기가 뜬다. 메이저 항공뿐만 아니라 저가 항공도 자주 운항하고 있다. 공항에서 오사카역까지 JR열차로 약 1시간, 리무진 버스로 50분 정도 소요된다.

WEB www.kansai-airport.or.jp

간사이 온천 여행에 유용한 교통 패스

JR 간사이 와이드 패스 KANSAI WIDE AREA PASS

오사카와 교토 등 시내 중심의 여행 때는 큰 메리트가 없던 JR 간사이 와이드 패스는 온천 여행에 있어서 기대 이상의 능력을 발휘한다. 간사이국제공항에서 기노사키 온천 왕복만 해도 본전을 뽑고도 남는다. 남쪽의 와카야마 지역 온천 여행을 할 때도 마찬가지다. JR 간사이 에어리어 패스의 확장판인 이 열차 패스는 교토, 오사카, 고베, 나라, 히메지 등 간사이 지역 도시는 물론 유니버설 스튜디오 재팬 근방 유니버설 시티역, 와카야마 지역, 오카야마현 구라시키역, 가가와현의 다카마쓰역까지 아우른다. 5일간 JR의 신칸센(신오사카역~오카야마역 자유석), 특급 및 쾌속열차를 자유롭게 이용할 수 있으니 온천 여행과 도시 여행을 함께 계획하는 것도 가능하다. 요금은 10,000엔(한국에서 예약할 시 9,000엔)이며 미리 온라인상으로 예약(조금 저렴함)한 뒤 JR 티켓 창구에서 수령하거나 직접 현장에서 구입할 수 있다. 외국인만 구입 가능한 패스이므로 수령 및 현장 구입 시 반드시 여권이 있어야 한다.

WEB www.westjr.co.jp

뭐 먹을까?

❶ 다코야키 たこ焼き

'천하의 부엌'으로 유명한 오사카는 여러 가지 맛있는 음식이 많기로 유명하지만 특히 다코야키는 명물로 알려져 있다. 관련 상품들이 많고 다코야키 뮤지엄도 있을 정도. 거리 곳곳에서 다코야키를 판매하며, 보통 밀가루 반죽에 문어를 넣고 동글동글 구워 소스, 마요네즈, 파래가루를 뿌려 먹는다. 만약 파가 얹어진 메뉴가 있다면 시도해보자. 한국인 입맛에 잘 맞는다.

❷ 구시카쓰 串かつ

채소와 고기, 해산물 등을 꼬치에 꿰어 튀김옷을 입힌 뒤 튀겨내는 음식으로, 절대 배신하지 않는 맛이다. 회전초밥처럼 꼬치별로 금액이 다르며 돈가스 소스 같은 묽은 소스에 찍어 먹는다. 단, 먹던 꼬치를 다시 소스에 넣는 것이 금지되어 있으니 소스가 모자라면 곁들여 나온 양배추를 찍어 함께 먹도록 한다. 양배추는 대부분 무한 리필.

❸ 고베규(소고기) 神戸牛

효고현 고베시의 브랜드 소고기 고베규는 와규(일본 소고기) 중에서도 맛있기로 유명하다. 슈퍼에서 사도 100g당 2,000엔~5,000엔 하는 고급 소고기지만, 고베 시내에서는 먹을 만한 가격에 요리해 주는 철판 스테이크집을 종종 찾아볼 수 있다. 마블링이 좋아 부드럽고 녹듯이 사라지는 대신 양이 많으면 느끼할 수도 있다.

❹ 이세에비(닭새우) 伊勢えび

와카야마의 난키카쓰우라 온천 지역은 항구 곳곳에서 닭새우를 잡아 올리는 모습을 볼 수 있다. 와카야마는 전체적으로 생선들도 활어회가 일반적이라 한국에서 회를 먹을 때처럼 쫄깃한 느낌인데, 싱싱한 닭새우를 회로 먹으면 적당한 탄력과 함께 새우보다 담백한 감칠맛을 느낄 수 있다.

❺ 마구로 사시미(참치 회) マグロ刺身

참치 회는 료칸에서 가이세키 요리를 낼 때 거의 빠지지 않는 메뉴지만, 와카야마에서는 좀 더 특별하다. 와카야마현의 가쓰우라항이 일본 최대의 참치어항이기 때문이다. 참치의 각종 부위를 맛볼 수 있는 뷔페를 저녁 식사로 내놓는 료칸이 있을 정도. 료칸에 묵지 않더라도 와카야마시의 구로시오 시장에 가면 신선한 참치를 푸짐하게 맛보고, 참치 해체쇼와 같은 특별한 이벤트도 참관할 수 있다.

뭐 사갈까?

❶ **아리마 온천 탄산센베이** 炭酸煎餅

아리마 온천의 탄산천을 사용해 만들었다 하여 이름 지어진 탄산센베이는 종잇장처럼 얇고 식감이 특별히 더 바삭바삭한 것이 특징이다. 아리마 온천 여기저기에 직접 만들어 판매하는 가게가 있으며, 만드는 과정을 보고 있으면 시식용으로 건네주기도 한다. 부드럽고 쫄깃한 와플 생지의 탄산와플도 선물로 인기.

❷ **몽벨** Mont bell

오사카가 본사인 아웃도어 용품 몽벨. 의류부터 카약, 겨울에는 플라스틱 눈썰매까지 다양한 상품을 판매하며, 본사 빌딩 쇼룸에서는 최대 60%까지 할인해서 판매하기도 한다.

❸ **오사카 한정 과자**

그랑 가루비 · 바통도르 GRAND Calbee·Baton d' or

그랑 가루비는 오사카 한큐백화점 우메다점에서만 판매하는 프리미엄 감자칩이고, 바통도르는 오사카에서만 만날 수 있는 스틱형 초콜릿 과자다. 다른 곳에서는 살 수 없어 오픈 전부터 줄이 길게 선다. 개인적으로는 바통도르를 더 추천한다. 프리미엄 감자칩은 맛은 좋지만 양이 너무 적다.

❹ **고베 푸딩 · 치즈케이크**

일찍이 외국문물이 들어와 서양의 음식문화가 전래된 고베는 케이크, 커피, 빵 등이 맛있기로 유명하다. 특히 기본에 충실하면서 농후한 커스터드 푸딩과 케이크와 치즈가 밸런스를 이룬 치즈케이크는 일본 내에서도 선물로 인기.

❺ **요지야** よーじや

교토에서 예로부터 게이샤들이 사용한 것으로 유명한 요지야의 화장품과 관련 소품들. 특히 유명했던 것이 기름종이인데, 얼마나 기름을 잘 먹으면 안경을 닦는 데에도 좋다. 기름종이를 대신할 고운 손수건도 추천.

❻ **우메보시(매실절임) · 우메슈(매실주)** 梅干 · 梅酒

와카야마는 최고급 매실 품종인 난코우메南高梅의 최대산지다. 이 매실을 사용한 우메보시는 알이 굵고 살이 부드러워 우메보시의 맛에 익숙하지 않은 사람도 도전할 만하다. 또 일본 소주에 얼음과 함께 넣어 마시거나 과육만 발라내어 돼지고기와 볶아 먹어도 좋다. 깊고 진한 단맛의 우메슈 역시 술을 잘 마시지 못하는 사람도 술술 넘길 정도로 맛있다.

01

아리마 온천 + 고베 + 오사카 관광

2박 3일

일본의 3대 온천으로 알려진 아리마 온천에서 신령스러운 붉은 갈색의 '금탕'과 투명하고 맑은 '은탕'을 즐기고, 버스로 1시간 떨어진 오사카의 중요 관광지와 동선상에 있는 고베까지 추가로 돌아보는 일정이다. 좀 더 느긋한 여행을 원한다면 첫날 고베 관광을 포기하고 바로 아리마 온천으로 향해도 좋다.

1 Day

고베 + 아리마 온천

11:30	간사이공항 도착, 고베로 이동
13:00	점심 식사(고베규 스테이크)
14:30	고베 기타노이진칸 거리 산책
16:30	JR산노미야역 혹은 JR신코베역에서 아리마 온천 방면 버스 탑승
17:00	아리마 온천 도착
17:30	온천가 산책 및 유메구리(온천 시설 킨노유 · 긴노유)
19:00	저녁 식사
21:00	밤의 온천가에서 술 한잔

2 Day

오사카

08:00	아침 식사
09:30	아리마 온천 버스터미널에서 버스 탑승
10:30	오사카역 버스정류장 도착
11:00	오사카성 관광
12:30	점심 식사(다코야키 또는 구시카쓰)
14:00	도톤보리, 신세카이 등 시내 관광
17:00	다양한 테마의 시내 온천 시설 이용
18:30	그랑프론트 오사카에서 쇼핑 및 저녁 식사
21:00	숙소 휴식

3 Day

출국

08:00	아침 식사
09:00	간사이공항 리무진 버스 승차
10:00	간사이공항 도착
12:00	간사이공항 출발

02

기노사키 온천 + 오사카 관광

2박 3일

한 장의 그림엽서처럼 서정적인 분위기의 기노사키 온천에서 유카타를 입고 온천을 순례하며 하룻밤을 보내고 오사카의 도심 여행으로 간단히 마무리하는 일정이다. 간사이 지역 외곽에 자리한 기노사키 온천은 오사카에서도 열차로 3시간은 더 가야 할 정도로 멀지만, 어렵게 손에 넣은 리미티드 에디션처럼 두고두고 추억으로 남는다.

1 Day

기노사키 온천

11:30	간사이공항 도착
12:20	공항열차 탑승
13:28	오사카역 도착, 점심 식사
14:11	오사카역에서 JR열차 탑승
16:50	JR기노사키온센역 도착
17:20	온천가 산책 및 소토유 메구리
18:30	저녁 식사
20:30	소토유 메구리
22:00	숙소에서 온천 후 휴식

2 Day

오사카

08:00	아침 식사
09:33	JR기노사키온센역에서 열차 탑승
12:23	JR오사카역 도착
13:00	점심 식사(다코야키 또는 구시카쓰)
14:00	오사카성, 도톤보리 등 오사카 시내 관광
17:00	다양한 테마의 시내 온천 시설 이용
18:30	그랑프론트 오사카에서 쇼핑 및 저녁 식사
21:00	숙소 휴식

3 Day

출국

08:00	아침 식사
09:08	JR오사카역에서 공항 방면 열차 탑승
10:21	간사이공항 도착
12:00	간사이공항 출국

03
시라하마 온천 + 가와유 온천 + 구마노고도 트레킹 + 오사카 쇼핑 3박 4일

광대한 태평양을 바라보며 온천을 즐길 수 있는 시라하마 온천과 세계유산으로 지정된 역사 깊은 가와유 온천 등 와카야마현의 숨은 보석 같은 온천지를 여행하는 일정이다. 스페인의 산티아고 순례길에 비견되는 구마노고도 트레킹을 더한다면 더욱 기억에 남는 여행이 될 터. 마지막 날 오사카 쇼핑으로 마무리하면 양손 무겁게 출국길에 오를 수 있다.

1 Day

시라하마 온천

11:30 간사이공항 도착, 간단히 점심 식사

12:32 공항열차 탑승, JR히네노역에서 특급열차로 환승

14:49 JR시라하마역 도착, 숙소 송영 차량으로 이동

15:00 시라하마 온천 숙소 체크인

15:30 유메구리 또는 시라라하마 해변 해수욕(여름) 및 바닷가 산책

18:00 엔게쓰토 바위섬의 일몰 감상

18:30 저녁 식사

20:00 숙소 온천 및 휴식

2 Day

가와유 온천

08:00 아침 식사 및 주변 산책

11:00 도레토레 이치바 수산시장 관광, 점심 식사

13:50 JR시라하마역으로 이동

14:33 JR시라하마역에서 열차 탑승

14:43 JR기이타나베역 도착

14:50 가와유 온천 방면 버스 탑승

16:45 가와유 온천 도착, 숙소 체크인

17:00 강바닥 온천 체험(겨울에는 센닌부로 체험)

18:30 저녁 식사

20:00 숙소 온천 및 휴식

3 Day

구마노고도 트레킹 + 오사카 쇼핑

08:00 구마노고도 방면(다이몬) 버스 승차

09:00 훗신몬오지~구마노혼구타이샤까지 약 2시간 30분 트레킹, 점심 식사(도시락)

12:17 JR기이타나베역 방면 버스 승차

13:50 JR기이타나베역 도착

14:45 JR기이타나베역에서 열차 탑승

16:50 JR신오사카역 도착

17:00 다양한 테마의 시내 온천 시설 이용

18:30 그랑프론트 오사카에서 쇼핑 및 저녁 식사

21:00 숙소 휴식

4 Day

출국

08:00 아침 식사

08:52 JR오사카역에서 공항 방면 열차 탑승

10:06 간사이공항 도착

12:00 간사이공항 출국

01

효고현 아리마 온천 有馬温泉

온천이 위치한 효고현보다 더 유명한 아리마 온천은 구사쓰 온천, 게로 온천과 더불어 일본의 3대 명천으로 꼽힌다. 일부러 땅을 파서 온천을 개발한 것이 아니라 자연적으로 솟아나오는 온천수를 활용했던 옛날 방식이 지금까지 그대로 이어져오고 있다. 또한 일본 환경성에서 구분 · 지정한 9가지 온천 성분 중 7가지(단순성온천, 이산화탄소천, 탄산수소염천, 염화물천, 황산염천, 함철천, 유황천, 산성천, 방사능천 중 유황천과 산성천을 뺀 나머지)를 함유하고 있는 온천은 세계적으로도 드물다. 각기 특징 있는 7개의 각 원천지가 작지만 공원처럼 조성되어 볼거리를 제공한다. 산기슭 계곡을 끼고 비탈이 있는 골목골목에 온천 시설과 온천가의 상점들이 올망졸망 모여 있다. 예로부터 유명했던 것을 생각하면 시설과 가게들이 깨끗하고 현대적이다. 워낙 도심지에 가까운 유명 온천지라서인지 관광객들이 많아 아무래도 살가운 느낌은 덜하다. 하룻밤 묵으며 느긋이 즐겨도 좋지만, 간사이 지역 여행 중에 오사카나 고베에 묵으며 당일치기로 다녀가기에도 괜찮은 곳. 열차로는 서너 번 환승해야 하니 JR패스를 사용할 것이 아니라면 버스가 편리하다.

♨ 온천 성분

아리마 온천에는 두 종류의 온천탕이 있다. 붉은 갈색을 띠는 함철분나트륨염화물강염천의 '킨센金泉'과 무색투명한 이산화탄소천 또는 방사능천(라돈천)의 '긴센銀泉'이다. 킨센은 염분과 고온으로 수족냉증과 요통, 근육관절통, 말초혈액순환장애에 효과가 있으며 살균작용이 피부질환에 도움을 주고, 풍부한 칼슘이온은 알레르기성 피부질환 및 화상에 좋다. 긴센의 이산화탄소천은 모세혈관을 확장시켜 혈류가 증가, 고혈압과 말초동맥폐색성질환에 좋고 온천을 마시면 위액분비를 자극한다. 방사능천은 호흡기로 가스를 흡입하여 전신 조직에 자연치유능력을 강화시킨다.

♨ 온천 시설

공공 온천탕 시설인 킨노유金の湯, 긴노유銀の湯에서 각기 다른 성분의 온천을 경험할 수 있다. 킨노유 앞에는 무료 아시유足湯 시설과 음천대가 설치되어 있다. 온천 호텔에 병설된 대규모 온천테마 시설인 다이코노유太閤の湯는 여러 종류의 탕은 물론 암반욕 등 다채로운 시설을 자랑한다. 그 외에도 당일 입욕이 가능한 료칸이 12곳 있으며, 관광안내소에서 사진을 보며 선택할 수 있다. 계곡가 산책로에는 따뜻한 온천수가 흐르며, 계곡 위 붉은 다리인 네네바시ねね橋는 사진 촬영 장소로 인기가 높다.

♨ 숙박 시설

아리마온센역에서 산 쪽 오르막길을 따라 29곳의 숙박 시설이 들어서 있다. 공동 온천탕 킨노유와 긴노유, 상점가는 각 숙소에서 도보로 10분 이내다. 숙소가 외진 곳에 있는 경우 역까지 셔틀버스를 운행하기도 한다.

♨ 찾아가는 방법

간사이국제공항에서 열차로 JR오사카大阪역 또는 JR신오사카新大阪역으로 이동, 버스 승차 후 종점인 아리마온센有馬温泉 정류장 하차(약 1시간 소요). 또는 JR산노미야三ノ宮역, JR신고베新神戸역에서 버스 이용, 아리마온센有馬温泉 정류장에서 하차(약 30분 소요). 온전히 열차로만 이동하려면 산노미야三宮역에서 고베시영전철을 타고 다니가미谷上역까지 이동한 후 고베전철로 환승해 아리마구치有馬口역까지 간 다음 다시 고베전철 아리마선有馬線으로 환승해 아리마온센有馬温泉역 하차(총 30분 소요).

TEL 078-904-0708 **WEB** www.arima-onsen.com

머물고 싶은 료칸,
가보고 싶은 온천

노천탕	√
당일 입욕	√
족욕탕	
노천탕 객실	
전세탕	
목욕용품	√

아리마 온천의 A부터 Z까지

아리마 키라리

有馬きらり

아리마 온천 최대의 온천 테마 시설인 다이코노유를 운영하는 온천 호텔. 숙박객은 다이코노유에 마련된 26종류의 온천 시설을 추가 요금 없이 이용할 수 있고, 체크아웃 후에도 그날 마감시간까지 무료입장이 가능해 이 한 곳에서 아리마 온천의 모든 것을 만끽할 수 있다. 호텔 내에도 별도로 온천이 있으니 다이코노유가 관광객으로 붐빌 때 이용하면 좋다. 호텔 부지 내에서 솟아나는 킨센, 방사능천 긴센, 고농도 인공탄산천의 세 종류 탕이 있다. 저녁 식사는 계절에 따라 바뀌는 일본 전통의 가이세키 요리로, 현대적인 감각이 돋보이는 플레이팅이 신선하다. 온천가가 내려다보이는 높은 언덕 위에 자리하고 있어 짐을 들고 이동해야 한다면 호텔의 무료 셔틀버스를 이용하는 것이 좋다. 온천가로 산책을 나갈 때에는 언덕길을 따라 5분 정도 걸어가면 된다. 유카타를 입고 게다를 신으면 분위기는 제법 나지만 언덕의 경사가 심해 걷기 불편할 수 있으니 샌들을 준비해가면 좋다.

ADD 兵庫県神戸市北区有馬町292-2 **ACCESS** 고베전철 아리마선 아리마온센역에서 도보 7분, 무료 셔틀버스 운행 **TEL** 078-904-2295 **ROOMS** 54 **PRICE** 16,700엔(2인 이용 시 1인 요금, 조·석식 포함)부터 **ONE-DAY BATHING** 다이코노유 10:00~22:00(1시간 전 입장, 시설에 따라 다름), 평일 2,640엔, 토·일·공휴일 및 성수기(연말연시, 골든위크, 오봉 기간) 2,970엔 **WEB** www.arima-view.com

다이코노유 太閤の湯

아리마 키라리의 2층과 3층에 자리한 다이코노유는 바위탕과 1인용 철제탕, 향기가 좋은 허브탕 등 남녀 합 26개의 온천과 암반욕 등 다양한 찜질 시설, 푸드코트와 전동 마사지 의자가 구비된 휴게 공간 등이 모여 있는 복합 온천 시설이다. 이 가운데 암반욕은 찜질방을 좋아하는 사람에게 추천한다. 맥반석, 용암 등 뜨겁게 달군 각종 암반의 열기를 간접적으로 쐬는 것으로, 10분만 있어도 금세 땀이 주르륵 흐른다. 입장료를 내면 바코드가 찍힌 열쇠를 주며 내부 유료 이용에 대해서 바코드로 찍고, 나갈 때 정산하는 시스템으로 운영된다.

신비한 붉은 갈색 온천

킨노유 金の湯

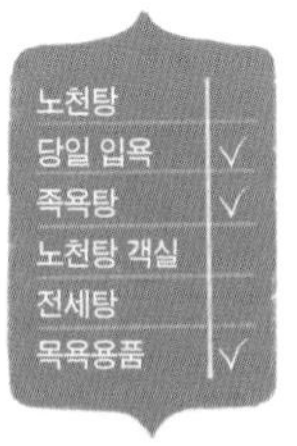

황토를 물에 탄 듯한 진한 붉은 갈색의 온천수는 한눈에도 범상치 않다. 아리마 온천을 대표하는 킨센(금탕)의 강렬한 첫인상은 수질에 대한 기대감을 한층 높인다. 흰 수건이 물에 닿으면 붉게 물들 만큼 농도가 짙고 90도 이상의 원천에서 내뿜는 열기가 상당하다. 42도와 44도로 낮춘 두 개의 탕이 나란히 있는데, 2도 차이지만 발만 겨우 담글 정도로 뜨겁다. 낮은 온도의 탕에서 어느 정도 단련 후 시도하고, 3분 이상 있지 않도록 하자. 철분과 염분이 주성분으로 비릿한 쇠 냄새가 코끝에 맴돈다. 살균 작용과 보습 효과가 뛰어나 온천 후 한결 보들보들해진 피부를 만질 수 있다. 킨노유 입구의 아시유足湯에 같은 온천수가 흐르니 시간이 없다면 족욕이라도 경험하자.

ADD 兵庫県神戸市北区有馬町833 **ACCESS** 고베전철 아리마선 아리마온센역에서 도보 6분 **TEL** 078-904-0680 **ONE-DAY BATHING** 08:00~22:00, 둘째·넷째 주 화요일 휴무, 650엔 **WEB** arimaspa-kingin.jp

온천가 산책 최적의 입지

아리마 로열 호텔 有馬ロイヤルホテル

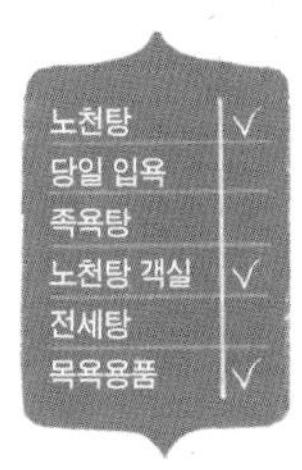

아리마 온천의 절 온센지温泉寺 옆 호텔. 귀엽게 적힌 간판에서는 세월이 느껴지지만 내부는 생각보다 깔끔하다. 온천가의 주요 도로에 위치해 산책할 때 매우 좋다. 기본 제공 유카타 외에 여성 숙박객은 알록달록한 유카타 중 마음에 드는 것을 고를 수 있다. 호텔의 온천은 아리마의 킨센(금탕)을 사용하고 있으며, 실내탕에서 밖으로 계단을 내려가면 지붕이 반쯤 있는 반노천탕이 있다. 노천탕은 붉은 진흙을 푼 듯 진한 색으로 약간 덜 뜨거운 편이다.

ADD 兵庫県神戸市北区有馬町987 **ACCESS** 고베전철 아리마선 아리마온센역에서 도보 10분 **TEL** 078-904-0541 **ROOMS** 44 **PRICE** 18,700엔(2인 이용 시 1인 요금, 조·석식 포함)부터 **WEB** www.arima-royal.jp

타박타박
온천가 산책

아리마온센역
有馬温泉駅

편의점
コンビニ

아리마온센 버스정류장
有馬温泉バス停

유케무리 광장
ゆけむり広場

산책로

네네 다리 ねね橋

편의점 コンビニ

아리마 온천 관광협회
有馬温泉観光協会

한큐 버스 안내소
阪急バス案内所

킨노유
金の湯

아리마 로열 호텔
有馬ロイヤルホテル

온센지
温泉寺

피제리아 포르코 ピッツェリア ポルコ PIZZERIA PORCO

이탈리안 요리에 와인을 곁들여 즐길 수 있는 캐주얼한 와인 바. 화덕가마에서 구워낸 피자를 비롯해 파스타, 생햄 등을 맛볼 수 있고 식사 후에 즐겨도 부담스럽지 않은 적당한 양에 가격도 착하다.

OPEN 18:00~24:00(금요일 휴무) **TEL** 078-903-3040

미쓰모리 三ッ森

아리마 온천의 탄산센베이를 만들어 파는 가게. 창업 당시 아리마 온천의 탄산천을 활용해 만들었다 하여 탄산센베이라는 이름이 붙었다. 버터나 계란, 첨가물 등이 전혀 들어가지 않아 심플한 맛을 낸다. 오래된 본점을 비롯해 온천가 내에 9곳의 가게가 있다.

COST 탄산센베이 16장 550엔 Open 08:00~20:00(토요일 21:00까지) **TEL** 078-903-0101

사케이치바 酒市場

아리마 맥주, 지역 사케며 와인 등을 서서 마실 수 있는 바. 아리마 맥주는 'The International Beer Cup 2014' 병 · 캔맥주 부문에서 금상을 수상한 바 있다. 300엔 정도의 간단한 안주도 판다.

COST 아리마 맥주 660엔 **OPEN** 09:00~18:00(수요일 휴무) **TEL** 078-903-1126

아리마 온천

버스터미널 뒤쪽 언덕으로 골목 구석구석에 상점이 줄지어 있다. 그중 킨노유 왼쪽으로 두 사람이 어깨가 맞닿을 정도로 좁은 골목이 이어지고 센베이를 굽는 노포老鋪 등 역사 깊은 온천 마을의 분위기를 느낄 수 있다. 반면, 아리마온센역에서 계곡 옆으로 이어지는 큰 길은 현대적인 가게들이 주를 이룬다. 편의점도 2곳이 있어 간식거리나 급한 일이 있을 때 안심이다.

아리마 키라리, 다이코노유
有馬きらり、太閤の湯

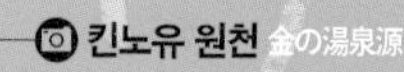

헤테카라 아리마온천점 へてから 有馬温泉店

낡은 민가를 개조해 세련된 감각으로 재탄생시킨 잡화점. 오리지널 프린팅 패브릭, 인근 아와지淡路 섬의 과일로 만든 잼, 아리마 온천수로 만든 비누 등 고베와 아리마의 지역 색이 묻어나면서도 감각적인 상품으로 가득해 도저히 지갑을 열지 않을 도리가 없다.

OPEN 10:00~17:00 TEL 078-907-3600

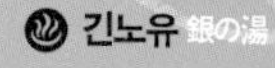

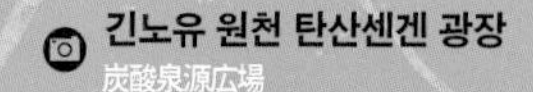

02

효고현 기노사키 온천 城崎温泉

기노사키 온천은 어디서 가든 좀 멀다. 그 덕분인지 온천가는 외부의 손때를 덜 탄 듯한, 누군가 애지중지 아껴온 것 같은 분위기가 감돈다. 실개천에 놓인 아치 돌다리와 그에 드리워진 버드나무가 서정적인 풍경을 만들고 아담하고 오래된 료칸이 그 사이사이를 메우고 있다. 료칸 내의 온천탕은 대부분 규모가 그리 크지 않은데, 온천가에 공동 입욕 시설인 소토유外湯가 7곳이나 있기 때문이다. 외관이나 시설이 각기 다르고 도보로 5분 내지 10분 간격으로 위치해 소토유 메구리를 즐기기에 최적이다. 유카타를 입고 타박타박 걷다가 마음에 드는 온천탕을 골라 들어가고, 온천가 상점에서 소프트아이스크림이나 시원한 맥주를 한 잔 들고 이곳저곳 기웃거려도 좋다. 기노사키 온천만의 이런 독특한 분위기는 이미 외국에 많이 알려졌고, 최근 우리나라 관광객을 대상으로도 홍보를 열심히 하고 있다. 그와 함께 손님을 맞이할 준비도 잘 해두었다. 기노사키온센역 앞에서 무료 송영 버스 승차 장소를 알려주는 안내원이 따로 있고, 소토유 메구리를 위한 바코드 목걸이 시스템을 도입하기도 했다. 기노사키 온천에서는 가능한 일찍 체크인해서 유카타로 갈아입고 온천가를 충분히 거니는 것을 추천한다.

♨ 온천 성분
원천의 온도가 42도인 고온의 나트륨 · 칼슘-염화물천으로 부인병, 근육통, 관절통, 오십견, 치질 등에 효능이 있다.

♨ 온천 시설
7곳의 입욕 시설을 순례하는 소토유 메구리는 기노사키 온천에서 빼놓을 수 없는 즐거움이다. 가부키 극장을 연상시키는 시설부터 일본의 불당을 딴 옥색 지붕의 건축, 수련이 뜬 아름다운 연못 등 하나하나 특색 있는 공간을 발견할 때마다 보물찾기라도 한 듯 신난다. 노천탕이 있는 시설은 아무래도 사람이 좀 북적거린다. 전세탕을 이용할 수 있는 시설도 있다. 주중에는 시설마다 휴무일이 다르니 미리 체크해두자. 역내에 마련된 가장 좋았던 온천 시설에 투표 스티커를 붙이는 재미도 놓치지 말 것. 곳곳에는 온천수를 마실 수 있는 음천 시설, 원천을 사용하는 아시유足湯 시설 등이 마련되어 있다.

♨ 숙박 시설
버드나무가 그늘을 드리우는 작은 강을 따라 양쪽으로 소규모의 숙박 시설과 숍, 온천 시설이 사이좋게 자리하고 있다. 료칸은 소규모가 많으며 총 77개의 숙박 시설이 있다.

♨ 찾아가는 방법
간사이국제공항에서 열차로 JR오사카大阪역으로 이동, 젠탄버스全但バス 기노사키城崎행 고속버스 이용(약 3시간 20분 소요). JR산노미야三ノ宮역에서는 3시간 정도 소요. 또는 JR오사카大阪역에서 열차 이용, JR기노사키온센城崎温泉역 하차(약 2시간 50분 소요).

TEL 0796-32-3663 **WEB** www.kinosaki-spa.gr.jp

온천 마니아를 위한 유메구리(온천 순례)

기노사키 온천의 숙박객에게는 체크아웃 일까지 사용 가능한 소토유 무료 입욕 티켓을 제공한다. 숙소 이름과 날짜가 적힌 바코드 티켓을 비닐 케이스에 넣어 목에 걸고 다닐 수 있다. 온천탕 입구의 바코드 기계에 찍고 입장하며, 7곳의 소토유 시설*에서 무제한(중복 포함) 이용할 수 있다. 숙박객이 아닌 경우는 소토유 1일 패스인 유메파ゆめぱ 티켓을 이용하면 된다. 각 소토유의 프런트에서 판매하며 1,300엔이다. 만 1살부터 초등학생까지의 어린이는 반액이다.

***소토유 시설:** 사토노유さとの湯(13:00~21:00, 월요일 휴무, 800엔), 이치노유一の湯(07:00~23:00, 수요일 휴무, 700엔), 고쇼노유御所の湯(07:00~23:00, 목요일 휴무, 700엔), 만다라유まんだら湯(15:00~23:00, 수요일 휴무, 700엔), 지조유地蔵湯(07:00~23:00, 금요일 휴무, 700엔), 고노유鴻の湯(07:00~23:00, 화요일 휴무, 700엔), 야나기유柳湯(15:00~23:00, 목요일 휴무, 700엔)

그리운 친척집 같은 료칸

센넨노유 곤자에몬 千年の湯 権左衛門

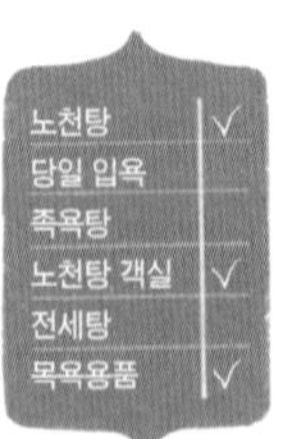

버드나무가 드리운 작은 강가 대로변에 자리한 곤자에몬은 언뜻 입구가 잘 보이지 않는다. 길가에서 안쪽 정원의 좁은 통로를 따라 열 발자국은 더 들어가야 입구가 나오기 때문이다. 덕분에 지나가는 자동차의 소음이나 온천가의 소란스러움에서 한 발짝 뒤로 물러나 한결 조용하고 편안하게 쉴 수 있다. 현재 21대 당주가 대를 이어 전통을 지키고 있는 료칸으로 오래된 건물 특유의 냄새와 은은한 향냄새가 마음을 편안히 해준다. 료칸 내의 노천탕은 조금 작은 편이지만 소토유 메구리가 메인인 기노사키 온천의 특성상 사람이 붐비는 일은 거의 없다. 또한 이치노유 · 야나기유와 가까운 온천가 중심에 있어 소토유 메구리를 즐기기에 더할 나위 없다. 체크인 시 여성 숙박객은 기본 유카타 외에 알록달록한 여러 종류의 유카타 중에서 골라 입을 수 있다.

ADD 兵庫県豊岡市城崎町湯島282 **ACCESS** JR기노사키온센역에서 도보 7분 **TEL** 0796-32-2524 **ROOMS** 23 **PRICE** 19,800엔(2인 이용 시 1인 요금, 조·석식 포함)부터 **WEB** www.gonzaemon.com

일본의 대문호가 즐겨 찾은 전통 료칸

미키야 三木屋

노천탕	
당일 입욕	
족욕탕	
노천탕 객실	
전세탕	√
목욕용품	√

조용히 편안하게, 남의 방해를 받지 않고 나도 남을 방해하는 일 없이 온전하게 휴가를 즐기고 싶다면 미키야에서의 숙박이 후회 없을 것이다. 등록문화재인 건물을 보호하고 쾌적한 분위기를 유지하기 위해 초등학생 미만의 어린아이는 예약을 받지 않는다. 창업 300년의 역사를 가진 료칸은 본래의 품격을 유지하면서 현대인의 취향을 고려해 2013년 리뉴얼했다. '소설의 신'이라고 불리는 일본의 문호 시가 나오야志賀直哉가 자주 찾았으며, 단편소설 『기노사키에서 城の崎にて』가 이 료칸에서 탄생했다. 또한 한국어판으로도 출간된 소설 『암야행로暗夜行路』에 미키야의 정원이 묘사되어 있는데, 그 때의 모습을 그대로 간직하고 있으니 방문 전에 읽어보는 것도 좋겠다. 미키야에서는 전통 목조건축의 깊은 멋을 느끼면서 산책하거나 작가들의 그릇 작품을 전시하는 갤러리를 관람하는 등 관내에서의 시간도 충실히 보낼 수 있다. 일본어가 가능하다면 라이브러리 라운지에서 북 디렉터가 선정한 책을 읽어보는 것도 좋은 방법. 드물게, 남성 숙박객도 유카타를 골라 입을 수 있도록 세 종류의 유카타를 준비해두었다.

ADD 兵庫県豊岡市城崎町湯島487 **ACCESS** JR기노사키온센역에서 도보 15분 또는 셔틀버스 이용 **TEL** 0796-32-2031 **ROOMS** 16 **PRICE** 20,900엔(2인 이용 시 1인 요금, 조·석식 포함)부터 **WEB** www.kinosaki-mikiya.jp

타박타박

온천가 산책

구비가부 GUBIGABU

기노사키 맥주를 마실 수 있는 비어 레스토랑. '구비가부'는 시원한 음료를 들이켜는 모습의 의태어다. 온천 후 더워진 몸에 시원한 맥주 한잔 생각날 때 들러보자. 야나기유 바로 옆. 패키지가 예쁜 병맥주는 선물용으로도 좋다.

COST 기노사키 맥주 610엔 **OPEN** 11:30~22:00, 목요일 휴무
TEL 0796-32-4545

기노사키 비니거 城崎ビネガー

기야마치코지木屋町小路 상점 내에 위치하는 식초 음료 전문점. 자몽, 레몬 등 과일을 먼저 고른 뒤 사과, 토마토, 흑미 식초 중 선택하면 혼합해준다. 새콤달콤하면서 건강한 맛이다. 심플한 포장의 선물용도 여러 종류.

COST 식초 드링크 300~380엔 **OPEN** 10:00~18:00 **TEL** 0796-32-0188

기노사키 온천

기노사키온센역 주변과 지조유 앞 사거리에서 로프웨이 승강장까지 이르는 길 양쪽을 상점이 촘촘히 채우고 있다. 저녁 6시 이후에 문을 닫는 가게가 많지만 지조유 앞 사거리에 편의점이 하나 있어 편리하다. 이치노유 앞 삼거리에서 왼쪽 강 옆길은 북적이는 온천가에서 벗어나 조용히 산책하기 좋다.

기노사키 스위츠 城崎スイーツ本店

무농약 밀가루와 농장 우유, 신선한 계란 등을 사용한 바움쿠헨와 아이스크림을 판매하는 카페. 고쇼노유 바로 앞에 있으니 온천 후 시원한 젤라토를 즐겨도 좋다.

COST 소프트젤라토 450엔 **OPEN** 09:40~17:40(수요일 휴무) **TEL** 0796-32-4040

마루야마카료 円山菓寮 城崎店

우리나라 맛동산과 비슷한 가린토かりんとう와 쌀과자 등 30종류가 넘는 막과자駄菓子를 파는 가게. 기노사키점에서는 유아가리 푸딩湯あがりプリン을 한정 판매한다. 부들부들하고 기분 좋은 단맛이다.

COST 유아가리 푸딩 350엔 OPEN 09:30~18:00, 화요일 휴무(11~3월 무휴) TEL 0796-32-2361

지조유
地蔵湯

다지마규 델리카 차야 但馬牛DELICA茶屋

고베 특산의 다지마 소고기를 넣은 찐빵 다지마규만但馬牛まん을 판매하는 테이크아웃 점포. 진하면서 고급스러운 고기 맛이 일품이다. 동절기 한정 판매의 기노사키가니만城崎蟹まん도 놓치지 말자.

COST 다지마규만 350엔 OPEN 11:00~18:00(수요일 휴무) TEL 0796-32-2655

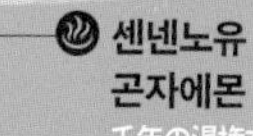

데유/아시유
手湯・足湯

사토노유
さとの湯

아시유 足湯

관광협회
観光協会

기노사키온센역
城崎温泉駅

아마자야 海女茶屋

기노사키온센역 바로 앞의 카페 겸 레스토랑. 외국인 관광객이 많아선지 귀여운 손글씨 메뉴가 영어로도 준비되어 있다. 기차 시간을 기다리며 커피 한잔 마시기 좋다. 열차에서 먹기 좋은 도시락도 판매한다.

COST 커피 400엔 OPEN 08:30~17:00 TEL 0796-32-2854

어떻게 다닐까?

시티 루프 버스

고베의 주요 관광지를 순환하는 고베의 명물 버스. 산노미야역에서 기타노이진칸, 난킨마치, 메리켄 파크, 하버랜드, 구 거류지까지 이동하는데, 각 관광지에 내려 구경한 뒤 이동해도 되고 그냥 한 바퀴 돌며 고베를 구경해도 좋다. 차 안에는 가이드가 있어 각 관광지를 지날 때마다 일본어로 설명해준다. 1회 탑승 요금 260엔, 원데이 패스는 680엔. 버스에 동승하는 가이드가 티켓도 판매하고 요금도 정산해준다.

어디를 갈까?

❶ 기타노이진칸 北野異人館

고베 북쪽에 자리한 기타노이진칸은 개화기 고베항을 통해 일본으로 이주한 외국인들이 지은 서양풍 건물을 통틀어 말한다. 대부분 베란다가 있고, 페인트로 외벽을 칠했으며, 돌출된 창과 벽돌로 만든 굴뚝 등이 특징인 콜로니얼 양식으로 지어졌다. 비늘집과 풍향계의 집 등이 유명하며, 이 거리의 스타벅스도 문화재로 지정된 건물이다.

ACCESS 지하철 신코베역에서 도보 10분 또는 산노미야역 앞에서 시티 루프 버스 승차 후 기타노이진칸北野異人館 정류장에서 하차 **WEB** www.kobeijinkan.com

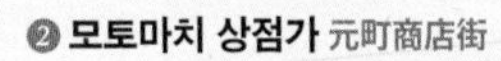

❷ 모토마치 상점가 元町商店街

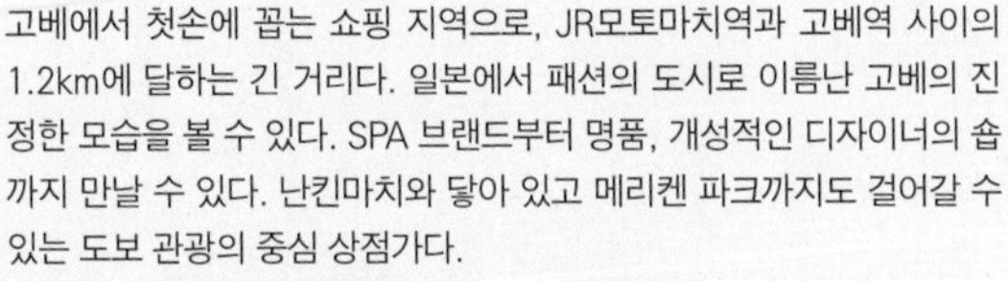

고베에서 첫손에 꼽는 쇼핑 지역으로, JR모토마치역과 고베역 사이의 1.2km에 달하는 긴 거리다. 일본에서 패션의 도시로 이름난 고베의 진정한 모습을 볼 수 있다. SPA 브랜드부터 명품, 개성적인 디자이너의 숍까지 만날 수 있다. 난킨마치와 닿아 있고 메리켄 파크까지도 걸어갈 수 있는 도보 관광의 중심 상점가다.

ACCESS JR 또는 한신철도 모토마치元町역 하차, 도보 2분

❸ 베이 에어리어 · 메리켄 파크 Bay Area·Meriken Park

고베역과 고베항을 중심으로 하는 베이 에어리어와 메리켄 파크에서는 고베의 역사를 알 수 있는 조형물과 전시물을 만날 수 있다. 콜럼버스가 대서양을 횡단했을 때 사용했던 산타마리아호의 복제선이나 내일의 희망을 위해 이민을 떠나던 가족을 형상화한 동상 등이 전시되어 있다. 고베 야경의 주인공인 빨간 고베 포트 타워와 대관람차도 베이 에어리어에 위치.

ACCESS 지하철 하버랜드ハーバーランド역에서 도보 5분. 산노미야역에서 포트라이너 이용, 약 10분 후 포트 아일랜드 하차. 지하철 산노미야역 앞에서 시티 루프 버스 승차 후 메리켄파크メリケンパーク 정류장에서 하차

03

와카야마현 난키시라하마 온천 南紀白浜温泉

일본의 와이키키 해변이라 불리며, 한때 신혼여행지로 이름을 떨쳤던 시라하마 온천. 도고 온천, 아리마 온천과 더불어 일본에서 역사가 가장 오래된 온천으로 꼽히며, 산단베키 절벽과 엔게쓰토 바위섬 등 자연 관광지와 함께 새하얀 모래밭이 펼쳐진 바다 위의 온천으로 여전히 인기가 있다. 특히 여름에는 해수욕과 온천욕을 동시에 할 수 있고, 축제 시기에는 바닷가에서 불꽃놀이를 하는 장관이 보너스로 따라온다. 숙소들이 바닷가를 따라 띄엄띄엄 위치해 도보로 이동 가능한 온천가는 발달하지 않았으나 시라하마 온천 지구를 도는 시내버스를 이용해 곳곳에 있는 온천 시설 및 절경지를 둘러볼 수 있다(1일 패스 1,100엔). 해변의 모래가 깨끗하고 고와 맨발로 산책해도 좋다. 나중에 족욕으로 하루를 마무리하면 기분 좋게 잠들 수 있다.

♨ 온천 성분

바닷속 암석지대에서 자연 용출하는 시라하마 온천은 나트륨-염화물, 탄산수소염천으로 신경통, 관절통, 근육통, 만성소화기병, 수족냉증 등에 효과가 있다. 원천에 따라 유황 냄새가 나기도 한다.

♨ 온천 시설

태평양이 눈앞에 펼쳐진 노천탕 사키노유崎の湯와 역사 깊은 온천탕 무로노유牟婁の湯를 비롯해 당일 입욕을 즐길 수 있는 6곳의 소토유外湯 시설이 시내버스 노선상에 자리하고 있다. 해안가를 따라 9곳의 아시유足湯도 자리한다. 엔게쓰토 바위섬이 보이는 미후네 아시유御船足湯와 산단베키 절벽이 발 아래 펼쳐지는 산단베키 아시유三段壁足湯에서는 시원한 바닷바람을 맡으며 즐길 수 있고, 시라하마 긴자거리 인근에 자리한 야나기바시 아시유柳橋足湯는 지친 발을 쉬이기 딱 좋다.

♨ 숙박 시설

둥그렇게 바닷가로 나온 지형을 따라 21곳의 료칸 및 온천 호텔이 점점이 자리하고 있다. 걸어 다닐 수 있는 거리는 아니고 버스나 차량 또는 자전거를 이용해야 한다.

♨ 찾아가는 방법

간사이국제공항에서 공항열차로 JR히네노日根野역까지 이동한 후 특급열차로 환승해 JR시라하마白浜역 하차(약 2시간 10분 소요). 각 시설마다 정차하는 무료 셔틀버스 이용(시설에 따라 10~45분 소요).

TEL 0739-42-2215 WEB www.shirahama-ryokan.jp

온천 마니아를 위한 유메구리(온천 순례)

귀여운 판다가 온천을 하는 그림이 그려진 유메구리 패스, '난키시라하마 유메구리후다南紀白浜ゆめぐり札'(1,800엔)를 구입하면, 5장의 스티커가 들어 있으며 14곳의 참가 숙소마다 필요한 스티커 수를 선택해서 이용할 수 있다. 수건은 지참해야 한다. 유효기한은 구입일로부터 6개월까지.

***참가 숙소(명칭/이용 시간/가까운 버스정류장)**

- 사키노유崎の湯/08:00~17:00/유자키湯崎
- 무로노유牟婁の湯/07:00~22:00/유자키湯崎
- 시라라유白良湯/07:00~22:00 시라라하마/白良浜
- 호텔 선리조트 시라하마ホテルさんリゾート白浜/06:00~09:00, 15:00~22:00/후지시마藤島
- 시라하마 사이초라쿠白浜彩朝楽/15:00~23:00/고가우라古賀浦
- 시라하마 교엔白浜御苑/15:00~23:00/히가시시라하마東白浜
- 무사시むさし/15:00~22:00/시라하마 버스센터白浜バスセンター
- 시라라소 그랜드 호텔白良荘グランドホテル/15:00~21:00/시라하마 버스센터白浜バスセンター
- 시라하마칸白浜館/07:00~10:00, 13:00~16:00, 19:00~22:00/시라라하마白良浜
- 난키시라하마 마리옷트 호텔南紀白浜マリオットホテル/09:00~11:00, 12:00~21:00, 월요일 남탕14:00~21:00, 화요일 남탕14:00~21:00/시라라하마白良浜
- 산라쿠소三楽荘/15:00~21:00/하시리유走り湯
- 호텔 시모아ホテルシーモア/16:30~20:00/신유자키新湯崎
- 가이슈海舟/17:00~21:00/소겐노유草原の湯
- 호텔 센조ホテル千畳/15:00~23:00/센조구치千畳口

시라하마의 절경이란 이런 것

하마치도리노유 가이슈 浜千鳥の湯 海舟

부잣집 정원 같은 입구에서부터 감탄이 절로 나오는 가이슈. 바다로 비쭉 내민 언덕 위에 자리하고 있어 로비에서는 전면 유리창을 통해 바다가 고스란히 담긴다. 외따로 떨어져 있지만 이 한 곳에서 유메구리(온천 순례)와 산책 모두 즐기기에는 부족함이 없다. 무료로 이용할 수 있는 전세탕만 해도 3곳으로 모두 노천탕이다. 또한 해안과 가장 가까운 노천탕이 혼탕인데, 바닷속에서 온천을 하는 느낌을 주므로 꼭 이용해보자. 혼탕 입욕용 온천복(유아미기湯あみ着)이 탈의실에 준비되어 있으니 안심해도 좋다. 아침저녁으로 바뀌는 온천 후의 서비스 음료도 기분 좋다. 관내에서 이동할 때 계단을 많이 이용하는 구조 때문인지 독특하게도 바지로 된 관내복을 선택할 수 있다. 전 객실에서 바다 전망을 즐길 수 있고, 다양한 노천탕 객실을 선택할 수 있어 허니문 여행으로도 좋다.

ADD 和歌山県西牟婁郡白浜町1698-1 **ACCESS** JR시라하마역에서 무료 셔틀버스 승차 후 가이슈海舟 정류장 하차(약 30분 소요). 또는 역에서 산단베키三段壁 방면 노선버스 승차 후 소겐노유草原の湯 하차(약 20분 소요) 후 바로 **TEL** 0739-82-2220 **ROOMS** 109 **PRICE** 26,150엔(2인 이용 시 1인 요금, 조·석식 포함)부터 **ONE-DAY BATHING** 17:00~21:00, 유메구리후다 사용 가능 **WEB** www.hotespa.net/resort/hotellist/kaisyu

시라하마 바다를 조망할 수 있는 계단식 전망 온천

시라하마 키 테라스 호텔 시모아

SHIRAHAMA KEY TERRACE ホテルシーモア

1년간의 대대적인 리뉴얼을 마치고 시라하마 바다를 조망하며 온천을 즐길 수 있는 계단식 온천으로 재탄생했다. 시라하마 해중전망탑白浜海中展望塔까지는 관내에서 이동이 가능하다. 전체 높이 18m 중 6m가 바닷속에 들어가 있어 30여 종의 물고기들이 헤엄치는 모습을 감상할 수 있다. 눈부신 해변인 시라라하마白良浜까지는 도보 15분으로 시라하마의 주요 관광지를 돌아보기에 좋은 위치이다.

노천탕	√
당일 입욕	√
족욕탕	
노천탕 객실	√
전세탕	
목욕용품	√

ADD 和歌山県西牟婁郡白浜町1821 **ACCESS** JR시라하마역에서 무료 셔틀버스 이용, 호텔시모아ホテルシーモア 하차(약 30분 소요). 또는 역에서 산단베키三段壁 방면 노선버스 승차, 신유자키新湯崎 하차(약 20분 소요) 후 도보 1분 **TEL** 0739-43-1000 **ROOMS** 160 **PRICE** 10,800엔(2인 이용 시 1인 요금, 조·석식 포함)부터 **ONE-DAY BATHING** 13:00~20:00,1,000엔, 유메구리 후다 사용 가능 **WEB** www.keyterrace.co.jp

바다 일몰 감상하며 온천 즐기는

기슈 · 시라하마 온천 무사시

南紀白浜温泉 むさし

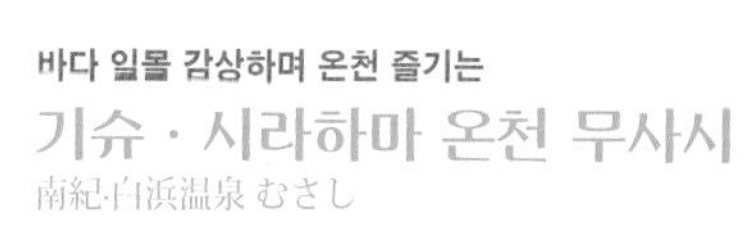

시라하마 온천에서 드문 일본 전통 스타일의 료칸. 전통 문양의 카펫과 실내 정원이 멋스러운 로비, 다다미 방은 예스러운 분위기가 물씬 묻어난다. 2018년 10월 리뉴얼 때 설치한 옥상 노천탕(나기테이 숙박자 전용)에서는 엔게츠도와 어우러진 바다의 일몰을 감상하며 온천을 즐길 수 있다. 시라하마의 중심가 시라라하마 해변에서 도보 1분이라 언제든 여유롭게 산책할 수 있고, 편의점도 아주 가깝다.

노천탕	√
당일 입욕	
족욕탕	
노천탕 객실	
전세탕	√
목욕용품	√

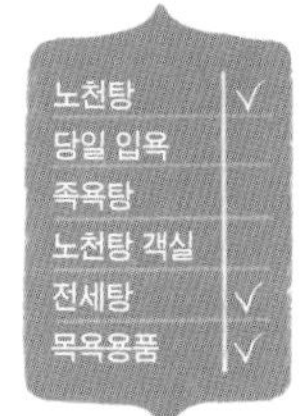

ADD 和歌山県西牟婁郡白浜町868 **ACCESS** 시라하마 버스 터미널 바로 앞 **TEL** 0739-33-7076 **ROOMS** 148 **PRICE** 13,200엔(2인 이용 시 1인 요금, 조·석식 포함)부터 **WEB** www.yado-musashi.co.jp

04

와카야마현 난키카쓰우라 온천 南紀勝浦温泉

와카야마현에서도 가장 남쪽에 위치한 난키카쓰우라 온천. 바다 동굴 속의 온천, 섬 하나를 차지한 온천 등 경험하면 후회하지 않을 온천을 비롯해 스페인의 산티아고 순례길과 비견되는 일본의 구마노고도熊野古道 가까이에 있어 와카야마에서는 빼놓을 수 없는 온천이다. 간사이국제공항에서 5시간 정도로 먼 거리라 한 번에 이동하기보다는 중간에 관광하며 쉬어갈 수 있는 시라하마 온천이나 구마노고도와 함께 플랜을 짜는 것이 좋다. JR기이카쓰우라紀伊勝浦역에서 호텔 셔틀 선박을 타는 항구 부근까지 도보로 7분 정도의 길에 양쪽으로 상점가가 형성되어 있다. 항구에는 각 호텔 시설의 주차장과 셔틀 선박 대기실이 있다.

♨ 온천 성분
함유황-나트륨칼슘-염화물천에 약알칼리성. 유황 성분은 미백 효과가 있고 약알칼리성 성질은 피부를 매끄럽게 하는 효과가 있다.

♨ 온천 시설
기이카쓰우라역 앞과 가쓰우라항 부근에 누구나 이용할 수 있는 족욕 시설 아시유足湯가 있다.

♨ 숙박 시설
바닷가와 섬, 산 위의 절경지에 온천 호텔 등 숙박 시설 11곳이 있다. 시설에 따라서는 배를 타고 이동해야 한다.

♨ 찾아가는 방법
간사이국제공항에서 공항열차로 JR히네노日根野역까지 이동, 특급열차로 환승해 JR기이카쓰우라紀伊勝浦역 하차(약 3시간 30분 소요), 역에서 각 시설까지 도보 5~15분.

TEL 0735-52-0048 **WEB** katsuuraonsen.jp

섬 하나를 다 가져라

구마노벳테이 나카노시마 熊野別邸 中の島

섬 하나가 그대로 온천 시설인 호텔 나카노시마. 섬 안에 6개의 원천을 보유하고 있어 아낌없이 온천수를 즐길 수 있다. 네 개의 건물로 나뉜 호텔은 자칫 미아가 될 수도 있을 만큼 규모가 크다. 섬 안에 있는 시설이라 그 안에서 필요한 모든 것을 해결할 수 있도록 찻집, 일본식 바(스낵), 라멘집, 게임코너가 마련되어 있다. 호텔의 기념품을 살 수 있는 매점은 물론 아침 6시부터 9시 30분까지 와카야마의 특산품을 파는 아침시장도 열린다. 여름에는 25m의 야외 수영장도 무료로 이용할 수 있고, 낚시도 가능하다. 낚싯대와 먹이 대여 1,000엔이고, 낚은 생선은 저녁 식사에서 먹을 수 있도록 무료로 손질해준다. 무엇보다 온천에서 보이는 풍경이 탄성을 자아내는데 쭉 뻗어나가는 수면에 떠 있는 듯한 느낌을 받을 수 있다. 호텔 옥상에서 이어진 산책로에서는 섬의 끝에서 태평양을 조망할 수 있다. 산책로는 천천히 걸어 15~20분 거리이며, 중간에 아시유(족탕)가 설치되어 있다. 밤이 되면 아시유 이용은 불가능하지만 옥상까지는 나갈 수 있으니 다른 빛의 방해가 없는 하늘의 별을 오롯이 즐겨보자.

ADD 和歌山県東牟婁郡那智勝浦町大字勝浦1179-9 ACCESS JR기이카쓰우라역에서 도보 7분, 간코산바시観光桟橋에서 전용 선박으로 3분 TEL 0735-52-1111 ROOMS 44 PRICE 28,600엔(2인 이용 시 1인 요금, 조·석식 포함)부터 WEB www.kb-nakanoshima.jp

그래도 잊어서는 안 돼요

호텔 우라시마 ホテル浦島

호텔 전용 항구를 가진 호텔 우라시마. 귀여운 모자를 쓴 거북이 모양의 배를 타고 호텔로 이동하게 된다. 집으로 돌아가는 것을 잊을 정도로 좋다는 보키도忘帰洞 동굴 온천은 동굴 속의 아늑함과 바다로의 개방감을 동시에 느끼며 온천을 즐길 수 있다. 이 외에도 겐부도라는 천연 동굴 온천이 하나 더 있으며, 스페이스 워커라 불리는 32층, 154m 높이의 에스컬레이터를 타고 77m를 올라 산꼭대기에 위치한 산조칸까지 올라가면 바다를 전망할 수 있는 온천 등 관내에서만 총 6개의 온천을 돌아볼 수 있다. 부지 중 가장 높은 산 위에는 산책로를 조성해놓았으며, 커다란 신사도 있다. 가장 끝에는 360도로 전망할 수 있는 전망대가 있는데 바다 쪽은 해가 떠오르는 아침이, 항구 쪽은 하늘이 붉어지는 저녁이 아름답다. 복도와 에스컬레이터로 4곳의 숙박동과 온천 시설을 연결하고 있으며, 바닥에 각기 다른 색의 선으로 표시되어 있으니 길을 잃지 않으려면 잘 살펴서 이동하자.

ADD 和歌山県東牟婁郡那智勝浦町勝浦1165-2 **ACCESS** JR기이카쓰우라역에서 도보 7분, 간코산바시観光桟橋에서 전용 선박으로 3분 **TEL** 0735-52-1011 **ROOMS** 393 **PRICE** 12,100엔(2인 이용 시 1인 요금, 조·석식 포함)부터 **ONE-DAY BATHING** 09:00~19:00, 1,500엔 **WEB** www.hotelurashima.co.jp

05

와카야마현

가와유 온천 · 유노미네 온천 川湯温泉·湯峰温泉

신령의 기운이 감도는 깊은 산과 사람들의 믿음이 더해져 천 년 동안 참배길이 이어져 온 와카야마 혼구 지역. 총 300km가 넘는 참배길, 구마노고도熊野古道를 따라 종착지인 신사로 가기 전, 참배객이 몸을 정갈하게 씻던 곳이 유노미네 온천이다. 구마노고도와 함께 세계문화유산으로 등록된 유노미네 온천의 쓰보유 탕은 일본에서 가장 오래된 온천 중 하나. 90도에 달하는 원천은 청색, 유백색, 투명색 등 하루에 일곱 차례 색이 변해 신비로운 분위기를 자아낸다. 원천은 각종 질병에 효험이 있어 요리에도 사용한다. 여기서 4km 정도 남쪽으로 가면 강바닥에서 온천이 솟아나는 가와유 온천도 있다. 강바닥을 파면 70도 정도의 온천이 나오고 차가운 강물이 섞여 적정 온도가 유지된다. 가릴 것 하나 없는 노천변이기 때문에 수영복이나 물에 젖어도 되는 옷이 필수. 겨울철이 되면 가와유 온천의 명물 '센닌부로仙人風呂'가 등장한다. 돌로 강물을 막아서 만든 거대한 천연 노천탕으로 수십, 수백 명이 한꺼번에 들어가 장관을 이룬다. 강변 온천 후 온천수를 이용한 '약선요리'로 마무리한다면 온천 여행으로 이보다 더 좋을 순 없다.

♨ 온천 성분

유노미네 온천은 함유황-나트륨-탄산수소염을 함유해 류머티즘, 신경통, 피부병, 당뇨병 등에 효과가 있다. 가와유 온천은 단순천으로 마시면 위장병, 당뇨병, 통풍 등에 좋다.

♨ 온천 시설

유노미네 온천은 세계문화유산 온천인 쓰보유가 유명하며, 이 원천에 달걀과 옥수수, 고구마 등을 익혀 먹을 수 있는 시설도 마련되어 있다. 가와유 온천에는 강 건너편에 누구나 이용할 수 있는 강변 노천탕을 조성해 수영복을 입고 들어갈 수 있으며, 강바닥을 직접 파서 나만의 온천을 만들어도 좋다. 매년 12월부터 2월까지는 센닌부로를 놓치지 말자.

♨ 숙박 시설

유노미네 온천은 구마노고도 참배길 중간에 자리한 만큼 료칸보다는 참배객을 위한 민박이 발달했다. 14곳의 숙박 시설 중 료칸은 단 3곳뿐. 반면, 가와유 온천은 구마노가와 강변을 따라 11곳의 숙박 시설이 있으며, 역사 깊은 료칸뿐 아니라 산장 분위기의 아기자기한 펜션에서 묵을 수도 있다.

♨ 찾아가는 방법

간사이국제공항에서 열차로 JR히네노日根野역까지 이동한 후 특급열차로 환승해 JR기이타나베紀伊田辺역에서 하차(약 2시간 소요), 역에서 버스 타고 유노미네온센湯峰温泉 혹은 가와유온센川湯温泉 하차(약 2시간 소요).

TEL 0735-42-0735(구마노혼구 관광협회) **WEB** www.hongu.jp/onsen

세계문화유산에 몸을 담그다

쓰보유 つぼ湯

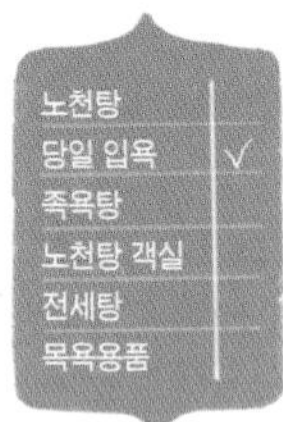

유노미네 온천의 중심에 위치한 쓰보유는 천연 바위탕을 나무 판자로 두르기만 한 소박한 온천으로, 탕은 두 명이 들어가면 꽉 찰 듯 좁다. 모양이 항아리(쓰보) 같이 생겼으며, 하루에 일곱 번 온천수의 색이 바뀐다고 한다. 유노미네온센 버스정류장에서 내리면 바로 옆에 계곡을 건너는 다리가 있고, 건너자마자 공공 온천탕 접수 건물이 있다. 이곳에서 입욕료를 지불하며, 번호표를 받아 순서대로 들어가는데 사람이 많은 경우는 번호표를 걸어놓고 기다려야 한다. 팀당 30분의 입욕 제한이 있다. 물이 너무 뜨거우면 옆에 있는 수도꼭지에서 찬물을 조금 탈 수 있지만 다음 사람을 생각해 너무 차갑게 하거나 계속 틀어놓지 않도록 한다. 용기('勇氣'와 '容器' 둘 다)가 있다면 온천수를 받아갈 수 있는데 10리터에 100엔의 저렴한 가격만 생각하면 곤란하다(10리터면 10kg의 무게가 나간다). 구마노고도 참배 시 몸을 청결하게 하는 온천으로 구마노고도와 함께 세계문화유산에 등록되어 있다.

ADD 和歌山県東牟婁郡本宮町湯の峰110 **ACCESS** JR기이타나베역에서 류진버스龍神バス를 타고 유노미네온센 정류장 하차(약 1시간 50분 소요), 강 계곡 아래 **TEL** 0735-42-0074 **ONE-DAY BATHING** 06:00~21:00, 800엔(옆 공공 온천장 입욕료 포함) **WEB** www.hongu.jp/onsen/yunomine/tuboyu

역사 있는 나무 욕탕

료칸 아즈마야

旅館あづまや

유노미네 온천가의 3개뿐인 료칸 중 하나. 욕조만이 아니라 바닥까지 나무로 된 독특한 분위기가 특징이다. '일본 비탕을 지키는 모임'의 회원으로 그에 걸맞게 90도가 넘는 원천에 찬물을 더하지 않고 원천 그대로를 식혀 사용해 온천 성분을 제대로 느낄 수 있다. 노천탕은 그리 넓지는 않으나 일본 정원 전문가가 설계한 작은 정원이 눈앞에 펼쳐져 아늑하다. 역시 나무로 꾸며진 작은 전세탕이 있으며, 미스트사우나가 있는 드문 온천이기도 하다. 근처에 민박집 아즈마야소를 함께 운영하는데, 료칸 대비 저렴한 가격으로 숙박할 수 있다.

ADD 和歌山県田辺市本宮町湯峯122 **ACCESS** JR기이타나베역에서 류진버스龍神バス 이용, 유노미네온센 하차(약 1시간 50분 소요) 후 바로 **TEL** 0735-42-0012 **PRICE** 16,350엔(2인 이용 시 1인 요금, 조·석식 포함)부터 **WEB** www.adumaya.co.jp

구마노고도를 함께 즐길 수 있는

산스이칸 가와유 미도리야

山水館　川湯みどりや

강바닥을 파서 온천을 즐길 수 있는 강변에서는 살짝 떨어져 있지만, 관내 온천 시설에 탁 트인 강변 노천탕을 마련한 미도리야. 밖으로 나가거나 강을 파는 수고로움 없이 관내에서 가와유 온천수를 편하게 즐길 수 있다. 혼탕이지만 여성의 경우 노천탕에 입욕할 때 착용하는 전용 '유기湯着'가 탈의실에 준비되어 있으니 걱정 말고 꼭 들어가 보자. 남성은 타월을 몸에 말고 들어가면 된다. 음천 시설도 있는데, 변비와 통풍 등에 특효다. 구마노고도 홋신몬오지発心門王子까지 무료 송영 서비스를 운영해 트레킹을 계획하는 여행자에게 편리하다.

ADD 和歌山県田辺市本宮町川湯13 **ACCESS** JR기이타나베역에서 류진버스龍神バス 이용, 가와유온센 하차(약 2시간 소요) 후 도보 2분 **TEL** 0735-42-1011 **ROOM** 90 **PRICE** 15,550엔(2인 이용 시 1인 요금, 조·석식 포함)부터 **WEB** www.kawayu-midoriya.jp

06

와카야마현 류진 온천 龍神温泉

일본의 3대 미인 온천으로 유명한 류진 온천. 온천을 손에 뜨기만 해도 그 쫀득한 질감이 느껴지는 류진 온천은 피부에 관심 있는 사람이라면 혹할 만한 온천이다. 4월과 5월, 9월~11월(www.ryujinbus.com/seichijyunrei)은 고야산까지 성지 순례 가는 버스가 운행(약 2시간 소요, 1일 1회, 예약제 왕복)하니 고즈넉한 사찰에서 마음을 닦고 매끌매끌한 온천수로 몸을 가꾸는 온천 여행을 계획해도 좋겠다.

♨ 온천 성분

나트륨탄산수소염천으로, 입욕하면 피부가 매끄러워지고 마시면 소화기계 병과 통풍에 효과가 있다.

♨ 온천 & 숙박 시설

공공 온천시설 모토유의 널찍한 노천탕에서 피부 매끄럽고 몸이 따뜻한 미인으로 변신할 수 있다. 또한 히다카 강日高川을 따라 등록유형문화재로 지정된 료칸부터 작고 아담한 민박까지 11곳의 시설이 자리하고 있다.

♨ 찾아가는 방법

간사이국제공항에서 열차로 JR히네노日根野역까지 이동, 특급열차로 환승해 JR기이타나베紀伊田辺역 하차(약 2시간 소요) 후 역에서 버스 이용, 류진온센龍神温泉 하차(약 1시간 30분 소요).

TEL 0739-78-2222(류진관광협회) **WEB** www.ryujin-kanko.jp

온천수로 전신 팩을 하자

모토유 元湯

류진 온천 입구에 있는 공공 온천 시설. 실내탕과 노천탕 모두 바위로 만들어져 있으며, 여러 사람이 함께 즐길 수 있도록 시설 규모가 큰 편이다. 온천수는 묵직하게 느껴질 정도의 점도가 있는 매끄러운 질감으로 류진 온천의 진면목을 확인할 수 있다. 노천탕에는 가림막이 쳐져 있어 앉으면 시야를 가리지만, 계곡 옆이라 상쾌한 바람이 산들산들 불어온다. 밤 9시까지 운영하기 때문에 깊은 산중에 빛나는 별을 감상하며 온천을 즐길 수도 있다.

ADD 和歌山県田辺市龍神村龍神37 **ACCESS** JR기이타나베역에서 류진버스 龍神バス 이용, 류진온센 하차(약 1시간 20분 소요) 후 도보 2분 **TEL** 0739-79-0726 **ONE-DAY BATHING** 07:00~21:00, 800엔 **WEB** www.motoyu-ryujin.com

전통이 살아 숨 쉬는 문화재 료칸

가미고텐 上御殿

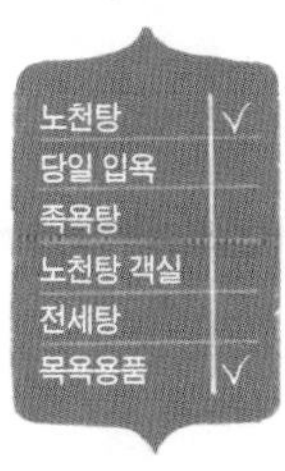

에도시대 기슈 번주인 도쿠가와 요리노부徳川頼宣가 요양차 류진 온천을 찾았을 때 지어진 역사 깊은 료칸. 건축이 등록 유형문화재로 지정된 가미고텐은 29대 당주가 운영하며 옛 모습을 지켜나가고 있다. 화려한 금색 장지문과 값비싼 장식 등 당시 번주가 묵었던 방이 그대로 남아 있어 특히 인기가 높다. 작지만 잘 가꾸어진 정원과 세월의 깊이만큼 반들거리는 마룻바닥, 일일이 태엽을 감아줘야 하는 낡은 시계 등 시간이 지나도 변치 않는 것들에 대한 향수를 느낄 수 있는 료칸이다. 온천탕은 오직 작은 전세 노천탕 하나지만, 손님의 수가 적어 크게 불편하지는 않다. 더군다나 건물 뒤편으로 흐르는 히다카 강日高川 계곡을 굽어보는 풍경은 두고두고 기억에 남을 정도로 아름답다.

ADD 和歌山県田辺市龍神村龍神42 **ACCESS** JR기이타나베역에서 류진버스 龍神バス 이용, 류진온센 하차(약 1시간 20분 소요) 후 바로 **TEL** 0739-79-0005 **ROOMS** 11 **PRICE** 17,600엔(2인 이용 시 1인 요금, 조·석식 포함)부터 **WEB** www.kamigoten.jp

Special Page

와카야마의 세계문화유산 순례길, 구마노고도

구마노고도란 헤이안시대의 귀족이 마음의 구원을 얻고자 구마노산잔熊野三山이라 불리는 세 신사를 찾아갔던 순례길을 말한다. 스페인의 산티아고와 함께 인류의 오랜 순례길로 세계문화유산으로 지정되어 있다. 당시 자연숭배와 불교가 융합된 형태로 신사이면서도 각기 모시는 자연신의 본존불이 있다. 특히 이 세 신사가 모두 와카야마에 있어 순례길들이 모여드는데, 머리 위로 시원하게 뻗어 있는 삼나무길과 오랜 세월의 순례자의 모습을 느낄 수 있는 이끼 낀 돌계단 길을 걸을 수 있는 나카헤치 코스가 가장 인기 있다. 간단하게 구마노고도를 체험해볼 수 있는 다이몬자카~구마노나치타이샤 코스를 소개한다.

다이몬자카~구마노나치타이샤 코스

총 걷는 시간 : 약 40분

총 걷는 거리 : 2.5km

오르막길은 대부분이 계단이다.

이끼 낀 돌계단과 삼나무 숲길이 이어진 다이몬자카는 구마노고도의 분위기를 느낄 수 있는 곳으로 구마노나치타이샤熊野那智大社를 지나 주홍색 삼층탑이 있는 세이간토지 절과 일본 최고의 나치 폭포의 그림 같은 풍경을 만날 수 있다.

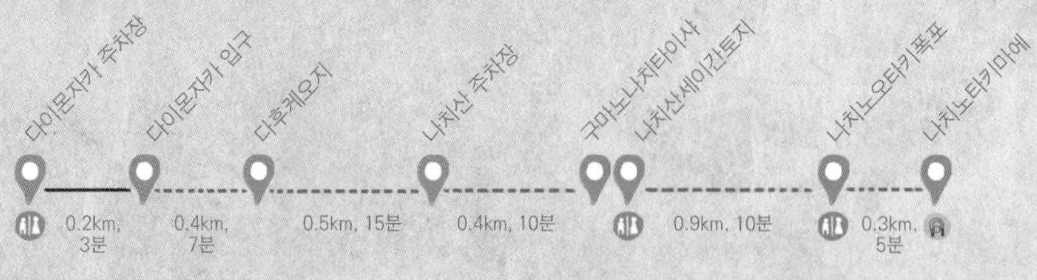

구마노고도 다이몬자카 스타트 지점

ACCESS JR기이카쓰우라紀伊勝浦역 하차 2번 출구 → 구마노 교통 버스 이용, 다이몬자카大門坂 정류장에서 바로.

구마노나치타이샤 熊野那智大社

최고의 높이와 수량을 자랑하는 대폭포를 자연신으로 모시는 신사. 가파른 절벽 아래로 힘차게 떨어지는 나치노오타키 폭포와 폭포를 에워싼 숲의 기운, 자욱한 연기구름이 한 폭의 그림을 만들어낸다. 매년 7월에는 나치 폭포를 무대로 하는 일본 3대 불축제인 나치 불축제가 열리기도 한다.

나치산세이간토지 那智山青岸渡寺

구마노나치타이샤에서 이이지는 절. 4세기 인도 승려가 지었다는 본당 경내에서는 주황색 산주노토(삼층탑)와 나치노오타키 폭포가 어우러진 인상적인 풍경이 한눈에 들어온다. 산주노토로 내려가기 직전의 계단참이 폭포와 탑이 한눈에 들어오는 포토 스폿.

나치노오타키 폭포 那智の大滝

높이 133m, 폭 13m에 초당 1t 이상의 물이 쏟아져 내리며, 그 아래로 만들어진 웅덩이 깊이가 10m 이상 되는 거대한 폭포다. 계단을 통해 폭포 아래쪽으로 내려갈 수 있는데 가까이 다가가면 엄청난 높이, 수량, 소리에 탄성이 절로 나온다. 울창한 삼나무 숲과 어우러진 폭포에서 오랜 세월 동안 자연신앙의 성지로 신성시되었던 장엄한 자태를 느낄 수 있다.

어떻게 다닐까?

도쿠토쿠 프리 승차권 とくとくフリー乗車券

시라하마 온천 지구를 돌아볼 때 편리한 패스로, 메이코明光 버스에서 발급한다. JR시라하마역에서 엔게쓰토 섬, 산단베키, 시라라하마, 어드벤처 월드 등까지 메이코 버스의 지정 구간에서 사용 가능하다. 버스 내 혹은 시라하마역 안내소 등에서 구입할 수 있다. 1일권 1,100엔, 2일권 1,600엔, 3일권 1,900엔.

나치산 왕복 할인승차권 那智山往復割引乗車券

기이카쓰우라역~나치역~다이몬자카 구간을 1회 왕복할 수 있는 할인 티켓. 도중에 내리면 같은 방향으로는 다시 승차할 수 없다. 다이몬자카 등에서 내려 일부 구간을 걸어 체험한 뒤에 버스로 돌아오고 싶은 경우에 유용하다. 어른 1,100엔.

구마노코도 유유 프리 승차권 熊野古道悠遊フリー乗

구마노 교통 버스 패스. 구시모토역, 기이카쓰우라역, 나치역, 신구역을 포함하는 구마노고도의 주요 거점을 버스로 이동할 때 편리하다. 가격은 4,000엔으로 연속 3일간 이용 가능하며, 주요 역의 버스 영업소에서 구매할 수 있다.

어디를 갈까?

1

❶ 산단베키 절벽 三段壁

웅장한 해안절벽과 짙은 남청색의 바다가 조화를 이루는 산단베키. 높이 50m의 깎아지른 듯한 절벽이 2km나 이어져 있다. 가파르게 깎인 절벽과 푸른 바다가 어우러져 강한 생동감을 준다. 절벽 아래로 내려가면 길이 36m의 해식동굴이 있다. 이 동굴에서 바라보는 바다의 파노라마가 환상적이다. 산단베키 동굴 관람은 유료(1,300엔)다.

ACCESS JR시라하마白浜역에서 메이코明光 버스 승차, 산단베키三段壁 하차 후 바로

2

❷ 엔게쓰토 섬 円月島

시라하마 온천 앞에 있는 섬으로, 해식작용으로 섬 가운데에 동그랗게 구멍이 나 있다. 국가에서 지정한 명승지이자 시라하마의 심벌이다. 석양의 명소로 유명한데, 운이 좋으면 엔게쓰토 섬의 구멍 사이로 석양이 떨어지는 장관을 볼 수 있다.

ACCESS JR시라하마역에서 메이코明光 버스 승차, 린카이臨海 하차 후 바로

❸ 시라라하마 白良浜

선명한 하늘빛과 에메랄드빛 바다, 새하얀 모래사장이 어우러져 한 폭의 그림처럼 아름다운 해변이다. 해변에는 부드럽고 미세한 백색의 모래사장이 펼쳐져 있어 맨발로 걸어도 좋다. 언제나 잔잔한 파도가 밀려온다. 여름 휴가철에는 모래알만큼이나 많은 사람들이 몰려든다.

ACCESS JR시라하마역에서 메이코明光 버스 승차, 시라라하마白良浜 하차 후 바로

❹ 고야산 高野山

구마노고도와 함께 와카야마현을 상징하는 명소다. 해발 900m의 산중에 117개의 사찰이 있는데 이 중 반 이상이 사찰체험을 할 수 있는 숙소인 슈쿠보宿坊를 운영하고 있다. 불교의 성지를 비롯해 화과자점과 두부 전문점, 아기자기한 잡화점, 고즈넉한 카페 등이 자리한다.

ACCESS 오사카 난바難波역에서 난카이전기철도南海電気鉄道 고야선高野線 이용 고쿠라쿠바시極楽橋역 하차. 난카이 고야산 케이블 타고 고야산高野山역 하차. 고야산 내에서는 노선버스인 난카이린칸南海りんかん 버스 이용(고야산 내 1일 자유승차권 성인 840엔) WEB eng.shukubo.net(영문)

오사카에 이런 곳이? 깊은 자연에 놀라는

후도쿠치칸 犬鳴山温泉 不動口館

간사이국제공항에서 약 30분, 오사카 시내 난바역에서는 약 50분이면 도착하는 이누나키야마 온천. 여름에도 서늘하게 느껴지는 산기슭 계곡 옆에 위치한 노천탕에서는 계곡을 내다보며 온천을 즐길 수 있다. 단순유황냉광천 저장성 알칼리성 온천으로 신경통, 근육통, 관절통, 오십견, 멍, 염좌, 치질, 수족냉증, 당뇨병, 만성부인병 치료에 좋다. 계절마다 여러 가지 가이세키 요리를 내놓는 다양한 플랜을 판매한다. 여성 숙박객은 무료로 색색의 유카타를 골라 입을 수 있다(점심 입욕 플랜인 경우 525엔). 좌식이 불편한 사람들을 위해 다다미방에서도 테이블 식사가 가능하고, 일본식 침구류나 침대 중에서 고를 수도 있다.

ADD 大阪府泉佐野市大木7 **ACCESS** 간사이국제공항에서 열차로 JR히네노日根野역까지 이동(약 10분 소요), 난카이南海 버스 승차 후 이누나키야마犬鳴山 하차(약 15분 소요), 바로 **TEL** 072-459-7326 **PRICE** 20,900엔(2인 이용 시 1인 요금, 조·석식 포함)부터 **ONE-DAY BATHING** 11:00~21:00, 800엔 **WEB** www.fudouguchikan.com

일본의 전통 정원을 보며 힐링

난텐엔 南天苑

총 객실 수 13개의 자그마한 온천으로, 오사카시에서 남쪽으로 50분쯤 내려가면 나오는 아마미에 위치한다. 온천 주변이 일본의 전통적인 정원으로 꾸며져 있어 객실에서 창문을 통해 정갈한 정원과 벚나무 등을 볼 수 있다. 1935년에 지어진 료칸 건물은 국가문화재로 등록되어 있다. 천연라듐천으로 신경통, 근육통, 관절통, 오십견, 만성소화기질환, 수족냉증, 동맥경화, 화상 치료에 좋다. 여름(7월 20일~8월 말)에는 야외 수영장도 이용 가능하다.

ADD 大阪府河内長野市天見158 **ACCESS** 간사이국제공항에서 난카이전기철도南海電気鉄道 공항선 타고 40분 후 덴가차야天下茶屋역에서 고야선高野線으로 환승, 35분 후 아마미天見역에서 내려 도보 1분 **TEL** 0721-68-8081 **ROOMS** 13 **PRICE** 19,800엔(2인 이용 시 1인 요금, 조·석식 포함)부터 **ONE-DAY BATHING** 식사 포함 플랜 11:30~22:00(토요일·휴일 전일은 14:00까지), 6,000엔부터 **WEB** www.e-oyu.com

시내에서도 천연온천을

천연온천 나니와노유 天然温泉なにわの湯

오사카 주유패스 소지자는 무료로 이용할 수 있는 온천. 오사카 교통 중심지인 우메다梅田역과 가까운 덴진바시스지天神橋筋역에 있어 야간에 이용하기 좋다. 지하 659m에서 끌어올린 100% 천연온천수를 이용하여 도심에서도 운치 있는 노천욕을 즐길 수 있다. 버블 목욕탕, 누워서 하는 온천, 사우나 등 다양한 온천 시설을 갖추고 있다. 온천 외에 병설된 암반욕, 에스테 시설에서 마사지를 받거나 때를 밀 수도 있다(별도 요금).

ADD 大阪市北区長柄西1-7-31 **ACCESS** 지하철 사카이스지선堺筋線 덴진바시로쿠초메天神橋筋六丁目역 5번 출구에서 도보 10분 **TEL** 06-6682-4126 **OPEN** 10:00~25:00(연중무휴, 토·일요일은 08:00~) **ONE-DAY BATHING** 성인 850엔, 오사카 주유패스 소지자 무료 **WEB** www.naniwanoyu.com

세계를 테마로 한 온천 파크

스파월드 Spa World

온천, 수영, 헬스, 호텔, 사우나, 마사지 시설을 모두 갖추고 있는 테마파크형 온천이다. 오사카 지하철 도부쓰엔마에動物園前역과 신세카이 쓰텐카쿠 탑 근처라 찾기도 쉽다. 한국 여행자들이 많이 찾는 덕에 종업원들이 한국어를 곧잘 한다. 로마, 그리스, 스페인, 핀란드 등의 테마로 꾸민 유럽 존과 일본, 발리, 이슬람, 페르시아 등의 테마로 꾸민 아시아 존은 격월로 남녀가 번갈아 즐길 수 있다. 실내의 크고 작은 테마탕 외에 노천탕도 있으며 가족탕, 수영장, 대형 사우나와 마사지까지 풀코스로 갖추고 있다. 종종 입장료 할인 특가행사를 하므로 홈페이지에서 체크하자.

ADD 大阪市浪速区恵美須東3-4-24 **ACCESS** 지하철 사카이스지선堺筋線 도부쓰엔마에動物園前역 하차 5번 출구. 혹은 JR신이마미야新今宮역 하차 후 동쪽 출구 바로 앞 **TEL** 06-6631-0001 **OPEN** 10:00~다음 날 08:45 **ONE-DAY BATHING** 1,500엔(수건 포함), 밤 12시 이후 심야요금 추가 1,300엔, 각 어트랙션 및 암반욕 등은 별도 요금 **WEB** www.spaworld.co.jp

어떻게 다닐까?

오사카 주유패스 OSAKA AMAZING PASS

JR열차를 제외한 오사카시영지하철 및 한큐전기철도, 한신전기철도, 난카이전기철도, 게이한전기철도, 긴키일본철도 등이 운영하는 주요 지하철 노선과 뉴트램, 버스 등을 이용할 수 있는 교통 패스. 인기 관광지 28개소를 무료로 입장할 수 있어 오사카 관광을 위한다면 필수다. 몇 군데만 이용하더라도 충분히 제값을 한다. 오사카 주유패스를 구입하면 쿠폰북이 함께 발행된다. 1일권 2,800엔, 2일권 3,600엔으로 연속된 날짜에 사용해야 한다. 오사카의 지하철 및 뉴트램의 모든 역장실, 지하철역 구내 정기권 발매소에서 구매할 수 있다.

오사카 1일 승차권 OSAKA VISITER'S TICKET

오사카시영지하철과 뉴트램, 버스를 이용할 수 있는 교통 패스. 외국인 여행자에게만 판매하는 패스로 국내 여행사를 통해 구입할 수 있다. 1일권의 가격은 800엔이며, 횟수 제한 없이 이용할 수 있다. 오사카의 지하철 기본요금이 200엔 정도이니 잘만 이용하면 최고의 효율을 낼 수 있는 패스이다. 30개소의 관광지에서 입장료 할인도 받을 수 있다.

어디를 갈까?

❶ 오사카성 공원 大阪城公園

오사카성 천수각을 비롯해 역사적인 건축물을 품고 있는 공원. 매화와 벚나무가 때마다 꽃을 피워 꽃놀이 명소로도 유명하다. 지금은 평화로운 휴식처가 되었지만 도요토미 히데요시豊臣秀吉가 난공불락의 요새를 꿈꾸며 세운 높은 성벽과 일부 복원된 해자의 모습에서 지난 역사의 편린을 느낄 수 있다.

ACCESS 지하철 다니마치선谷町線 · 주오선中央線 다니마치욘초메谷町四丁目역 9번 출구에서 왼편으로 도보 5분. 혹은 지하철 나카호리쓰루미료쿠치선長堀鶴見緑地線 · 주오선中央線 모리노미야森ノ宮역 1번 출구 바로 앞, JR오사카조코엔大阪城公園역 출구에서 도보 1분 **WEB** www.osakacastle.net

❷ 신세카이 新世界

1903년 오사카박람회를 겨냥해 새롭게 조성된 신도시라 신세카이(신세계)라는 이름을 얻은 오사카 남부 지역. 1970~1980년대 분위기의 레트로한 선술집과 상점, 오락실 등이 모여 있는 번화가로 구시카쓰 등 오사카의 먹거리를 맛볼 수 있는 저렴한 식당이 많아 식사 시간 때 특히 붐빈다.

ACCESS 지하철 미도스지선御堂筋線 · 사카이스지선堺筋線 도부쓰엔마에動物園前역 3번 출구에서 도보 5분. 혹은 지하철 사카이스지선堺筋線 에비스초恵美須町역 3번 출구에서 도보 4분. 혹은 JR신이마미야新今宮역 동쪽 출구에서 도보 5분

❸ 오사카역 · 우메다역 大阪駅·梅田駅

오사카의 북쪽(기타)으로 불리는 오사카역과 우메다역은 기존의 전통 있는 백화점들에 더해 최근 새로운 대형 쇼핑몰이 개점해 쇼핑의 거점으로 거듭나고 있다. 오사카역과 우메다역은 서로 환승이 가능한 거리로, 지하 지상을 불문하고 수많은 숍들로 연결되어 있다. 오사카역 쪽의 그랑프론트 오사카와 최근에 오픈한 루쿠아 1100(이레)가 핫 스폿.

ACCESS JR오사카大阪역 또는 지하철 미도스지선御堂筋線 우메다梅田역에서 연결

❹ 도톤보리 道頓堀

오사카 남쪽(미나미)의 난바에 위치한 도톤보리는 오사카를 대표하는 먹자골목이다. 오사카의 대표적인 맛집 체인들이 밀집해 있어 많이 고민하지 않아도 다양한 오사카의 맛을 즐길 수 있다. 관광객들도 많아서 대부분의 가게가 한국어와 영어 메뉴를 갖추고 있다. 간사이공항 및 주변 지역으로 가는 열차의 환승이 편리한 교통 요지이기도 하다.

ACCESS 지하철 미도스지선御堂筋線 · 센니치마에선千日前線 · 요쓰바시선四つ橋線 난바難波역 14번 출구에서 도보 2분

づぼらや
激安の殿堂
富士ホーム
Life is Precious.

道後温
Chugoku
Shikoku

주고쿠·시코쿠

中国·四国

가이케 온천
皆生温泉

미사사 온천
三朝温泉

다마쓰쿠리 온천
玉造温泉

곤피라 온천향
こんぴら温泉郷

도고 온천
道後温泉

돗토리현
시마네현
오카야마현
히로시마현
야마구치현
가가와현
도쿠시마현
고치현
에히메현

일본 혼슈本州의 서쪽 끝에 위치하고 있는 주고쿠 지역, 그리고 주고쿠 지역과 세토나이카이瀬戸内海 바다를 사이에 둔 시코쿠 지역은 비교적 도시화가 더디고 인구 밀도도 낮은 편이다. 달리 말하면 시골 마을의 살가운 환대와 한결 여유로운 풍광을 곳곳에서 만날 수 있다는 의미다. 일본 안에서의 교통은 다소 불편하지만 항공 직항편이 있어 오히려 우리나라와 물리적으로 더 가깝다는 것도 장점. 더군다나 해수 성분이 체지방의 분해를 도와주는 가이케 온천이나 자연치유력을 높여주는 방사능 성분의 온천으로 치료 목적의 의료시설까지 갖춘 미사사 온천, 얼굴에 뿌리기만 해도 피부를 빛나게 해준다는 '화장수' 온천 다마쓰쿠리 온천 등 뛰어난 효능의 온천이 우리나라와 가까운 주고쿠 지역 북쪽 산인 지방에 몰려 있어 한국 관광객들의 발걸음이 잦은 편이다. 또한 일본 3대 온천으로 손꼽히는 도고 온천이 있는 시코쿠는 온천 여행을 얘기할 때 빠지지 않는 곳이기도 하다.

어느 지역일까?

주고쿠는 우리나라 동해에 접하고 주고쿠 산맥의 북쪽(산인 지방)인 돗토리현, 시마네현과 태평양에 면한 주고쿠 산맥 남쪽(산요 지방)의 히로시마현, 오카야마현, 그리고 이 현들의 왼쪽, 즉 규슈와 가까이 있는 혼슈의 서쪽 끝 야마구치현을 포함한 다섯 현을 말한다. 주고쿠 산맥을 중심으로 북쪽과 남쪽은 기후도 음식도 말도 많이 다르다. 이 책에서는 우리나라에서 가기 편한 온천이 있는 돗토리현과 시마네현을 다룬다. 반면, 시코쿠는 혼슈와 규슈가 감싸 안은 듯한 섬인데, 히로시마에서 다리로 이어진 에히메현, 오카야마에서 철교로 이어진 가가와현, 고베에서 다리로 이어진 도쿠시마현, 그리고 그 세 현으로 감싸인 시코쿠에서 가장 넓은 고치현이 있다. 그중 교통이 편리한 에히메현과 가가와현의 온천을 소개한다.

날씨는 어떨까?

주고쿠와 시코쿠 지역은 대체로 온난 다습한 해양성 기후를 보이지만 지형에 따라 약간의 차이가 있다. 주고쿠 산맥 북쪽 지역은 우리나라 동해안 지역과 마찬가지로 겨울철 눈이 많이 내리는 반면, 태평양을 흐르는 구로시오 난류의 영향을 받는 에히메현 남부와 고치현은 봄이 빨리 찾아와 최초의 벚꽃 개화 지역으로 손꼽히기도 한다.

어떻게 갈까?

돗토리현 가이케 온천과 미사사 온천, 시마네현의 다마쓰쿠리 온천은 요나고기타로공항을 이용하면 편리하다. 공항에서 리무진 버스 또는 JR요나고쿠코米子空港역에서 열차로 각 온천 및 온천과 가까운 역으로 이동할 수 있다. 가이케 온천은 JR요나고米子역, 미사사 온천은 JR구라요시倉吉역까지 간 다음 버스로 갈아탄다. 다마쓰쿠리 온천에서 가까운 역은 JR다마쓰쿠리온센玉造温泉역으로, 걸어갈 만한 거리지만 짐이 있다면 료칸의 송영 차량을 이용하는 편이 낫다. 시코쿠 방면으로는 다카마쓰공항을 통해 입국할 수 있다. 가가와현의 곤피라 온천향은 공항 리무진버스로 한 번에 간다. 에히메현의 도고 온천까지는 JR열차로 마쓰야마松山역까지 이동 후 버스 또는 전차로 갈아타야 한다.

어디로 입국할까?

❶ 요나고기타로 공항 米子鬼太郎空港

인천공항과 돗토리현의 요나고기타로공항을 에어서울이 주 3회, 화 · 금 · 일요일 왕복 운항한다. 요나고기타로공항은 돗토리현과 시마네현의 경계 부분에 있는 공항으로, 요나고 시내까지는 열차로 약 25분, 시마네현의 마쓰에시까지는 리무진 버스로 약 45분 거리에 있다. 비행시간은 1시간 30분 남짓이다. 2022년 11월 현재 운휴 중.

WEB www.yonago-air.com

❷ 사카이미나토 항구 境港

강원도 동해항에서 돗토리현의 사카이미나토 항구까지 페리가 운항한다. 주 1회 왕복으로 배에서 잠을 자는 스케줄이라 목~일의 3박 4일로 스케줄은 한정되지만 시기를 잘 노리면 정말 저렴하게 이용할 수 있다. 현지에서는 1박, 배에서 왕복 1박씩 2박을 하게 된다. 2022년 11월 현재 운휴 중.

WEB dbsferry.co.kr(페리)

❸ 마쓰야마공항

인천공항에서 에헤메현의 마쓰야마공항까지 제주항공이 주 5회 운항한다. 마쓰야마공항에서는 한국인 관광객을 위해 무료 리무진 버스를 운행하며, 도고 온천까지 40분 정도면 도착한다. 2022년 11월 현재 운휴 중.

WEB www.matsuyama-airport.co.jp

❹ 다카마쓰공항 高松空港

인천공항에서 가가와현의 다카마쓰공항까지 에어서울이 주 5회(월 · 화 · 수 · 금 · 일요일) 정기 운항한다. 비행시간은 1시간 35분 정도.

WEB www.takamatsu-airport.com

뭐 먹을까?

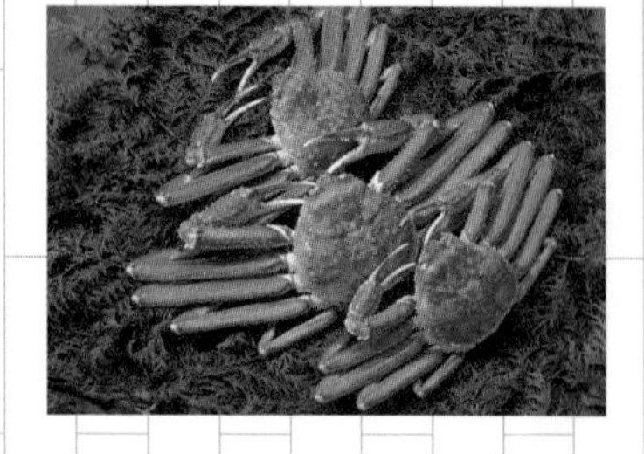

❶ 게 カニ

돗토리현의 사카이미나토항은 일본 제일의 게 어항이다. 11월 이후의 게 철이 되면 이 부근 지역의 거의 모든 온천 료칸, 식당 등에서 게 요리를 맛볼 수 있다. 게를 좋아하고 잘 발라먹을 수 있다면 게 뷔페에 도전해보자. 돗토리현의 게 시즌은 11월경 시작해서 올라오는 게의 종류에 따라 초봄까지 계속된다.

❷ 소바(메밀국수) そば

시마네현의 이즈모 지역은 메밀국수가 특산이다. 다른 지역과 달리 메밀을 가루로 만들 때 속껍질을 함께 갈아 색이 짙고 쌉싸래하며 향이 좋다. 밀가루를 섞지 않거나 아주 조금만 섞어서 면을 만드는 경우가 많아 면의 찰기는 떨어지는 편. 종종 메밀국수를 파는 식당에서 면수를 서비스로 주는데 미음에 가까운 식감에 숭늉처럼 구수하다.

❸ 귤

에히메는 수확량과 품종 수 양쪽에서 일본 제일을 달리는 감귤 산지다. 귤을 사용한 음료, 잼, 과자, 케이크 등을 곳곳에서 만날 수 있다. 특히 도고 온천가의 감귤제품 전문매장에서 판매하는 귤 주스는 온천 후의 목을 축이기에 안성맞춤, 아니 '도고맞춤'이다.

❹ 사누키 우동

사누키는 가가와현의 옛 지명으로, 우리나라에도 잘 알려진 사누키 우동의 본산이다. 얼마나 우동이 유명하면 현의 공식 PR에 현 이름을 '우동현'으로 바꾸어 홍보할까. 검색하면 맛있는 우동 랭킹 사이트가 수도 없이 나오고, 우동 가게를 돌며 리뷰를 하는 사람들도 수두룩하다. 면 본연의 맛을 즐기는 쇼유 우동(주문하면 면만 나오는데 테이블에 놓인 간장을 뿌려서 먹으면 된다)이 우동 가게의 기본 메뉴라고 하니, 얼마나 면에 자신이 있는지 짐작 가능하다. 리뷰 사이트의 별 두 개, 별 세 개 가게라도 충분히 맛있다.

뭐 사갈까?

❶ **온천수로 만든 화장품**

미사사 온천의 미사사 미스트는 아토피에 좋기로 유명하고, 다마쓰쿠리 온천의 온천수를 활용한 히메라보姫ラボ의 화장품은 피부를 촉촉하고 부드럽게 해준다. 제품뿐 아니라 빈 미스트 병을 사서 온천수를 담으면 그대로 품질 좋은 온천 미스트가 된다.

❷ **가니센베이(게 과자)** カニせんべい

게는 직접 먹는 걸로만 유명한 것이 아니다. 게 맛이 나는 과자는 관광지 곳곳과 공항에서도 볼 수 있는데 달착지근하고 짭짤한 것이 맥주 안주로 그만이다.

❸ **랏쿄(염교)** ラッキョウ

일본 최대 규모의 사구에서는 염교가 맛있게 자란다. 아삭아삭하고 향긋한 사구염교는 한국 인스턴트 라면과도 찰떡궁합! 약간 비싼 편이지만 갖가지 맛으로 절여진 예쁜 포장의 염교 장아찌를 시식해보면 안 사고는 못 배긴다.

❹ **타월** タオル

에히메는 타월의 산지로 유명하다. 1894년부터 이마바리시를 중심으로 생산했으며 흡수성과 내구성이 특히 뛰어나다. 예전에는 몸이나 얼굴을 닦는 기본 타월을 많이 만들었지만 지금은 다양한 디자인과 용도의 면제품을 생산한다. 유명 동화책 작가와 컬래버레이션한 손수건, 땀을 흡수할 수 있는 타월 파우치, 유기농 면으로 만든 아기 턱받이, 액자에 넣어 걸어두면 작품으로도 손색없는 프린트 수건 등 상상하는 모든 종류의 타월을 만날 수 있다.

❺ **사누키 우동 건면**

유명한 사누키 우동을 집에서도 즐길 수 있다. 칼로 썰어 단면이 네모난 사누키 우동 건면은 탄력이 뛰어나고 두꺼워 일반 우동보다 조금 오래 삶아야 하고, 차갑게 먹는 경우에는 그보다도 더 오래 삶아야 맛있게 먹을 수 있다.

온천 여행 가볼까?

01

미사사 온천 +
다마쓰쿠리 온천 +
돗토리 · 시마네 관광
2박 3일

시마네 · 돗토리 지역은 금 · 토 · 일 2박 3일을 조금 바쁘게 돌아다니면 크게 빼놓는 것 없이 돌아볼 수 있어 좋다. 양 현을 대표하는 온천에서 치유와 미용 효과를 만끽하고 주변 관광지까지 완벽 섭렵하는 실속 플랜이다. 일본의 시골이다 보니 교통이나 쇼핑이 자유로운 편이 아니라 2박 3일의 스케줄은 크게 동선을 꼬지 않고 대부분 비슷하게 다니게 된다.

1 Day

돗토리 사구 + 미사사 온천

11:00 요나고기타로 공항 입국, 한국 항공편에 맞춘 리무진 버스 탑승

13:30 JR돗토리역 도착, 점심 식사

14:00 택시*로 돗토리 사구, 우라도메해안 관광

17:42 JR돗토리역에서 JR구라요시역으로 이동

18:10 JR구라요시역 도착, 료칸 송영 버스 이용

18:30 미사사 온천 숙소 체크인 및 저녁 식사

20:00 숙소 온천 및 휴식

*택시: 1인당 2,000엔으로 3시간 동안 관광지를 돌아주는 택시를 이용할 수 있다.

2 Day

마쓰에 + 이즈모타이샤 + 다마쓰쿠리 온천

08:00 아침 식사 후 미사사 온천 산책

09:30 료칸 송영 버스 이용, JR구라요시역으로 이동

10:12 JR구라요시역에서 열차 탑승

11:10 JR마쓰에역 도착, 점심 식사

12:40 이치바타 전철 마쓰에신지코온센역 탑승

14:00 이즈모타이샤마에역 하차, 이즈모타이샤 관광

15:30 버스 또는 전철 이용, JR이즈모시역으로 이동

16:15 JR이즈모시역 열차 탑승

16:33 JR다마쓰쿠리온센역 하차, 료칸 송영 차량 탑승

16:45 숙소 체크인 후 온천가 산책 및 유메구리

18:30 저녁 식사

20:00 숙소 온천 후 휴식

3 Day

미즈키 시게루 로드 + 출국

09:25 JR마쓰에역 앞 버스 승차

10:06 JR사카이미나토역 도착, 미즈키 시게루 로드 관광

12:28 JR사카이미나토역 열차 탑승

12:42 JR요나고공항역 도착

15:00 요나고기타로 공항 출국

02
도고 온천 + 곤피라 온천향 + 마쓰야마 시내
2박 3일

일본 최고最古의 온천이자 애니메이션 〈센과 치히로의 행방불명〉의 무대가 된 에히메현의 도고 온천 및 마쓰야마 시내를 중심으로 시코쿠 지역을 돌아보는 일정이다. 다소 번거롭더라도 마쓰야마공항과 다카마쓰공항을 각각 편도로 끊으면 가가와현의 대표 온천지인 고토히라 온천도 여유롭게 다녀올 수 있다. 무라카미 하루키가 극찬해 마지않은 가가와현의 사누키 우동도 놓치지 말자.

1 Day 도고 온천

- *12:00* 마쓰야마공항 입국, 공항 리무진버스로 도고 온천 이동(약 40분 소요)
- *13:00* 숙소체크인 및 도고 온천가 산책 (점심식사)
- *16:00* 도고 온천 본관 당일 입욕
- *17:00* 숙소 휴식 후 저녁 식사
- *19:30* 숙소 온천 또는 온천가 산책

2 Day 마쓰야마 시내 + 곤피라 온천향

- *07:00* 도고 온천 별관 아스카노유 당일 입욕
- *08:00* 아침 식사
- *09:40* 도고온센역 노면전차 탑승
- *10:00* 노면전차 오카이도역 하차, 마쓰야마성 관광
- *12:30* 오카이도 상점가에서 점심 식사
- *13:26* JR마쓰야마역 출발, 다도츠역 환승
- *16:02* JR고토히라역 도착
- *16:20* 곤피라 온천향 숙소 체크인 및 온천 순례
- *18:30* 저녁 식사
- *20:00* 숙소 온천 및 휴식

3 Day 마쓰야마 시내 + 출국

- *08:00* 아침 식사
- *09:00* 고토히라구 산책
- *12:00* 사누키 우동 점심 및 온천가 쇼핑
- *15:30* 고토히라역 앞 공항 리무진버스 승차
- *16:15* 다카마쓰공항 도착
- *17:25* 다카마쓰공항 출국

01

돗토리현 미사사 온천 三朝温泉

'세 번(三) 아침(朝)'을 맞이하면 건강해진다는 미사사 온천. 가운데를 흐르는 미사사 강三朝川과 주변 산에서 만들어내는 시원한 기운에 정신이 맑아지는 느낌이다. 대형 온천 호텔부터 전통 료칸, 작은 온천장, 누구나 무료로 이용할 수 있는 야외 강변 온천까지 작지만 아쉬움 없이 온천을 만끽할 수 있다. 수질은 미량의 방사능을 함유한 라듐천으로 전 세계적으로도 흔치 않다. 약한 방사선을 받으면 자극이 되어 신진대사가 활발해지고 면역력과 자연 치유력이 향상되는데 이를 '호르메시스 효과'라 한다. 미사사 온천 주민들의 암 사망률이 전국 평균의 절반을 밑돌 정도로 효험이 입증되면서 이 온천을 활용해 치료를 하는 병원도 설립되었다. 피부에 닿는 입욕뿐 아니라 온천수를 넣어 만든 요리, 코와 입으로 직접 흡입하는 미스트 사우나 등 오감으로 온천의 효능을 극대화했다. 작은 온천가는 저녁 식사 후 잠시 들르기에 적당하다. 옛 정취를 그대로 간직한 오락실, 20년간 전 세계에서 수집한 이발 용품이 박물관을 방불케 하는 이발소, 주인장과 담소를 나누기 좋은 아담한 식당과 카페가 다닥다닥 붙어 있다. 늦봄에서 초여름까지 시기를 잘 맞추면 온천가와 강가 가득 반짝이는 반딧불이와 같이 산책도 가능하다.

♨ 온천 성분

미사사 온천은 미량의 라듐 방사능을 함유한 함 방사능 나트륨 염화물천과 함 방사능 단순천 등이 주 원천 성분이다. 관절염, 어깨 결림, 요통, 신경통, 고혈압 등에 효능이 있고 수증기를 호흡하면 기관지염에 좋다.

♨ 온천 시설

강변에 자리한 무료 노천탕인 가와라부로河原風呂에서 누구나 태어났을 때의 모습으로 온천을 즐길 수 있다. 마을 곳곳에는 마실 수 있는 온천(음천)대와 족욕 시설들이 마련되어 있고, 온천가 끝에는 미사사 온천의 원천元湯을 체험할 수 있는 공공 온천탕인 가부유株湯(08:00~21:45, 350엔)가 자리하고 있다. 18곳의 온천 시설과 료칸에서 당일 입욕을 즐길 수 있으며 시설과 탕의 종류, 분위기가 다양하니 한 군데 정도는 꼭 들어가 보길 권한다.

♨ 숙박 시설

온천 호텔, 료칸, 작은 온천장을 포함해 24곳의 숙박 시설이 미사사 강변을 따라 넓게 자리하고 있다. 미사사하시三朝橋 다리 주변에 주로 몰려 있다.

♨ 찾아가는 방법

요나고공항에서 공항셔틀버스 또는 열차로 JR요나고米子역까지 이동한 후 특급열차로 환승해 JR구라요시倉吉역 하차(약 1시간 10분 소요), 미사사三朝행 버스 승차 후 미사사온센 간코쇼코센타마에三朝温泉観光商工センター前 또는 숙소에 따라 온센이리구치温泉入口 정류장 하차(약 25분 소요).

TEL 0858-43-0431 **WEB** www.misasaonsen.jp

노천탕	√
당일 입욕	√
족욕탕	
노천탕 객실	√
전세탕	√
목욕용품	√

온천 버라이어티

이잔로 이와사키 | 依山楼岩崎

미사사 강변에서 육중한 외관을 자랑하는 온천 료칸으로 시설의 규모도 훌륭하지만 온천의 다양함에 두 번 놀라게 된다. 미토쿠산의 암벽을 파서 건축한 국보 나게이레도投入堂 불당을 모티브로 한 동굴온천 히다리노유左の湯를 비롯해 탕 둘레를 걸으면서 지압 효과까지 얻을 수 있는 온천, 누울 수 있는 온천 등 다양한 구성으로 지루할 틈이 없다. 온천수를 기화시켜 라돈 가스를 직접 흡입할 수 있는 라듐 증기 온천은 폐를 건강하게 하니 꼭 체험해보자. 미스트 사우나를 상상하면 된다. 총 12개의 온천 시설은 남탕과 여탕에 나뉘어 있으므로 도착한 첫날과 남녀 온천탕이 바뀌는 다음 날 부지런히 다녀야 빠짐없이 온천탕을 즐길 수 있다. 현대적인 건물 안쪽에는 전통 일본식 정원이 넓게 자리해 사계절 다른 매력으로 아름다움을 뽐낸다. 노천온천탕, 객실 등 곳곳에서 감상할 수 있으며, 특히 2층 높이로 개방된 로비에서는 그 계절의 가장 아름다운 풍경이 한 편의 파노라마 영화처럼 펼쳐진다.

ADD 鳥取県東伯郡三朝町三朝365-1 **ACCESS** JR구라요시역에서 미사사三朝행 버스 이용, 미사사온센 간코쇼코센타마에 하차 후 도보 3분, 무료 송영 서비스 제공 **TEL** 0858-43-0111 **ROOMS** 77 **PRICE** 본관 객실 16,500엔(2인 이용 시 1인 요금, 조·석식 포함)부터 **ONE-DAY BATHING** 평일 14:00~21:00, 토·일·공휴일 11:00~15:00, 1,500엔 **WEB** izanro.co.jp

독특한 건축양식의 등록유형문화재

료칸 오하시 旅館大橋

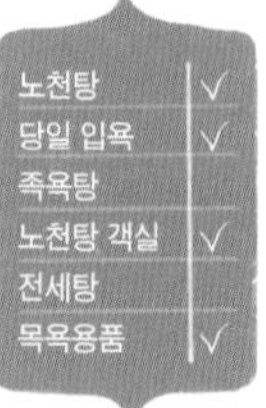

최고의 일본건축을 목표로 질 좋은 나무를 골라 1932년 완성한 료칸으로, 시설 중 대부분이 등록유형문화재로 지정되어 있다. 온천에 앞서 건물의 아름다움을 맛보자. 남천의 방, 벚나무의 방 등의 문패가 걸린 객실은 해당 나무로 주요 기둥을 만들었다. 지금은 구할 수도 없는 희귀한 나무로 만들어진 우산살 구조의 천장, 손으로 직접 만들어 고르지 않은 특유의 왜곡을 가진 유리창 등에선 당대 장인의 고집이 느껴진다. 온천탕에는 자가 소유한 5개의 원천을 사용하고 있다. 노천탕은 강 쪽으로 나 있어 산과 강을 볼 수 있지만, 외부에서도 보일 염려를 덜기 위해 담을 올려 시원한 느낌은 적다.

ADD 鳥取県東伯郡三朝町三朝302-1 **ACCESS** JR구라요시倉吉역에서 미사사三朝행 버스 이용, 온센이리구치 하차 후 도보 2분, 무료 송영 서비스 제공 **TEL** 0858-43-0211 **ROOMS** 20 **PRICE** 26,400엔(2인 이용 시 1인 요금, 조·석식 포함)부터 **ONE-DAY BATHING** 15:00~21:00, 1,500엔 **WEB** www.o-hashi.net

02

돗토리현 가이케 온천 皆生温泉

가이케 온천은 바다에서 온천이 솟아나 온천수도 해수와 성분이 비슷하다. 상처가 있는 경우에는 따끔거릴 정도로 염도가 높다. 온천수가 함유하고 있는 미네랄 성분이 피부의 각질을 녹여내 매끈매끈하게 만들어주기 때문에 피부 미용에 효과가 있는 온천으로 알려져 있다. 게다가 온천수에 몸을 담근 후에도 쉽게 몸이 식지 않고 체지방의 연소에도 도움을 준다고 하여 체지방을 3% 줄이는 것을 목표로 하는 스테이플랜(슬리밍 스테이)을 운영하고 있다. 온천가에 상점이 발달하지는 않았지만 요나고 시내와 차로 20분 정도의 거리라 택시를 이용해 밤늦게까지 선술집(이자카야)에서 즐기기에 괜찮다. 산책은 바닷가로 가자. 백사장과 푸른 소나무가 아름다운 해변은 밤이 되면 라이트업으로 또 다른 분위기를 낸다. 산책하다 즐길 수 있도록 족욕 시설도 밤 9시까지 이용 가능하다. 또 가이케는 일본 철인3종경기의 발상지이기도 해서 7월 중순경의 대회일 아침에는 수많은 선수들이 바다를 헤엄치는 진풍경을 볼 수도 있다.

♨ 온천 성분

원천의 온도가 63~83도인 고온의 나트륨 · 칼슘염화물천으로 부인병, 근육통, 관절통, 오십견 등에 효능이 있다. 건강하고 고운 피부를 만들어주는 미용 효과가 뛰어나 특히 여성 고객에게 인기가 많다.

♨ 온천 시설

가이케 온천의 입구인 가이케관광센터 앞에 족탕 아시유足湯가 마련되어 있으며, 해변을 산책하다가 살짝 안쪽으로 들어간 곳에 누구나 이용할 수 있는 족욕 공원이 있다.

♨ 숙박 시설

해변을 따라 20곳의 온천 호텔 및 료칸이 자리하고 있어 바닷바람을 맞고 파도소리 들으며 노천욕을 즐길 수 있는 숙소가 많다. 해변 산책로에서 보이지 않는 2, 3층에 주로 노천탕이 있는데 거니는 사람들의 목소리가 다 들릴 만큼 가깝다.

♨ 찾아가는 방법

요나고공항에서 공항셔틀버스나 열차로 JR요나고米子역까지 이동한 후 가이케온센皆生温泉행 버스 이용, 가이케칸코센타皆生観光センター 하차(약 20분 소요). 또는 요나고공항에서 리무진버스로 가이케 온천까지 이동할 수 있다.

TEL 0859-34-2888 **WEB** www.kaike-onsen.com

맛있게 먹고 예쁘게 건강해지자

가이케 쓰루야 皆生つるや

노천탕	√
당일 입욕	√
족욕탕	
노천탕 객실	√
전세탕	√
목욕용품	√

가이케관광센터 바로 맞은편, 가이케 온천의 입구와도 같은 곳에 위치한 온천 료칸. 'ㄴ' 자로 생긴 건물 가운데 정원을 끼고 있다. 온천 안쪽에 있어 바다에서 도보 5분 정도 떨어져 있지만 직선상에 위치해 산책을 다니기에는 좋은 편이다. 객실 고층부와 조식 레스토랑인 9층 방켓 홀에서는 바다와 주고쿠 지방의 후지산이라 할 수 있는 다이센大山 산이 보인다. 온천은 가이케 온천의 수질답게 몸이 빨리 더워지고 잘 식지 않으므로 너무 오래 들어가 있으면 몸이 쉬 지칠 수 있다. 5분 입욕 후 5분 휴식을 염두에 두고 즐기자. 매점에서 판매하고 있는 바다소금 바디스크럽은 체지방을 줄이는 슬리밍 스테이의 아이템으로 두 번에 나누어 스크럽과 온천을 번갈아 하면 체지방 연소에 도움을 준다. 물론 피부가 매끈해지는 것은 즐거운 덤이다. 노천온천은 바다로 나 있지는 않지만, 지붕이 있어 눈이나 비가 와도 안심하고 즐길 수 있다. 온천 후 마실 수 있도록 제공되는 물은 이 지역 명수로 부드러우면서도 시원하게 수분을 보충해준다.

ADD 鳥取県米子市皆生温泉2-5-1 **ACCESS** JR요나고역에서 가이케온센행 버스 이용, 가이케칸코센타 하차(약 20분 소요) 후 바로 **TEL** 0859-22-6181 **ROOMS** 58 **PRICE** 20,900엔(2인 이용 시 1인 요금, 조·석식 포함)부터 **ONE-DAY BATHING** 15:00~21:00, 어른 1,000엔 **WEB** kaiketuruya.com

바다를 가슴에 품은

가스이테이

華水亭

노천탕	✓
당일 입욕	✓
족욕탕	
노천탕 객실	✓
전세탕	✓
목욕용품	✓

로비에 들어서는 순간 큰 유리창 가득 들어오는 바다 풍경에 탄성이 새어나오는 고급 료칸. 묵직하고 단단한 카펫이 발걸음의 소음을 흡수해 먹먹한 감동의 시간을 지켜준다. 2층의 노천탕에서는 바닷소리를 들으며 온천을 즐길 수 있고, 1층의 여성 전용 온천에서는 소박한 정원 노천온천을 즐길 수 있다. 가이케의 온천수는 피부 미용 효과가 워낙 뛰어난데, 효과를 최대한으로 발휘할 수 있도록 에스테틱 코스도 본격적. 소나무와 어우러져 새하얀 모래사장을 밝히는 건물의 조명이 켜지는 저녁 시간의 바다 산책 추천.

ADD 鳥取県米子市皆生温泉4-19-10 **ACCESS** JR요나고역에서 가이케온센행 버스 이용, 가이케칸코센터 하차(약 20분 소요) 후 도보 10분. 버스 정류장까지 숙박자 픽업 서비스 있음 **TEL** 0859-33-0001 **ROOMS** 79 **PRICE** 24,200엔(2인 이용 시 1인 요금, 조·석식 포함)부터 **ONE-DAY BATHING** 15:00~21:00, 1,500엔 **WEB** www.kaikeonsenkasuitei.jp

온천도 즐기고 절약도 하고

가이케 사이초라쿠

かいけ彩朝楽

노천탕	
당일 입욕	✓
족욕탕	✓
노천탕 객실	
전세탕	✓
목욕용품	✓

온천은 즐기고 싶지만 예산이 빠듯할 때, 늘 고마운 플랜을 제시해주는 계열사의 호텔. 해변에 위치한 가이케 온천의 특징을 잘 살렸는데, 바닷소리가 들려오는 무료 족욕 시설(06:00~24:00)에 바다가 보이는 노래방도 무료(09:00~19:00, 이후는 유료 ~23:00)로 사용할 수 있다. 안타깝게도 노천온천은 없지만 통유리 벽을 통해 바다가 보이는 대욕장에서 아쉬움을 달래보자. 호텔 앞 해변에서는 여름철 물놀이도 가능. 또 하나, 이곳은 숙박객을 대상으로 오사카나 오카야마 쪽으로 관광하면서 버스로 이동할 수 있는 플랜을 운영한다. 일반 교통수단에 비해서도 매우 저렴한 편이므로 홈페이지에서 체크해보자.

ADD 鳥取県米子市皆生温泉4-29-11 **ACCESS** JR요나고역에서 가이케온센행 버스 이용, 가이케칸코센터 하차(약 20분 소요) 후 도보 5분 **TEL** 0570-550-078 **ROOMS** 81 **PRICE** 7,182엔(2인 이용 시 1인 요금, 조·석식 포함)부터 **ONE-DAY BATHING** 09:00~23:00, 600엔 **WEB** www.yukai-r-jp/kaike-saichoraku

어떻게 다닐까?

구룻토 돗토리 주유 택시 ぐるっと鳥取周遊タクシー

1인당 3,000엔으로 3시간 동안 이용 가능한 택시를 운영한다. 일본의 살인적인 교통 비용, 특히 택시비를 고려한다면 파격적인 혜택이다. 돗토리 사구, 우라도메 해안 등 돗토리의 유명 관광지를 편리하게 돌아볼 수 있다. 돗토리역 국제관광객 서포트센터, 돗토리 공항 안내 카운터에서 신청하면 된다. 다행히 한국어로 대화가 가능하다. 주유택시는 2023년 3월까지 운행 예정이며, 연장 여부는 미정이다.

어디를 갈까?

❶ 돗토리 사구 鳥取砂丘

3만 년의 세월에 걸쳐 탄생한 일본 최대의 사구로 동해에 면하여 동서 16km, 남북 2km에 펼쳐져 있다. 바람결이 만들어내는 풍문과 급경사에 생기는 모래무늬는 자연이 빚어내는 공예품이라고 하겠다. 돗토리 사구에서는 낙타 타기, 패러글라이딩, 행글라이딩, 샌드보드를 즐길 수 있으며 사구 옆에 위치한 '모래 미술관砂の美術館'에서 감상하는 모래 조각도 일품이다.

ACCESS JR돗토리鳥取역에서 이천 엔 택시로 이동. 또는 역 앞 버스터미널에서 돗토리사큐鳥取砂丘행 버스나 루프 기린지시 버스(토, 일요일, 공휴일 및 7월 20일~8월 31일 운행) 이용, 돗토리사큐鳥取砂丘 하차

❷ 우라도메 해안 浦富海岸

'일본의 해안 100선'에 선정된 리아스식 해안. 거친 파도가 만들어낸 단애 절벽과 동굴의 웅장한 자태, 푸른 소나무와 하얀 백사장이 조화를 이루는 평온한 경관이 인상적이다. 다양한 모습으로 펼쳐지는 약 15km의 해안선이 절경이며 유람선을 타고 멋진 기암절벽을 감상할 수 있다.

ACCESS JR돗토리鳥取역에서 이천 엔 택시로 이동. 또는 JR돗토리역 버스터미널 4번 승강장에서 이와이 온천岩井温泉·가부라시마蕪島행 버스 이용, 시마메구리 유란센 노리바마에島めぐり遊覧船のりば前 하차(유람선을 타지 않고 해안가에서 감상하려면 버스로 세 정거장 더 간 아지로網代에서 하차)

3

❸ 시라카베도조군 · 아카가와라 白壁土蔵群·赤瓦

에도시대부터 메이지시대에 걸쳐 지어진 흰 벽의 창고가 다마가와 강변을 따라 늘어서 있는 거리. 전통양식으로 지어진 흰 벽 창고와 상점가가 잘 보존되어 있어 당시의 풍취를 느낄 수 있다(국가지정 중요전통 건조물군 보존지구). 역사적인 외관만 남겨둔 채 개장한 '아카가와라' 상점은 1호관부터 16호관까지 있으며 향토인형 등의 공예품도 구입할 수 있다.

ACCESS JR구라요시倉吉역에서 시내선 니시쿠라요시西倉吉행 버스 이용, 아카가와라·시라카베도조군赤瓦·白壁土蔵群 하차 후 도보 5분

❹ 미즈키 시게루 로드 水木しげるロード

일본 요괴만화의 거장 미즈키 시게루의 작품을 테마로 꾸민 약 800m의 거리. 만화 속 요괴동상 백여 개와 다양한 캐릭터 상품, 요괴 관련 먹거리 등을 구경하노라면 모처럼 동심으로 돌아가게 된다. 길 끝에는 미즈키 시게루 기념관(09:30~17:00, 700엔)이 자리하고 있다. 일본뿐 아니라 전 세계에서 수집한 요괴 설화를 바탕으로 독특한 캐릭터로 탄생시킨 과정이 영상과 각종 전시물을 통해 흥미롭게 펼쳐진다.

ACCESS JR사카이미나토境港市역에서 도보 1분 WEB mizuki.sakaiminato.net(기념관)

3

03

시마네현 다마쓰쿠리 온천 玉造温泉

마치 화장수에 들어갔다 나온 것 같다는 평을 들을 만큼 탁월한 피부 미용 효과로 알려진 다마쓰쿠리 온천. 나라시대의 고서에 '한 번 들어가면 피부가 반짝반짝 빛난다'고 기술되어 있을 정도로 그 역사가 깊다. 실제로 화장품에도 사용되는 보습 성분인 메타규산을 다량 함유하고 있어서 온천수 그대로 스프레이 용기에 담아 사용하면 천연 미스트로 손색없다. 작은 강을 가운데 두고 양쪽으로 온천 호텔과 료칸이 옹기종기 모여 있으며 각 시설의 규모는 제법 큰 편이다. 숙박 시설 사이사이에 카페, 식당, 숍이 자리하고 있다. 다마쓰쿠리 온천에서는 밤 산책을 나갈 때 숙소에서 등롱을 빌려준다. 촛불이 종이를 통해 은은하게 거리를 비춰 제법 분위기가 난다. 또 강가를 따라 난 산책로에는 온도가 다른 족욕탕이 마련되어 있어 다리를 쉬이며 잠시 수다 떨기에도 그만이다.

♨ 온천 성분

주성분은 약알칼리성의 나트륨 · 칼슘 · 황산염 · 염화물천으로 피부 미용에 효과적이다. 황산이온은 피부의 수분을 유지해 탄력과 윤기를 더해주고 소금 성분은 얇은 막을 만들어 장기간 효능을 지속해준다. 또한 약알칼리 성분은 비누와 같이 각질을 제거해주는 클렌징 효과가 있다.

♨ 온천 시설

강가에 족욕 시설 3곳이 마련되어 있으며, 온천가 안쪽에 위치한 공공 온천탕 유유ゆ～ゆ(10:00~22:00(월요일 휴무), 500엔)는 노천탕과 사우나 시설, 매점까지 갖춰 규모가 꽤 큰 편이다. 온천수를 떠갈 수 있는 유야쿠시히로바湯薬師広場는 온천가 안쪽 끝에 자리하고 있다. 무인판매대에서 200엔에 스프레이 용기를 구입해 온천수를 담아가면 된다. 단, 100% 온천수이므로 유효기간이 일주일밖에 안 된다.

♨ 숙박 시설

작은 강과 다리를 사이에 두고 15곳의 온천 호텔 및 료칸이 일렬로 죽 늘어서 있다. 숙소마다 가까운 버스정류장이 다르니 위치를 미리 잘 파악해두도록 하자.

♨ 찾아가는 방법

요나고공항에서 공항셔틀버스 또는 열차로 JR요나고米子역까지 이동, 산인본선山陰本線으로 환승 후 JR마쓰에松江역(약 1시간 소요) 또는 JR다마쓰쿠리온센玉造温泉역(약 1시간 10분 소요) 하차, 버스 이용해 숙소와 가까운 정류장 하차(JR다마쓰쿠리온센역에서는 료칸 송영 차량도 운행)

TEL 0852-62-0634 **WEB** tamayado.com

노천탕	√
당일 입욕	
족욕탕	
노천탕 객실	√
전세탕	√
목욕용품	√

곡옥으로 만든 노천탕

다마쓰쿠리 그랜드호텔 조세이카쿠

玉造グランドホテル 長生閣

8개의 다양한 온천탕을 즐길 수 있는 대형 온천 호텔. 이 가운데 '곡옥을 만든다(다마쓰쿠리)'는 호텔 이름의 유래가 된 마노석 탕은 다양한 빛깔의 마노석으로 바닥뿐 아니라 벽과 기둥까지 화려하게 꾸며 보는 즐거움까지 더했다. 그 밖에 바위로 굵직굵직하게 구성한 노천탕, 타일로 레트로 느낌이 나게 꾸민 대절탕 등 다양한 온천에서 '화장수' 온천의 효과를 느껴보자. 금 · 토 · 일요일에는 밤 9시 15분부터 약 15분간, 로비에서 직원들이 일본 큰북 공연인 '조세이 다이자타이코'를 공연한다. 이 공연 시간에는 이즈모 지역에 전해 내려오는 이무기인 '야마타노 오로치'를 주제로 한 극의 분장을 한 배우들이 로비를 돌아다니며 이색적인 볼거리를 제공한다. 다마쓰쿠리 온천의 가장 안쪽에 위치하는 온천으로, 온천수를 미스트 용기에 담아갈 수 있는 다마쓰쿠리온센 오야시로혼포 무인판매소도 조세이카쿠 입구 옆에 위치한다.

ADD 島根県松江市玉湯町玉造331 **ACCESS** JR마쓰에역 또는 JR다마쓰쿠리온센역에서 버스 이용, 다마쓰쿠리온센玉造温泉 하차 후 바로 **TEL** 0852-62-0711 **ROOMS** 95 **PRICE** 19,800엔(2인 이용 시 1인 요금, 조·석식 포함)부터 **WEB** www.choseikaku.co.jp

아늑한 나만의 온천

이즈모카미가미 엔무스비노야도 곤야

出雲神々縁結びの宿 紺家

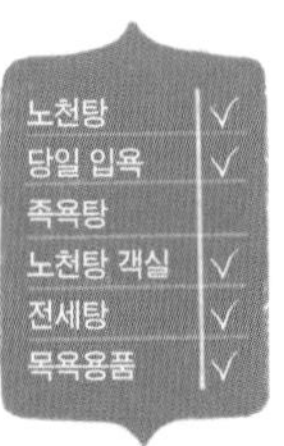

이름이 길기도 하다. '이즈모의 신들이 인연을 맺어주는 숙소'라는 의미를 굳이 풀이하지 않더라도 인연을 소중히 여기는 곳이라는 인상을 곳곳에서 느낄 수 있다. 길가 안쪽에 자리해 아늑한 느낌을 주는 입구, 체크인 시 손님을 접대하는 말차와 과자, 손님의 실없는 농담에 맞추어 연기해주는 직원, 그리고 약간 복잡한 동선까지 포함해 사이좋은 친척집에 놀러 온 것 같은 따뜻한 느낌의 숙소이다. 계절에 따라서는 손님과 함께 체험할 수 있는 이벤트를 진행한다. 같은 공간에서 하룻밤을 보내는 사람들과 교류할 수 있는 드문 경험이니 잠시 시간을 내어 참여하도록 하자.

ADD 島根県松江市玉湯町玉造1246 **ACCESS** JR마쓰에역 또는 JR다마쓰쿠리온센역에서 버스 이용, 온센시타温泉下 하차 후 바로. 또는 무료 송영 서비스 이용 **TEL** 0852-62-0311 **ROOMS** 80 **PRICE** 22,550엔(2인 이용 시 1인 요금, 조·석식 포함)부터 **ONE-DAY BATHING** 식사 포함 플랜 5,000엔~, 11:00~14:30 **WEB** yutei-konya.jp

온천 총책임자의 손길이 느껴지는

조라쿠엔 長楽園

에도시대의 온천 총책임자를 뜻하는 유노스케 湯之助의 후예가 지켜온 큰 규모의 온천 조라쿠엔. 62실의 객실을 말하는 것이 아니라, 손님이 누릴 수 있는 것들의 규모가 그렇다. 일본 최대의 혼탕 노천탕이 그렇고, 1만 평의 회유식 일본 정원이 그렇다. 원천을 계속 신선하게 공급하는 대형 노천온천은 혼탕으로, 여성은 몸에 두르고 입욕할 수 있는 간단한 욕의가 준비되어 있어 안심. 넓은 덕분에 다른 사람들과 부대낄 것도 없으니 더욱 마음이 편하다. 온천에 보이는 녹색 클로렐라는 그만큼 원천에 가까운 수질을 증명하는 것(최소한의 소독 실시). 이 대형 노천탕이 제일 유명하긴 하지만 이외에도 남성용과 여성용의 실내탕, 노천탕이 각각 따로 있다. 회유식 정원은 앉아서 감상할 수도, 연못가의 자갈을 밟으며 산책하면서 즐길 수도 있다. 건물 자체가 정원 안에 들어 있는 것이나 마찬가지인 셈. 한쪽 끝에 궁금증을 자극하는 동굴을 만들어놓았으니 산책 시에 찾아내는 것을 목표로 해보자.

ADD 島根県松江市玉湯町玉造323 **ACCESS** JR마쓰에역 또는 JR다마쓰쿠리온센역에서 버스 승차, 온센카미温泉上 하차 후 바로 **TEL** 0120-62-0171 **ROOMS** 62 **PRICE** 19,800엔(2인 이용 시 1인 요금, 조·석식 포함)부터 **WEB** www.choraku.co.jp

어떻게 다닐까?

이치바타 전차 一畑電車

마쓰에 시내의 마쓰에신지코온센松江しんじ湖温泉역에서 이즈모타이샤마에出雲大社前역 또는 JR이즈모시出雲市역 방면으로 운행하는 지역 전철로 운행 거리마다 요금이 올라간다. 이즈모타이샤마에역까지는 편도 820엔이고, 1일 승차권은 1,600엔이다. 차량 내에 자전거 반입도 가능하다(1대당 320엔 추가).

마쓰에 레이크라인버스 松江レイクラインバス

JR마쓰에역 7번 출구에서 출발하는 관광버스로 마쓰에성과 호리카와堀川 유람선 승강장 등 마쓰에의 주요 관광지를 순회한다. 1회 승차 요금은 210엔이며, 1일 승차권은 520엔이다. 1일 승차권이 있으면 주요 관광지의 입장권을 할인해주기 때문에 어느 게 더 이득인지 잘 따져본 후 구입하자.

어디를 갈까?

1

❶ 마쓰에성 松江城

산인 지역에서 유일하게 천수각이 남아 있는 성. 전쟁에 대비해 지어졌지만 실제로 전쟁을 겪지 않아 예전 모습을 그대로 간직하고 있다. 좁고 가파른 계단을 지나 천수각에 오르면 일본에서 일곱 번째로 큰 호수인 신지코 호수를 포함한 마쓰에시의 전경을 360도로 감상할 수 있다. 성의 해자를 나룻배를 타고 유람하는 호리카와 유람선도 다리를 쉬이기에 좋다. 겨울에는 일본 전통 난방기구인 '고타쓰(탁자 아래에 열원을 설치하고 그 위에 이불을 덮는 난방기구. 유람선에서는 숯을 사용한다)'를 설치해 재미를 더한다.

ACCESS 이치바타一畑 노면전차 마쓰에신지코온센역松江しんじ湖温泉 하차 후 도보 20분, 혹은 JR마쓰에松江역에서 레이크라인버스로 오테마에大手前 하차 후 바로 **WEB** www.matsue-castle.jp

2

❷ 이즈모타이샤 出雲大社

일본 전국의 신이 모여 온갖 인연과 관련된 회의를 하는 신사로, 좋은 인연을 기원하기 위해 전국에서 많은 참배객이 방문한다. 60년에 한 번 본전을 비롯한 주요 건물을 정화의 의미를 담아 정비하는데, 2008년에서 2015년에 걸쳐 최근에 정비를 마쳤다. 현판만 3평에 달하는 오토리이(큰 도리이. 도리이는 신사 입구에 세워 신과 인간의 구역을 구분하는 문이다. '开' 자로 생겼다)에서 시작해 신사 앞 참배길(오모테산도)을 따라 산책하듯 관광하는 코스를 추천.

ACCESS 이치바타一畑 노면전차 이즈모타이샤마에出雲大社前역 하차 후 도보 5분. 또는 JR이즈모시出雲市역 버스정류장에서 히노미사키日御碕 혹은 이즈모타이샤出雲大社행 버스 이용, 세이몬마에正門前 하차 후 바로 **WEB** www.izumooyashiro.or.jp

04

에히메현 도고 온천 道後温泉

도고 온천 하면 "아, 우리나라에도 있는데"라고 할 수도 있겠다. 일본에서 가장 오래된 온천으로 알려진 도고 온천은 온천가 중심에 자리한 도고 온천 본관으로 더 유명하다. 지브리의 애니메이션 〈센과 치히로의 행방불명〉에서 센이 일하는 목욕탕의 디자인 모티브가 된 곳이자, 일본의 국민작가로 불리는 나쓰메 소세키夏目漱石가 본관에 묵으며 소설『도련님坊っちゃん(봇찬)』을 집필한 장소로 잘 알려져 늘 관광객의 발길이 끊이지 않는다. 소설에서 등장인물이 타던 노면전차가 '봇찬열차'라는 이름으로 달리고 있기도 하다. 백로가 다친 다리를 치료했다는 전설처럼 치유 효과가 있는 온천으로, 물은 매끄럽고 단단한 느낌이다. 대체적으로 뜨거운 편이며 탕이 깊은 시설이 많다. 도고온센역에서 도고 온천 본관 앞까지 이어지는 아케이드 상점가는 여타 온천가와 달리 밤늦게까지 문을 연다. 저녁 식사 후 료칸마다 다른 유카타를 입고 게다를 신은 사람들로 불야성을 이루는 상점가의 모습은 도고 온천에서만 볼 수 있는 이색적인 풍광이다. 활기가 넘치는 상점가를 살짝 벗어나면 료칸과 호텔 주변으로 은은하게 라이트업을 해놓은 곳이 많아 어스름한 달빛 아래 산책하기 좋다.

온천 성분

무색무취의 약알칼리성 단순천으로 명성에 비하면 뜻밖에 평범한 모습이다. 대신 자극이 적고 매끄러우며 적당한 수온을 유지하고 있어 남녀노소 누구나 대체로 만족할 수 있다.

♨ 온천 시설

도고 온천 하면 빼놓을 수 없는 도고 온천 본관을 꼭 들르자. 본관에는 목욕용품이 비치되어 있지 않으니 수건뿐 아니라 샴푸, 비누 등도 챙겨가야 한다. 또한 도고 온천의 새로운 별관 아스카노유飛鳥乃湯泉가 또 하나의 명물로 급부상 중이다. 전통을 현대적으로 재해석한 감각적인 온천 시설을 경험할 수 있다. 일본 대표 온천지답게 아시유足湯나 데유手湯가 가능한 시설도 료칸 입구나 공원 등 곳곳에 11곳이나 자리하고 있다.

♨ 숙박 시설

도고 온천 본관을 중심으로 그 주변에 온천 호텔과 료칸 등 숙박 시설 32곳이 흩어져 있다. 본관 뒤편의 언덕배기 위에 많이 몰려 있으며, 대체로 규모가 큰 편이라 가족 단위 여행객이나 단체 관광객이 이용하기에 좋다.

♨ 찾아가는 방법

마쓰야마공항에서 한국인 전용 리무진버스 타고 약 40분 후 도고 온천 하차.

TEL 089-943-8342 WEB www.dogo.or.jp

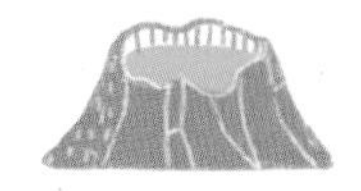

머물고 싶은 료칸, 가보고 싶은 온천

- 노천탕
- 당일 입욕 ✓
- 족욕탕
- 노천탕 객실
- 전세탕
- 목욕용품

〈센과 치히로의 행방불명〉 속 신들의 온천장

도고 온천 본관 道後温泉本館

1894년에 지어진 이래 도고 온천의 상징이 된 공동 온천탕. 온천장이라기보단 성곽의 축소판을 보는 듯한 화려한 3층 규모의 목조건축물이다. 온천 시설로는 일본 최초로 국가중요문화재로 지정되었다. 계단과 복도가 미로 같이 얽혀 있는 내부 공간은 애니메이션 〈센과 치히로의 행방불명〉의 모티브가 된 모습 그대로다. 게다가 입욕권의 종류에 따라 입장 구역이 달라져 길을 잃기 십상이니 안내원을 잘 따라가도록 하자. 입욕권은 휴게실 장소, 다과의 종류, 유카타의 디자인 등에 따라 420엔부터 1,550엔까지 4종류로 나뉜다. 도고 온천에 당일 입욕을 즐기러 온 여행자라면 휴게실 이용이 포함된 니카이세키二階席 티켓을 구매해서 유카타도 입고 2층에서 휴식하며 느긋하게 쉬었다 가자. 돌로 만들어진 온천탕은 일본의 다른 온천들에 비해 깊어 어깨까지 푹 담그기에 좋다. 나쓰메 소세키 관련 전시실 '봇찬노마(무료)'와 황실 전용 온천 '유신덴又新殿(270엔, 관람 요청 전화 089-907-5554).)'의 관람도 놓치지 말자. 도고 온천 본관은 현재(2022년 11월) 보존 수리 공사로 다마노유만 사용가능하며, 공사 진행 내용은 홈페이지에서 확인 가능하다.

ADD 愛媛県松山市道後湯之町5-6 **ACCESS** 노면전차 도고온센道後温泉역에서 도보 3분 **TEL** 089-921-5141 **ONE-DAY BATHING** 06:00~23:00, 입욕만 420엔, 입욕+휴게실 이용 840엔부터 **WEB** dogo.jp/onsen/honkan

온천가가 훤히 내다보이는 옥상노천

차하루 茶玻瑠

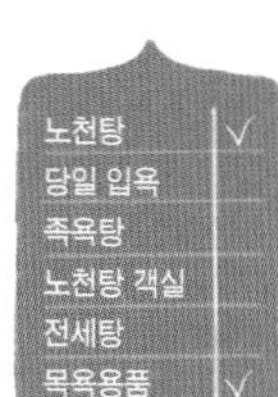

도고 온천의 완만한 경사지 중간쯤에 위치한 차하루. 10층 옥상에 노천온천이 있어 도고 온천가뿐 아니라 멀리 마쓰야마성과 시내까지 훤히 내려다볼 수 있다. 다만 낮에는 해가 바로 들어 덥고 탈 수도 있으니 해가 진 이후를 노려보자. 금·토·일요일 저녁에는 여성 노천 나무통 탕에 장미를 띄워주기도 한다. 3층의 레스토랑인 하리는 잉글리시가든으로 꾸민 테라스 쪽 전체가 유리창으로 되어 있어 밝은 햇살이 들어오는 산뜻한 분위기이다. 테라스에도 좌석이 있으니 식사시간을 예약할 때 이용 가능한지 미리 물어보자. 도고 온천 본관의 온천을 이용하는 숙박객에게 바구니와 비누 등을 무료로 빌려준다.

ADD 愛媛県松山市道後湯月町4-4 **ACCESS** 노면전차 도고온센道後温泉역에서 도보 5분 **TEL** 089-945-1321 **ROOMS** 73 **PRICE** 12,150엔(2인 이용 시 1인 요금, 조·석식 포함)부터 **WEB** www.chaharu.com

합리적인 가격의 온천 호텔

도고 사이초라쿠 道後彩朝楽

도고 온천가와 조금 떨어져 있는 대신 합리적인 가격에 묵을 수 있는 온천 호텔. 도고 온천 본관과 도고온센역까지 셔틀버스를 운행해 크게 불편하지 않다. 또한 언덕 위에 위치한 점을 십분 활용해 옥상 노천탕에서는 시원하게 펼쳐지는 마쓰야마 시가지의 야경을 바라보며 온천을 즐길 수 있다. 식사는 뷔페 스타일로 추가 요금을 내면 음료를 계속 마시는 플랜을 선택할 수 있다. 온천가를 산책할 때 입는 유카타를 여러 종류 중 고를 수 있고 노래방과 탁구대, 만화방, 마사지 체어 등 각종 무료 서비스가 제공되어 예산이 빠듯한 여행자에겐 여러모로 흡족하다. 온천 호텔 시설로는 드물게 세탁 시설(유료)도 갖추고 있다.

ADD 愛媛県松山市道後姫塚112-1 **ACCESS** 노면전차 도고온센道後温泉역에서 도보 10분, 혹은 송영 차량으로 3분 **TEL** 0570-550-078 **ROOMS** 83 **PRICE** 8,250엔(2인 이용 시 1인 요금, 조·석식 포함)부터 **ONE-DAY BATHING** 24시간(11:00~15:00~, 01:00~03:00 제외), 1,100엔 **WEB** www.yukai-r.jp/dogo-saichoraku

현대적인 감각으로 재탄생한 도고 온천 별관

아스카노유

道後温泉別館 飛鳥乃湯泉

도고 온천 본관을 현대의 감각에 맞게 재해석한 새로운 온천 시설이 2017년 하반기에 문을 열었다. 7세기 일본 아스카 시대 쇼토쿠 태자가 도고 온천을 방문했던 기록을 바탕으로 그 당시 눈부시게 발전했던 문화를 이곳 아스카노유에서 재현했다. 본관과 같이 아스카 시대 건축 양식을 따랐으며 학이 앉은 종탑과 타일 벽화가 있는 실내탕, 널찍한 휴게 공간은 좀 더 세련된 형태로 재탄생했다. 여기에 작은 정원에 딸린 노천탕이 새로 생겼고 본관의 황실 전용 유신덴又新殿을 재현한 전세탕(예약제)이 더해졌다. 팀 또는 가족 단위로 이용 가능한 개별 휴게 공간은 보다 다양해졌는데, 이 작업에 에히메현의 공예 장인들이 다방면으로 참여했다. 다섯 곳의 특별 휴게실의 장식품, 그림, 조명, 수건까지 어느 것 하나 특별하지 않은 것이 없다. 또한 본관의 봇찬 당고 대신, 동백 모양의 화과자를 차와 함께 즐길 수 있다. 본관과 마찬가지로 휴게 공간 이용(제한 시간 90분)에 따라 입욕 티켓을 선택하면 된다.

ADD 愛媛県松山市道後湯之町19-22 **ACCESS** J노면전차 도고온센역에서 도보 3분 **TEL** 089-932-1126 **ROOMS** 80 **PRICE** 06:00~23:00(휴게실 ~22:00), 입욕만 610엔, 휴게실 이용 시 1,280엔부터 **WEB** https://dogo.jp/onsen/asuka

온천과 예술의 콜라보레이션

도고 프린스 호텔

道後プリンスホテル

서비스나 시설, 규모에 있어서 도고 온천 내에서 손꼽히는 온천 호텔이다. 도고 온천을 돌아다니는 레트로 미니 버스를 종종 볼 수 있는데, 바로 이 호텔의 무료 송영 버스이다. 도고온센역 앞에는 호텔 전용 라운지도 있다. 호텔 내에는 서로 다른 종류의 여덟 가지 노천탕이 있으며 전세탕 네 종류를 더하면 총 열두 가지의 노천탕을 누릴 수 있다. 장미 꽃송이가 한아름 떠 있는 전세탕은 미리 예약을 하고 별도 비용을 지불해야 한다. 남탕과 여탕이 하루씩 번갈아 바뀌기 때문에 1박을 한다면 다음날 아침 온천을 놓치지 말자. 현재 도고 온천에서는 2023년 2월까지 공공예술제인 '2022 도고온세나트'가 진행 중인데, 이 호텔 곳곳에 작품이 전시되어 있다. 마치 그림 속에 들어와 있는 듯한 아티스트의 객실은 유료로 관람할 수 있으며, 숙박도 가능하다. 색다른 숙박 체험을 하고 싶다면 도전해 볼 것.

ADD 愛媛県松山市道後姫塚100 **ACCESS** 노면전차 도고 온센역에서 도보 8분 또는 셔틀버스 이용 **TEL** 089-947-5111 **ROOMS** 124 **PRICE** 14,580엔(2인 이용 시 1인 요금, 조·석식 포함)부터 **ONE DAY BATH** 15:00~23:00, 1,650엔 **WEB** www.dogoprince.co.jp

타박타박
온천가 산책

에히메 과실클럽 미칸노키
愛媛果実倶楽部 みかんの木

유명한 귤 산지인 에히메의 귤을 그대로 짠 주스를 마실 수 있는 미칸노키. 여러 종류의 귤 주스와 귤 관련 제품을 판매한다. 온천 전후 비타민 보충에 딱 좋다. 도고온센역 쪽 상점가 점포와 도고 온천 본관 인근 봇찬히로바점이 있다.

COST 귤 주스(각종) 한 잔 400엔 **OPEN** 09:30~18:30
TEL 089-941-6037

이오리 본점 伊織 本店

에히메의 특산품인 이마바리시 타월의 대표 셀렉트숍 브랜드. 합리적인 가격에 보증된 품질, 독특한 디자인의 타월은 기념품이나 선물로 좋다. 2층에서 에히메 지역 특산품도 판매한다.

COST 타월파우치 1,296엔 **OPEN** 10:00~18:00(토요일~21:00) **TEL** 089-913-8122

10팩토리 도고점 10ファクトリー道後店

트렌디한 감각이 넘치는 귤 전문 매장. 마치 와인을 만들듯 에히메현 곳곳의 기후와 토양에 따라 다른 토종 귤로 독특한 산미와 당도의 귤 주스를 선보인다. 드라이 프루트, 잼, 꿀, 젤리, 식초, 젤라토 등 귤의 변신은 끝이 없다.

COST 귤 주스(200ml) 540엔 **OPEN** 10:00~19:00
TEL 089-997-7810

봇찬 가라쿠리도케이
坊っちゃんからくり時計

도고 온천 입구의 방생원 공원에 조성된 시계탑. 도고 온천 본관의 신로가쿠를 본떠 만들었으며 매시간 정각에 시계탑에서 소설 『도련님』 속 등장인물이 경쾌한 음악소리와 함께 나타난다. 바로 옆에 마련된 족욕 시설은 늘 인기만점이다.

OPEN 08:00~22:00

도고 온천

노면전차 도고온센역에서 내리면 바로 맞은편에 도고 온천의 상점가를 나타내는 정문이 보인다. 도고 온천 본관까지 240m 정도 이어진 아케이드 상점가는 날씨나 계절에 상관없이 쇼핑하기 좋고 대부분 밤 10시까지 문을 열기 때문에 시간에 쫓기지 않아서 더 좋다. 시내까지 나가지 않더라도 고급 타월과 생귤 주스 등 에히메 지역 특산품을 거의 다 만날 수 있다.

도고맥주관 道後麦酒館

도고 온천 본관 바로 옆에 너무나 유혹적으로 자리 잡고 있는 도고맥주관. 도고의 크래프트맥주인 도고비어 쾰쉬, 알토, 스타우트, 바이젠과 지역산 식재료로 만든 맥주와 어울리는 안주, 간단한 식사 메뉴가 있다. 테이크아웃으로도 판매해 온천가를 거닐며 맥주를 즐길 수도 있다.

COST 도고비어 250ml 600엔, 500ml 900엔
OPEN 11:00~22:00 **TEL** 089-945-6866

도고온천 본관 道後温泉本館

차하루 茶玻瑠

도고노마치야 道後の町屋

고풍스런 외관에 아름다운 정원을 갖춘 비스트로 카페. 커피와 케이크, 빙수 등 카페 메뉴와 수제 버거와 샌드위치, 카레 등 식사 메뉴가 있다. 에히메식 어묵을 넣은 자코텐 버거가 이곳의 시그니처 메뉴.

COST 자코텐 버거 500엔 **OPEN** 10:00~21:00, 화요일, 세번째 수요일 휴무 **TEL** 089-986-8886

유 신사 湯神社

이사니와 신사
伊佐爾波神社

도고 사이초라쿠
道後彩朝楽

도고 프린스 호텔
道後プリンスホテル

어떻게 다닐까?

❶ 노면전차

마쓰야마 시내와 도고 온천을 잇는 가장 편리한 교통수단. 구간 거리에 상관없이 1회 탑승 시 180엔을 내면 된다. 동선을 고려해 3번 이상 이용한다면 1일 승차권(800엔)을 구입하는 것이 합당하다.

어디를 갈까?

❶ 마쓰야마성 松山城

일본에 12곳밖에 없는 에도시대 이전에 건조된 천수각이 남아 있는 성이다. 부지 내 21개 건물들이 중요문화재로 지정돼 있으며, 자연과 어우러진 성의 모습이 특히 아름다워 꽃놀이 명소로도 이름이 높다. 산의 8부 능선까지 로프웨이가 운행되고 있어 방문도 편리하다.

ACCESS 노면전차 오카이도大街道역에서 로프웨이 승강장까지 도보 5분 WEB www.matsuyamajo.jp

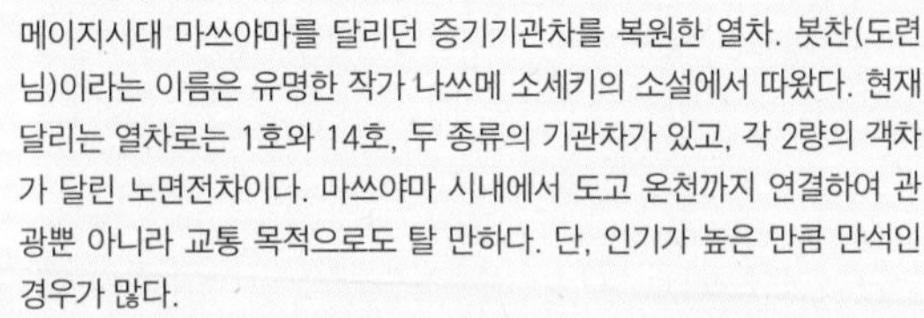

❷ 봇찬열차 坊っちゃん列車

메이지시대 마쓰야마를 달리던 증기기관차를 복원한 열차. 봇찬(도련님)이라는 이름은 유명한 작가 나쓰메 소세키의 소설에서 따왔다. 현재 달리는 열차로는 1호와 14호, 두 종류의 기관차가 있고, 각 2량의 객차가 달린 노면전차이다. 마쓰야마 시내에서 도고 온천까지 연결하여 관광뿐 아니라 교통 목적으로도 탈 만하다. 단, 인기가 높은 만큼 만석인 경우가 많다.

ACCESS 노면전차 도고온센道後温泉역~마쓰야마시松山市역, 도고온센道後温泉역~고마치古町역의 두 노선 WEB www.iyotetsu.co.jp/botchan

❸ 오카이도 중앙상점가 大街道中央商店街

마쓰야마성으로 가는 입구에 자리한 아케이드 상점가. 상점가 내는 차량통행이 금지되어 걷기 좋고 백화점과 숍을 비롯해 노래방, 카페, 이자카야, 바 등이 자리해 쇼핑을 하며 시간을 보내기에 좋다.

ACCESS 노면전차 오카이도大街道역에서 바로 WEB www.okaido.jp

05

가가와현 곤피라 온천향 こんぴら温泉郷

곤피라 온천향은 지코인 온천을 원천으로 하는 고토히라구 아래쪽 온천 마을이다. 온천향 자체는 크지 않으며, 고토히라구를 보러 온 김에 온천을 들러서 경험해본다고 생각해도 좋겠다. 가가와에 온 만큼 꼭 우동을 먹어보자.

♨ 온천 성분

담석증에 좋은 단순방사능냉광천과 벤 상처, 화상, 허약체질 개선 등에 좋은 나트륨 · 칼슘 염화물천이 있다.

♨ 온천 & 숙박 시설

공용 온천 시설이 따로 있지는 않지만 료칸 고토산카쿠에서 별도 건물에 온천 시설을 운영한다. 숙박 시설은 상점가 사이사이에 15곳 있다.

♨ 찾아가는 방법

다카마쓰공항에서 리무진버스 이용, 약 45분 후 고토히라역琴平 앞 하차, 도보 5분.

WEB www.kotohirakankou.jp/navi/entry-37.html

시설은 찜질방, 물은 온천

고토산카쿠 琴参閣

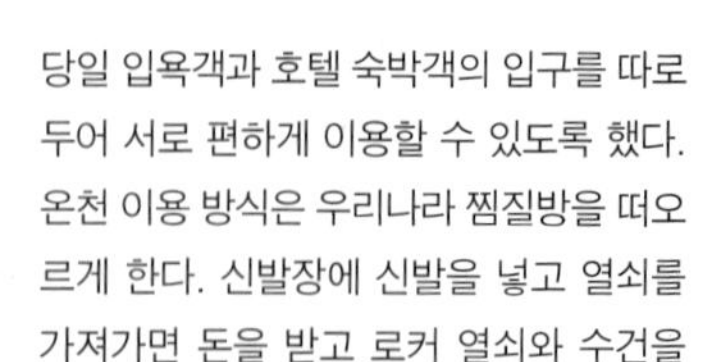

당일 입욕객과 호텔 숙박객의 입구를 따로 두어 서로 편하게 이용할 수 있도록 했다. 온천 이용 방식은 우리나라 찜질방을 떠오르게 한다. 신발장에 신발을 넣고 열쇠를 가져가면 돈을 받고 로커 열쇠와 수건을 건네준다. 바구니밖에 없는 일본의 온천에서 당황한 적이 있는 사람이라면 열쇠가 반갑다. 온천 내부도 한국 찜질방의 목욕탕과 비슷하다. 커다란 온천이 다양한 종류로 떡하니 놓여 있고 한쪽에 씻을 수 있는 곳이 나란히 있다. 다른 것이라면 역시 물이 온천물이란 것과 노천탕이 있는 것! 벽에는 매우 일본스러운 그림이 있어 낯익은 가운데 낯선 느낌을 함께 준다.

ADD 香川県仲多度郡琴平町685-11 **ACCESS** JR고토히라역에서 도보 7분 **TEL** 0877-75-1000 **ROOMS** 225 **PRICE** 14,650엔(2인 이용 시 1인 요금, 조·석식 포함)부터 **WEB** www.kotosankaku.jp

다채로운 탕에서 즐기는 온천 순례

고바이테이 紅梅亭

차분하면서 화려한 느낌의 고급스러운 료칸으로, 온천 시설이 지하 1층과 1층, 8층에 각각 마련되어 있어 같은 공간이지만 마치 유메구리(온천 순례)를 즐기는 듯한 기분을 느낄 수 있다. 또한 다양한 분위기의 욕조를 배치해 재미를 더했다. 둘 다 노천탕과 히노키탕, 바위탕이 갖춰져 있지만 아무래도 노천탕은 지상이 더 시원한 느낌을 준다.

ADD 香川県仲多度郡琴平町556-1 **ACCESS** JR고토히라역에서 도보 7분 **TEL** 0877-75-1111 **ROOMS** 69 **PRICE** 23,100엔(2인 이용 시 1인 요금, 조·석식 포함)부터 **WEB** www.koubaitei.jp

어디를 갈까?

❶ 고토히라구 金刀比羅宮

고토히라구를 친근하게 애정을 담아 '곤피라상(氏)'이라 부르기도 한다. 고토히라역에서 내리면 정면으로 코끼리를 삼킨 보아뱀 모양을 한 산 위에 있어 계단길이 이어지는데, 혼구(본전)까지는 785단, 안쪽 신사인 오쿠샤까지는 1,368단이다. 혼구까지 가는 계단 양옆 기념품 가게에서 짐을 맡아주기도 하고 지팡이를 빌려주기도 한다. 노란(금색) 행복부적은 혼구에서만 살 수 있다. 내려와서 후회해도 그 많은 계단을 다시 올라가기가 쉽지 않으니 진지하게 생각해볼 것.

ACCESS JR고토히라역에서 계단 입구까지 도보 10분 **WEB** www.konpira.or.jp

❷ 텐테코마이 てんてこ舞

한국에서는 보기 힘든 셀프 사누키우동집. 우선 우동을 주문한 후 우동을 받아 자신이 먹고 싶은 토핑을 올린다. 주로 튀김류이고, 추가적으로 유부초밥이나 주먹밥, 계란 등도 고를 수 있다. 연근, 오뎅, 계란, 새우, 채소튀김 등 각 100엔~150엔 정도. 다 골랐으면 계산을 하고 원하는 자리에 앉아 먹으면 된다. 고기우동이 생각보다 기름지니 튀김을 토핑할 거라면 고기가 안 들어간 우동을 고르자.

JR고토히라역에서 도보 9분 **WEB** www.nakanoya.net/tentekomai

灯籠

으로 중요유형민속문화재로 지정되어 있다. 높이가 높다. 1865년에 세토내해의 등대 역할을 했으 를 올리기도 했다. 요즘에도 밤에는 불을 는 에도시대 사람들이 남긴 것이다.

www.shikoku.gr.jp/spot/226

③

Kyushu

규슈 九州

후루유 온천
古湯温泉

우레시노 온천
嬉野温泉

유후인 온천
由布院温泉

벳푸핫토 온천
別府八湯温泉

구로카와 온천
黒川温泉

운젠 온천
雲仙温泉

이부스키 온천
指宿温泉

후쿠오카현
사가현
오이타현
나가사키현
구마모토현
미야자키현
가고시마현

규슈는 오사카보다 부산과 더 가깝고 도쿄보다 서울과의 거리가 더 짧을 정도로 우리나라와 친근한 지역이다. 웬만한 관광지에선 한국어 안내판을 찾아보는 것이 어렵지 않고 최근 관광객도 부쩍 늘어 후쿠오카 번화가나 유명 온천지에선 한국 말소리가 심심치 않게 들린다. 다시 말해, 첫 일본 여행지로 규슈만큼 적당한 곳도 없다는 의미다. 무엇보다 규슈 중앙부를 차지한 아소산阿蘇山과 남단의 섬인 사쿠라지마 섬桜島 등 지금도 종종 분화 소식이 들리는 활화산으로 인해 온천의 양과 질 모두 탁월하다. 일본 최대의 원천수와 용출량을 자랑하는 벳푸 온천이 바로 규슈의 대표적인 온천. 모래찜질 온천으로는 일본 전국에서 가장 유명한 이부스키 온천 역시 규슈에 있다. 온천의 수질과 효능뿐 아니라 분위기까지 챙기고 싶다면 아기자기한 유후인 온천과 첩첩산중의 구로카와 온천을 추천한다.

어느 지역일까?

일본 열도 최남단의 가장 큰 섬인 규슈는 행정 중심지인 후쿠오카현을 비롯해, 서쪽의 사가현과 나가사키현, 중앙의 구마모토현, 동쪽의 오이타현, 미야자키현, 그리고 남쪽의 가고시마현으로 이루어져 있다. 화산 아소산의 영향으로 오이타현과 구마모토현에 특히 온천이 발달했다.

날씨는 어떨까?

전반적으로 연중 온화한 기후를 나타내며, 겨울철 폭설이 내리는 경우도 드물다. 특히 후쿠오카현은 기온이 제법 높아 기온이 영하로 내려가는 경우가 거의 없고 여름철 최고 기온은 40도를 육박한다. 또한 남태평양 연안의 오이타현 남부나 가고시마현 일부는 여름에 강수량이 많고 태풍 피해가 잦은 반면, 내륙의 후쿠오카현과 오이타현 중 · 북부는 강수량이 적은 편이다.

어떻게 갈까?

일본 온천여행 시 가장 다양하게 공항을 선택할 수 있는 지역이 바로 규슈다. 규슈의 관문인 후쿠오카공항은 거의 전 항공사가 취항한다. 후쿠오카공항에서 직접 또는 JR하카타역에서 열차나 버스를 이용해 규슈 각 지역의 온천지로 가는 교통편도 매우 잘 되어 있다. 또한, 저가 항공사에서 경쟁적으로 규슈 지역 공항의 직항편을 신규 취항했다. 오이타현의 벳푸 온천, 유후인 온천 여행 시 최적화된 오이타공항, 사가현의 우레시노 온천, 후루유 온천과 가까운 사가공항, 나가사키현 운젠 온천을 갈 수 있는 나가사키공항, 규슈 남단의 이부스키 온천을 갈 때 편리한 가고시마공항 등이 현재 운항 중이다. 각 지역 공항에서는 대표 온천지 또는 시내까지 버스가 운행한다.

어디로 입국할까?

❶ 후쿠오카공항 福岡空港

규슈 최대 관문인 후쿠오카공항으로 인천공항과 김해공항에서 매일 수시로 운항한다. 최근 대구공항도 취항했다. 대한항공과 아시아나항공 등 메이저 항공뿐 아니라 진에어, 티웨이항공, 제주항공, 에어부산 등 저가 항공까지 폭넓게 선택할 수 있다. 운항시간은 1시간 20분으로 일본 내 공항 중 가장 적게 걸린다. 지하철 후쿠오카 공항역과 하카타역은 불과 5분 거리로 도심 접근성은 일본 전 공항 중 단연 최고다. 또한 벳푸, 유후인, 구로카와 등 인근 온천 지역으로 가는 직행 버스가 운행해 더욱 편리하다.

WEB www.fuk-ab.co.jp

❷ 오이타공항 大分空港

한국인이 즐겨 찾는 벳푸 온천향, 유후인 온천과 가까운 오이타공항으로 저가 항공편인 티웨이항공 직항편이 운항했지만, 현재 (2022년 11월) 운휴중이며 다시 운항을 하게 되면 벳푸 온천향, 유후인 온천 여행할 때 이용하면 좋다.

WEB www.oita-airport.jp

❸ 사가공항 九州佐賀国際空港

저가 항공인 티웨이에서 매일 운항하였으나 현재 (2022년 11월) 운휴 중이다. 사가공항에서 JR사가역까지는 리무진 버스로 30분 남짓 소요된다.

WEB www.pref.saga.lg.jp/airport

❹ 나가사키공항 長崎空港

인천공항에서 나가사키공항 직항편이 운행 했으나 현재(2022년 11월) 운휴 중이다. 나가사키공항에서 JR나가사키역까지는 리무진 버스로 45분 정도 소요된다.

WEB nagasaki-airport.jp

❺ 가고시마공항 鹿児島空港

대한항공과 저가 항공사인 이스타항공, 제주에어가 직항편을 운행했으나 현재(2022년 11월) 운휴 중이다. 기간 한정으로 운항하는 경우도 있었으므로 직항편이 재개되면 사전에 확인해서 이용하자.

WEB www.koj-ab.co.jp

뭐 먹을까?

❶ 멘타이코(명란젓) 明太子

한국의 명란젓에서 유래한 후쿠오카의 명물. 적당히 씁쓸하고 짭조름한, 우리가 아는 바로 그 맛이다. 뜨끈한 흰밥에 먹기 좋은 일반적인 명란젓부터 튜브에 든 명란젓 마요네즈와 맥주 안주로 좋은 멘타이코 센베이(과자), 한국인 입맛에 잘 맞는 명란젓 파스타, 명란젓 빵 등 다양하게 즐길 수 있다.

❷ 바사시(말고기 육회) 馬刺し

말 생산량이 일본 전국 1위에 달하는 구마모토현에는 예로부터 다양한 말고기 요리법이 발달했다. 그중에서도 신선한 상태에서만 가능한 말고기 육회는 구마모토에서 꼭 맛봐야 할 음식. 지방이 적은 고단백의 선홍색 말고기 육회는 생강을 곁들여 간장에 찍어 먹으면 되는데, 쫀득거리는 식감이 입 안에서 춤을 춘다. 구마 소주 한잔 곁들이면 금상첨화.

❸ 구로부타(흑돼지) 샤부샤부 黒豚しゃぶしゃぶ

고구마 사료로 키운 가고시마의 흑돼지는 단맛이 강하고 담백한 것이 특징. 샤부샤부는 이 가고시마 흑돼지 고유의 맛을 즐길 수 있는 가장 좋은 요리법이다. 팔팔 끓는 물에 대파, 버섯, 양배추 등 각종 채소를 넣어 한소끔 끓인 후 얇게 썬 흑돼지를 살짝 데쳐 익힌 채소와 함께 먹으면 정말 산뜻한 돼지고기 요리를 맛볼 수 있다.

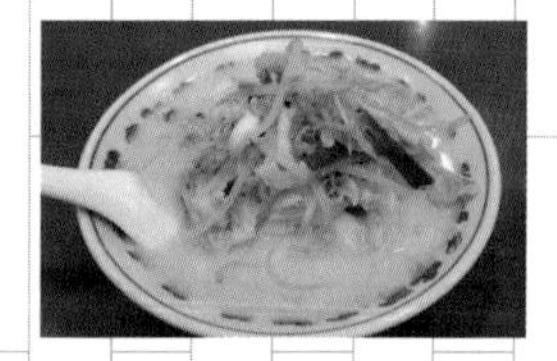

❹ 나가사키 짬뽕 長崎ちゃんぽん

나가사키 하면 '짬뽕'이 바로 연상될 정도로 꼭 맛봐야 할 명물 요리. 19세기 말 나가사키로 유학을 온 중국인을 위해 중국 요릿집에서 고안해낸 것이 그 시작이다. 각종 해산물과 채소 등 고명이 풍부하고 쫄깃한 면발과 담백한 하얀 국물이 특징.

❺ 온센유도후(온천 두부) 温泉湯豆腐

우레시노 온천에서는 온천물로 끓인 담백한 두부 요리를 맛볼 수 있다. 온천수의 성분이 두부를 부드럽게 녹여내 국물이 뽀얗고 고소하며, 두부 자체도 순두부처럼 몽글몽글하게 연해서 놀라운 식감을 낸다. 배불리 먹고 난 뒤에도 죄책감이 없는 웰빙 음식.

❻ 단고지루 だんご汁

멸치 육수에 미소된장으로 간을 한 다음 각종 채소와 밀가루 반죽을 한 도톰한 수제비 면을 넣어 끓인 음식이다. 우엉의 감칠맛과 멸치국물이 잘 어울려 한국인 입맛에도 잘 맞는다. 오이타현의 향토요리로 규슈 전역에서 맛볼 수 있다.

❶ **구로카와 온천 천연미용제품**

깊은 산중에 자리한 구로카와 온천에서는 자연 환경의 피해를 최소화하기 위해 천연재료로 만든 샴푸와 비누 등을 각 료칸에서 공통으로 사용하고 있으며 판매도 한다. 또한 이코이료칸いこい旅館에서는 원천을 90% 이상 함유한 오리지널 화장수를 비롯해, 쌀겨를 천연 무명천 주머니에 담아 그대로 얼굴에 문지르는 세안제와 두유 발효액으로 만든 비누 등 예부터 내려오던 피부미용법을 적용한 제품을 판매하고 있다.

❷ **벳푸 핫토 비누** 別府八湯せっけん

벳푸핫토 온천의 각기 다른 여덟 온천수에 허브 오일과 꿀, 카밀레 엑기스만을 넣고 반죽해 만든 천연 비누. 집 욕실에 놓고 가족과 함께 쓰기 좋은 사이즈와 여행갈 때 가져가기 좋은 미니 사이즈 두 종류가 있다. 벳푸역 내 기념품 매장에서 구입할 수 있다.

❸ **지노이케 연고** 血ノ池軟膏

벳푸 지옥(지고쿠) 온천의 지노이케지고쿠血ノ池地獄에서만 판매하는 빨간색 천연 연고. 지노이케 온천에서 추출한 붉은 진흙은 예로부터 피부병에 탁월해 민간요법으로 널리 쓰였다. 이 붉은 진흙을 황색 바셀린 등과 혼합한 지노이케 연고는 습진, 무좀, 튼 살, 여드름, 치질 등에 효과가 있다. 스테로이드를 넣지 않아 피부가 약한 아이들이 쓰기에도 괜찮다. 피부에 바르면 적갈색으로 변하고 옷에 잘 묻어나니 주의할 것.

❹ **구마몬 기념품**

둥글둥글 깜장 몸매에 빨간 두 볼과 초점을 잃은 사백안의 눈, 뒤뚱거리는 짧은 팔다리. 구마모토 지역 캐릭터로 탄생한 구마몬은 현재 일본 전역에서 사랑받고 있을 정도로 출구 없는 매력을 자랑한다. 구마모토 영업부장이라는 직책까지 얻어 자신의 개인 사무실(!)에서 성실히 직무를 수행하고 있으며, 각종 캐릭터 상품에는 물론 구마모토 어디를 가도 구마몬을 볼 수 있다.

❺ **소주** 焼酒

니혼슈, 즉 흔히 아는 청주를 증류한 것이 소주다. 규슈 지역에서는 니혼슈보다 소주의 생산량과 소비량이 월등히 많다. 양질의 쌀과 청정한 강물로 빚은 구마모토의 구마소주球磨焼酒, 특산품 고구마를 넣어 만든 가고시마의 이모소주イモ焼酎, 보리 100%의 오이타 명물 무기소주麦焼酎 등 지역마다 특색 있는 소주를 맛볼 수 있다. 소주를 물에 타 마시는 미즈와리水割り, 잔에 뜨거운 물을 붓고 여기에 소주를 더하는 오유와리お湯割り 등 지역에서 전해 내려온 다양한 음주법으로 즐기면 맛과 향이 더욱 살아난다.

01
유후인 온천 +
구로카와 온천 +
후쿠오카 관광
3박 4일

개성 있는 숍이 즐비한 온천가와 정갈하고 프라이빗한 료칸 등 여성 취향의 유후인 · 구로카와 온천에 후쿠오카 관광을 더한 일정이다. 대한항공 등 메이저 항공편과 달리 저가 항공은 대부분 출국 시간이 이르기 때문에 후쿠오카 관광까지 하려면 후쿠오카 시내 숙박을 하루 더해 3박 4일로 일정을 잡아야 한다. 후쿠오카의 명물인 야타이(포장마차)에서 여행 마지막 밤의 아쉬움을 달래자.

1 Day
입국 + 유후인 온천

11:25 후쿠오카공항 도착, 간단히 점심 식사
12:47 유후인 온천 방면 버스 승차
14:26 유후인역 앞 버스터미널 도착
15:00 역 주변 온천가 산책 및 티타임
18:00 숙소 체크인
18:30 저녁 식사
20:00 숙소 온천 및 휴식

2 Day
유후인 온천 + 구로카와 온천

08:00 아침 식사
09:30 긴린코 호수 주변 산책 및 쇼핑
12:00 점심 식사
14:50 구로카와 온천 방면 규슈횡단버스 승차
16:25 구로카와 온천 도착
16:40 온천 순례(2곳) 및 온천가 산책
18:30 숙소 체크인
19:00 저녁 식사
20:30 숙소 온천 및 휴식

3 Day

후쿠오카 관광

08:00 아침 식사

09:00 온천 순례(1곳)

11:00 구로카와 온천 버스터미널 출발

13:30 후쿠오카 덴진 버스터미널 도착, 점심 식사

14:30 덴진 지하상가 쇼핑 또는 캐널 시티 관광

18:00 저녁 식사

20:00 덴진 야타이에서 술 한잔

22:00 시내 숙소

4 Day

출국

08:00 아침 식사

10:00 숙소에 따라 덴진 버스터미널 또는 JR하카타역에서 공항 방면 버스 승차

10:30 후쿠오카공항 도착

12:25 후쿠오카공항 출발

02

벳푸 온천 + 이부스키 온천 + 후쿠오카 · 가고시마 관광

3박 4일

일본 온천의 대명사이자 다양한 수질의 온천이 모여 있는 벳푸 온천을 즐긴 후 모래찜질 온천으로 유명한 가고시마의 이부스키 온천까지 섭렵하는, 진정한 온천 마니아를 위한 일정이다. 신칸센 덕분에 정말 가까워진 후쿠오카와 가고시마에서 두루 관광과 쇼핑도 즐길 수 있다. 또한 최근 늘어난 규슈 방면 저가 항공의 출입국편을 연계하면 보다 효율적으로 동선을 짤 수 있다.

1 Day

입국 + 벳푸 온천

- *16:15* 오이타공항 도착
- *17:00* 벳푸 방면 버스 탑승
- *17:48* 벳푸 기타하마 정류장 도착
- *18:00* 숙소 체크인
- *18:30* 저녁 식사
- *20:00* 벳푸역 인근 다케가와라 시영온천 즐기기
- *21:00* 숙소 온천 및 휴식

2 Day

벳푸 온천 + 후쿠오카 관광

- *08:00* 아침 식사
- *09:30* 간나와 온천 무시유(증기 온천) 및 효탄 온천 즐기기
- *12:00* 점심 식사
- *13:20* JR벳푸역에서 열차 탑승
- *15:28* JR하카타역 도착
- *16:00* 덴진 지하상가 쇼핑 또는 캐널 시티 관광
- *20:00* 저녁 식사 또는 덴진 야타이에서 술 한잔
- *22:00* 시내 숙소

3 Day

이부스키 온천 + 가고시마 관광

08:30 아침 식사

10:20 JR하카타역에서 가고시마 방면 신칸센 열차 탑승

11:37 JR가고시마추오역 도착

11:57 관광열차 특급 이부스키노 다마테바코 탑승

12:48 JR이부스키역 도착, 시내버스 이용 또는 자전거 대여

13:10 모래찜질 온천 즐기기

15:53 JR이부스키역 관광열차 특급 이부스키노 다마테바코 탑승

17:11 JR가고시마추오역 도착

18:00 가고시마 시티뷰 버스로 야경코스 관광 또는 덴몬칸 상점가 쇼핑

20:00 가곳마 후루사토 야타이무라(포장마차촌)에서 술 한잔

22:00 시내 숙소 휴식

4 Day

출국

07:30 아침 식사

08:54 JR가고시마추오역에서 하카타 방면 신칸센 열차 탑승

10:11 JR하카타역 도착, 공항행 열차로 환승

10:33 후쿠오카공항 도착

12:25 후쿠오카공항 출발

03
우레시노 온천 + 나가사키 관광
2박 3일

미인 온천으로 유명한 우레시노 온천과 이국적인 풍경이 아름다운 나가사키 등 규슈 서북부의 온천과 관광지를 아우르는 알찬 2박 3일 코스. 산큐패스를 구입하면 버스로 환승 없이 편리하게 이동할 수 있다. 남들과 다른 특별한 규슈 온천 여행을 계획하는 여행자에게 추천한다.

1 Day 입국 + 우레시노 온천

11:25	후쿠오카공항 도착, 간단히 점심 식사
13:12	우레시노 온천 방면 버스 탑승
14:36	우레시노 버스센터 도착
15:00	온천가 산책 및 유메구리(온천 순례)
18:00	저녁 식사
20:00	숙소 온천 및 휴식

2 Day 나가사키 관광

08:00	아침 식사
10:00	공공 온천 시설 즐긴 후 브런치
12:26	우레시노 버스센터 나가사키 방면 버스 탑승
13:33	JR나가사키역 앞 도착
14:00	점심 식사(나가사키 짬뽕)
15:00	나가사키 시내 관광(오란다자카, 그라바엔 등)
19:00	저녁 식사
20:00	데지마워프에서 술 한잔 또는 나가사키 야경 감상
21:00	시내 숙소 휴식

3 Day 출국

07:00	아침 식사
08:00	나가사키역 앞 후쿠오카공항행 버스 탑승
10:23	후쿠오카공항 도착
12:25	후쿠오카공항 출발

01

오이타현 벳푸핫토 온천 別府八湯温泉

규슈는 물론 일본 최대의 온천 관광지로 독보적인 유명세를 떨쳤던 벳푸 온천. 온천 마을 가까이 다가갈수록 깊은 골짜기와 여기저기서 자욱이 올라오는 흰 온천 연기, 곳곳에 자리한 400여 곳의 온천 숙소와 100곳이 넘는 공공 온천탕, 온천 의료센터와 연구소 등이 뿌리 깊은 온천 마을의 위용을 실감케 한다. 서쪽의 화산인 쓰루미다케鶴見岳 산과 가란다케伽藍岳 산의 영향으로 각양각색의 원천이 자연 용출하는 벳푸 온천은 크게 8곳의 온천을 중심으로 분포하고 있다. 벳푸역을 중심으로 한 벳푸 온천을 포함해 하마와키浜脇 온천 · 묘반明礬 온천 · 호리타堀田 온천 · 간카이지観海寺 온천 · 간나와鉄輪 온천 · 시바세키柴石 온천 · 가메가와亀川 온천을 이르는 '벳푸핫토別府八湯'는 벳푸 온천의 또 다른 이름이다. 특히 각기 다른 특징과 효능의 온천 2곳을 조합해 시너지 효과를 얻는 기능온천욕機能温泉浴 또는 니유메구리2湯めぐり는 2,300곳 이상의 원천지에서 10종류의 온천질을 즐길 수 있는 벳푸이기에 가능한 입욕법이다. 이와 함께 지옥을 연상케 하는 뜨거운 증기와 열탕의 온천지대 8곳을 순례하는 지고쿠메구리地獄めぐり와 온천의 증기로 음식을 쪄 먹는 요리 등 '보는' 온천과 '먹는' 온천까지 폭 넓게 즐길 수 있다.

♨ 온천 성분

단순천 · 이산화탄소천 · 탄산수소염천 · 염화물천 · 황산염천 · 함철천 · 함알루미늄천 · 함구리-철천 · 유황천 · 산성천까지 방사능천을 제외한 전 세계에 존재하는 모든 온천질을 경험할 수 있다.

♨ 온천 시설

벳푸핫토 온천에는 100여 곳의 공공 온천장이 있고 입욕료가 무료이거나 100엔 정도로 부담이 없다. 간나와 온천에는 고온의 수증기를 발에 쬘 수 있는 시설인 무시유蒸し湯가 이색적이다. 금세 깜짝 놀랄 만큼 뜨거운 열기가 느껴지니 방심하지 말 것. 지고쿠메구리를 돌면서 지친 발을 쉬일 수 있도록 우미지고쿠海地獄, 가마도지고쿠かまど地獄, 지노이케지고쿠血ノ池地獄 등에 아시유足湯 시설이 마련되어 있다. 가란다케 산 중턱에 자리한 묘반 온천에는 피부 미용에 탁월한 천연 유황 알갱이인 유노하나湯の花를 채취하는 움막이 여러 채 설치되어 있어 볼거리를 제공한다.

♨ 숙박 시설

전통 깊은 고급 료칸과 규모 있는 온천 호텔을 비롯해, 저렴한 민박과 게스트하우스 등 인원과 예산에 따라 선택할 수 있는 숙박 시설이 400여 곳에 이른다. 중심 시가지인 벳푸역과 지고쿠메구리에 가까운 간나와구치鉄輪口 정거장에 특히 많이 몰려 있다.

♨ 찾아가는 방법

오이타공항에서 유후인 또는 벳푸 방면 버스로 벳푸 기타하마別府北浜까지 이동(약 43분 소요). 또는 후쿠오카공항에서 니시테쓰西鉄 버스 이용, 벳푸기타하마別府北浜 정류장 하차(숙소에 따라 간나와구치鉄輪口 정류장 하차, 약 2시간 소요).

TEL 0977-24-2828(벳푸관광협회), 0977-22-0401(벳푸료칸호텔조합) **WEB** www.gokuraku-jigoku-beppu.com(관광), onsendo.beppu-navi.jp(온천)

온천 마니아를 위한 유메구리(온천 순례)

벳푸핫토 온천은 당일 입욕의 천국이다. 총 144곳의 시영 온천과 공공 온천, 료칸, 온천 호텔 등이 참가한 '벳푸핫토온센도別府八湯温泉道'는 단연 일본 최대의 히가에리日帰り 리스트다. 이 벳푸핫토온센도를 제대로 즐기는 방법은 두 가지 다른 수질을 조합해 입욕하는 니유메구리. 예를 들어, 묘반 온천의 강산성 유황온천으로 피지와 각질을 제거한 후 약산성의 메타규산을 다량 함유한 간나와 온천에서 피부에 촉촉한 수분을 충전해 한층 더 밝게 빛나는 피부를 만들 수 있고, 땀 배출에 탁월한 스나유砂湯(모래찜질)와 무시유蒸し湯(증기찜질)를 함께 한다면 신진대사를 더욱 활성화시킬 수 있다. 벳푸시 전역에 산재해 있는 온천을 돌려면 버스를 이용해야 하는데, 원데이 버스 티켓인 마이벳푸프리My べっぷ Free(1,000엔)를 구매하면 수시로 승하차할 수 있고 따로 요금을 준비하지 않아도 돼 편리하다.

- 노천탕
- 당일 입욕 ✓
- 족욕탕
- 노천탕 객실
- 전세탕
- 목욕용품

운치 있는 문화재 시영 온천

다케가와라 온천 竹瓦温泉

고색창연한 외관의 다케가와라 온천은 벳푸시의 상징적인 시영 온천으로 목욕뿐 아니라 모래찜질도 가능하다. 1938년 지어진 현재의 건물은 등록문화재와 근대문화유산에 지정될 정도로 운치가 있다. 외관 못지않게 가운데 기둥으로 떠받친 높은 층고의 실내에 작고 깊은 탕이 전부인 온천 시설 역시 한눈에도 내공이 심상치 않다. 예로부터 만성피부병과 화상, 오십견 등에 효험이 있는 것으로 알려진 다케가와라 온천은 탄산수소염천이 주성분. 가케나가시 방식으로 방류해 매끌매끌한 감촉이 기분 좋게 느껴지고 한 번에 들어가기 어려울 정도로 뜨거워서 조금씩 몸에 뿌려 적응한 후 입욕하는 것이 좋다. 단골인 듯한 손님 역시 무리하지 않고 중간중간 휴식을 취하거나 찬물로 얼굴을 씻는 등 완급을 조절하는 모습을 볼 수 있다. 높은 층고 덕에 뜨거운 온천이 내뿜는 열기가 분산되어 오래 있어도 답답하지 않다. 모래찜질은 입구 바로 왼쪽 공간에서 할 수 있으며 유카타를 빌려주고 찜질 후 목욕 이용료는 따로 받지 않는다.

ADD 大分県別府市元町16-23 ACCESS JR벳푸別府역 동쪽 출구에서 도보 10분
TEL 0977-23-1585 ONE-DAY BATHING 06:30~22:30, 입욕료 300엔 / 스나유(모래찜질) 08:00~22:30, 셋째 주 수요일 휴무, 1,500엔

벳푸 시가지 야경을 품은 노천탕

유와이노야도 다케노이 ゆわいの宿 竹乃井

벳푸 기타마하 해변공원 인근에 자리한 다케노이는 옥상에 노천탕을 두어 도시의 불빛으로 반짝거리는 벳푸 시가지를 바라보며 노천욕을 즐길 수 있다. 나트륨-탄화수소 염화물 황산염천의 흐릿한 갈색을 띤 온천수는 메타규산을 다량 함유해 피부 미용에 특히 좋다. 어린 자녀를 위한 특화된 서비스도 돋보인다. 저녁 식사로 어린이용 식단과 이유식 중 선택할 수 있고 기저귀를 비롯해 젖병 소독, 아기 목욕 의자 서비스를 제공하는 등 자녀가 어려 온천 여행을 엄두도 내지 못했던 가족이라면 구미가 당길 만하다. 2곳의 전세탕은 모두 실내탕으로 공간이 넓찍해 가족과 함께 온천을 즐기기에 불편함이 없다. 코앞에 바닷가 백사장이 있어 산책을 나가도 좋고, 날이 좋을 때는 멀리 시코쿠까지 보인다.

ADD 大分県別府市北浜3-10-26 ACCESS JR벳푸別府역 동쪽 출구에서 도보 10분 TEL 0977-23-3261 ROOMS 36 PRICE 13,584엔(2인 이용 시 1인 요금, 조·석식 포함)부터 ONE-DAY BATHING 14:00~21:00, 500엔 WEB www.takenoi.jp

작지만 힘 있는 무료 온천

묘반 온천 가쿠주센 明礬温泉 鶴寿泉

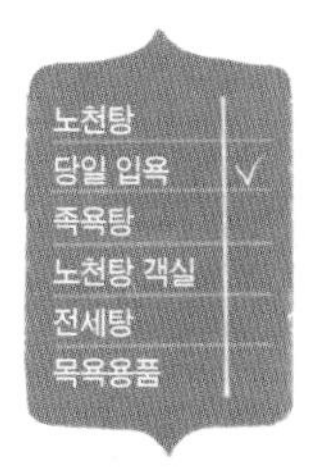

곳곳에서 온천 수증기가 피어오르는 풍경이 중요문화적 경관지구로 지정되어 있는 묘반 온천의 시영 온천 중 하나. 묘반 온천의 유황 재배지인 유노하나고야 湯の花小屋에서 아래로 5분쯤 걸어 내려가면 나타나는 시설로, 깔끔한 기와지붕 아래 남탕과 여탕이 나뉘어 있다. 철을 함유한 산성천 온천의 어슴푸레 뿌연 물 위에 유노하나 성분이 곱게 떠 있다. 물에 들어가면 온천 전체의 성분이 고루 섞여 완전히 불투명해진다. 뜨거운 느낌으로 몸의 근육을 확 풀어준다. 무료 시영 온천으로는 드물게 화장실도 있다. 현재 온천수가 부족해 휴관 중이며, 재개여부는 미정이다.

ADD 大分県別府市明礬3組 ACCESS 묘반明礬 정류장에서 도보 5분 ONE-DAY BATHING 07:00~20:00, 무료

놀이공원처럼 온 가족이 함께 즐기는

스기노이 호텔 杉乃井ホテル

벳푸 시내를 굽어보는 언덕 위에 자리한 대규모 온천 리조트. 숙박동만 세 개의 건물로 나뉘어 있고 온천 시설은 바다를 굽어보는 절경으로 유명한 '다나유棚湯'와 수영복을 입고 들어가야 하는 더 아쿠아 가든(2023년 6월까지는 리뉴얼 공사로 사용 불가), 숙박자 전용의 온천으로 나뉘어 있다. 다섯 개의 단(棚)으로 나뉘어 있는 온천 다나유는 맨 위로 들어가 한 단씩 아래로 내려가는 방식인데, 1단이 실내탕, 2단부터 노천탕이 시작되어 5단의 탕은 바다로 몸을 내밀고 있다. 숙박객은 오전 6시부터 입욕이 가능해 일출 · 일몰 시간에 절정을 이룬다. 부지 자체도 커서 내부에 볼링장, 노래방, 오락실, 조그만 쇼핑몰 같은 매점 등 시내에서 떨어져 있어도 전혀 불편함이 없다. JR 벳푸역에서 무료 셔틀버스를 운행하는데 당일 입욕 방문객도 이용 가능하다. 스기노이 호텔은 대규모 리뉴얼이 예정되어 있다. 홈페이지에서 미리 공사 여부를 확인하자.

ADD 大分県別府市観海寺1 **ACCESS** JR벳푸別府역 서쪽 출구에서 셔틀버스로 약 10분 **TEL** 0977-24-1141 **ROOMS** 616 **PRICE** 13,800엔(2인 이용 시 1인 요금, 조 · 석식 포함)부터 **ONE-DAY BATHING** 09:00~23:00, 요일에 따라 10:00~15:00 **WEB** www.suginoi.orixhotelsandresorts.com

미슐랭 별 3개에 빛나는

효탄 온천 ひょうたん温泉

간나와 온천에서 가장 유명한 당일 입욕 시설. 미슐랭 가이드에서 별 3개를 받을 당시의 코멘트는 "폭포온천과 모래온천을 추천. 벳푸에서 가장 아름다운 온천"이었다. 그 외에도 사우나를 비롯한 다양한 온천 시설이 있고, 온천 수증기로 찐 특별식과 오이타현의 향토음식을 맛볼 수 있는 병설 식당이 있다. 입구에서는 위에서 떨어지는 뜨거운 온천수를 맞고 있는 대나무를 볼 수 있는데, 100도에 가까운 원천을 적당한 온도로 식히는 냉각장치의 역할을 한다. 온천 시설로는 드물게 전세탕도 있으며, 3명까지 2,300엔의 추가요금으로 이용할 수 있다. 모래찜질욕(540엔)도 가능한데, 접수 시 유카타를 받아서 갈아입은 후 찜질을 즐기면 된다. 나트륨-염화물천의 온천은 보습 성분인 메타규산을 다량 함유하고 있어 '린스' 온천이라 불리기도 한다.

ADD 大分県別府市鉄輪159-2 **ACCESS** 지고쿠바루온센地獄原温泉 정류장에서 도보 3분 **TEL** 0977-66-0527 **ONE-DAY BATHING** 09:00~25:00, 860엔(오후 9시 이후 입장 시 660엔) **WEB** www.hyotan-onsen.com

나의 프라이빗 온천별장

세이카이 晴海

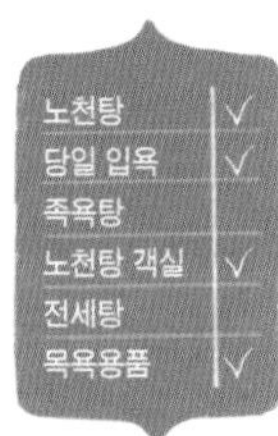

전 객실 오션뷰, 노천탕이 딸린 럭셔리 온천 호텔. 각 객실의 노천탕 외에도 1층과 옥상에 온천이 있다. 1층의 온천은 바다와 이어질 듯 가까운 해발 0m. 숙박객 전용의 8층은 자쿠지가 설치되어 있다. 벳푸 온천의 원천을 가케나가시 방식으로 사용하고 있다. 총 11가지의 객실 타입이 있으며 각기 다른 탕과 분위기로 꾸며져 있어 고르는 재미가 있다. 바다가 보이는 카페&바 스위트 바질이 1층에 있는데, 재즈 등의 공연이 종종 있어 밤 시간을 풍요롭게 해준다. 숙박자 및 식사 이용객에게는 카페에서 무료로 커피를 제공하니 느긋하게 쉬다 가면 된다. 식사가 포함된 숙박 요금이 부담스럽다면 숙박만 하는 플랜(스도마리)도 판매하니 고려해볼 것. 현재 1층 온천은 리뉴얼로 2023년 3월까지 이용이 불가하다.

ADD 大分県別府市上人ケ浜町6－24 **ACCESS** JR벳푸別府역에서 버스로 약 15분, 아마네리조트마에AMANE RESORT前 하차, 도보 3분 **TEL** 0977-66-3680 **ROOMS** 48 **PRICE** 30,000엔(2인 이용 시 1인 요금, 조·석식 포함)부터 **ONE-DAY BATHING** 11:30~15:00, 15:00~22:00 점심 혹은 저녁식사 이용 시 1층 온천 무료로 입욕가능. 각 식사 2,000엔부터(예약제) **WEB** www.seikai.co.jp

02

오이타현 유후인 온천 由布院温泉

여성 관광객이 가장 좋아하는 온천지로 첫 손에 꼽히는 유후인 온천. 검은 목구조의 멋스러운 유후인역과 그 앞에 펼쳐진 깨끗한 온천가, 유후다케由布岳 산의 장엄하면서도 포근한 풍경을 마주하는 순간 그 이유를 알 것 같다. 개발 붐이 일 때도 묵묵히 주변 자연 환경을 지키고 소규모 료칸 중심의 숙박 형태를 유지해온 유후인 온천. 온천가에 개성 넘치는 작은 가게들이 속속 들어선 것은 어쩌면 당연한 귀결이다. 입소문이 금세 퍼지면서 일본 전역은 물론 전 세계의 관광객이 모여들었다. 관광객의 급증과 그에 따른 프랜차이즈 상점의 입점으로 분위기가 예전만 못하다는 얘기도 들리지만, 해가 지면 대부분의 상점이 문을 닫고 자동차 대로가 아니면 가로등 불빛조차 찾기 어려운 점 등 조용한 온천가의 풍취는 여전하다. 아침 안개가 자욱이 내려앉은 긴린 호金鱗湖에서의 이른 산책과 온천가를 가로지르며 유유히 흐르는 오이타 강大分川의 강둑 위를 달리는 라이딩은 자신 있게 추천하는 코스. 벳푸에 이어 규슈 2위를 자랑하는 풍부한 용출량 덕분에 아무리 작은 숙소라도 부족함 없이 온천을 즐길 수 있다. 참고로, 유후인 온천과 지명인 유후인초湯布院町는 첫 글자가 다르니 버스편이나 주소를 검색할 때 헷갈리지 말자.

♨ 온천 성분

유후인 온천의 수질은 단순천이지만 그리 단순하게 볼 수만은 없다. 원천 수만 850여 개로 숙소마다 자가 원천을 보유하고 있으며, 가케나가시 방식으로 원천 그대로를 방류하기 때문에 수온도 높은 편이고 매끌매끌한 감촉에 몸에 좋은 효능도 제대로다.

♨ 온천 시설

온천가에 5곳의 공공 온천장이 흩어져 있다. 그중 긴린코 호숫가 옆에 자리한 시탄유下ん湯(10:00~18:00, 200엔)는 초가지붕의 운치 있는 노천탕을 즐길 수 있지만, 남녀 구분이 없는 혼욕탕이라 여성에겐 용기가 좀 필요하다. 이보다 이용하기 좋은 곳은 오이타 강변에 있는 유노쓰보 온천ゆのつぼ温泉(10:00~22:00, 200엔). 전통목조 건물 내에 향나무 욕조의 남녀 실내탕이 마련되어 있다. 아시유足湯 시설은 유후인역 내에 열차를 바라보며 즐길 수 있는 곳이 있지만 유료(160엔, 수건 제공)이다. 바로 인근 기념품 가게 내에 있는 아시유는 무료다.

♨ 숙박 시설

중심가뿐 아니라 주변 산과 들판으로 숙박 시설이 넓게 흩어져 있어 그 수가 104곳에 이른다. 대부분 송영 차량 서비스를 제공하고 있으며, 짐만 따로 숙소까지 운송해주는 서비스(유료)도 있으니 도착 첫날 온천가를 구경하고 저녁 때 숙소로 들어가면 알맞다. 어차피 상점가는 저녁에는 거의 다 문을 닫는다.

♨ 찾아가는 방법

오이타공항에서 고속버스 이용, 유후인온센由布院温泉 하차(약 55분 소요). 또는 후쿠오카공항에서 고속버스 이용, 유후인온센 하차(약 1시간 40분 소요). 또는 후쿠오카공항에서 버스나 지하철로 JR하카타博多역으로 이동 후 특급열차 유후인노모리ゆふいんの森 이용, JR유후인由布院역 하차(약 2시간 10분 소요).

TEL 0977-85-4464 **WEB** www.yufuin.gr.jp

노천탕	✓
당일 입욕	✓
족욕탕	
노천탕 객실	
전세탕	
목욕용품	✓

맥주 양조장이 있는 노포 료칸

유후인 산스이칸 ゆふいん 山水館

유후인역에서 가까우면서도 한적한 강변에 자리한 료칸. 1911년 창업해 100년이 넘는 역사를 간직하고 있으며, 탕에서는 물론 객실 창으로 유후다케 산의 아름다운 경치가 한눈에 들어온다. 1층의 유후노유ゆふの湯는 유후다케 산이 펼쳐진 넓은 바위탕과 사우나가 자리하고, 2층의 아사기리노유あさぎりの湯는 얼기설기 짜인 나무 지붕 아래 반 노천탕과 1인용 도자기탕에서 온천을 즐길 수 있다. 남녀가 하루씩 번갈아 바뀌니 2곳 모두 놓치지 말자. 탕 못지않게 파우더룸이 인상적이다. 아사기리노유의 파우더룸은 화려한 오리엔탈 스타일로 16석 모두 칸막이가 쳐져 있어 마치 고급 뷰티 살롱에 와 있는 것 같은 기분을 자아낸다. 또한 산스이칸은 유후인 온천 유일의 독일식 맥주 양조장을 부지 내 별관에서 운영하고 있다. 유후인의 맑은 물로 만든 밀 함유량 50% 이상의 바이젠 맥주와 과일향이 감도는 에일 맥주를 식사 시 주문해서 맛볼 수 있으며, 양조장 내 레스토랑은 가볍게 한잔 즐기기 좋은 곳이다.

ADD 大分県由布市湯布院町川南108-1 **ACCESS** JR유후인역에서 도보 8분 **TEL** 0977-84-2101 **ROOMS** 85 **PRICE** 18,000엔(2인 이용 시 1인 요금, 조·석식 포함)부터 **ONE-DAY BATHING** 12:00~16:00, 700엔 **WEB** www.sansuikan.co.jp

가까이에서 즐기는 노천온천

오야도 누루카와 온천 御宿ぬるかわ温泉

유후인의 메인 길에서 하나 안쪽, 긴린코 호수하고 그리 멀지 않은 곳에 위치한 누루카와 온천. 온천이 있을 것 같지 않은 곳에 있어 당황할 정도로 관광객이 많이 다니는 길옆에 있으며, 아담한 겉모습과 달리 온천탕만 9개를 갖춘 훌륭한 온천이다. 숙박객은 대절탕과 노천탕 등을 무료로 사용할 수 있고 당일 입욕객은 별도 건물의 실내탕+노천탕을 이용하면 된다. 메인 관광 거리까지 가까운 장점을 살려 저녁 식사 없는 플랜을 기본으로 판매하는데, 그만큼 노천탕이 딸린 방을 적은 비용으로 예약할 수 있어 시도해볼 만하다. 노천탕을 포함해서 온천은 전체적으로 뜨겁지 않아 오래 느긋하게 즐길 수 있는 타입이지만, 너무 오래 있다가는 체력이 떨어져 감기에 걸릴 수 있으니 유의하자.

ADD 大分県由布市湯布院町川上岳本1490-1 **ACCESS** JR유후인역에서 도보 15분, 긴린코 호수에서 도보 5분 **TEL** 0977-84-2869 **ROOMS** 8 **PRICE** 12,500엔(2인 이용 시 1인 요금, 조식 포함)부터 **ONE-DAY BATHING** 08:00~20:00, 600엔 **WEB** www.hpdsp.jp/nurukawa

내가 화룡점정이 되는

사이가쿠칸 彩岳館

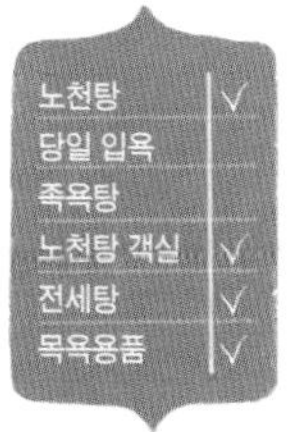

유후인 온천 풍경의 주인공, 유후다케 산을 배경으로 그림 같은 온천을 가지고 있는 사이가쿠칸. 2022년에 리뉴얼을 단행해 더욱 완벽해졌다. 유후인의 특징을 그대로 살려 '유후 가이세키'라 이름 붙인 식사에는 재료뿐 아니라 아침 안개를 나타내는 두부요리 등 연출에도 유후인을 염두에 두었다. 특히 날씨가 좋은 날이면 테라스에서 바람을 맞으며 시간을 보내는 것만으로도 힐링이 된다. 중심가에서 조금 떨어져 있으며, 산기슭을 돌아 산책하는 코스로 걸어야 찾을 수 있다. 숙박객에게는 자전거를 빌려준다(1시간 300엔). 숙박하며 즐기면 더할 나위 없겠지만, 그렇지 못하더라도 당일치기 온천, 점심 식사 포함 플랜 등 다양하니 유후인에서 한나절을 보낼 예정이라면 염두에 두자.

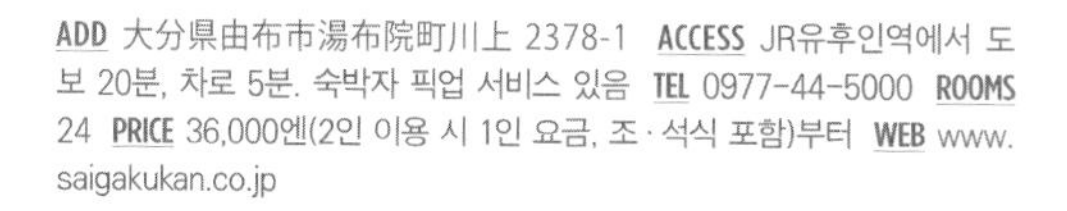
ADD 大分県由布市湯布院町川上 2378-1 **ACCESS** JR유후인역에서 도보 20분, 차로 5분. 숙박자 픽업 서비스 있음 **TEL** 0977-44-5000 **ROOMS** 24 **PRICE** 36,000엔(2인 이용 시 1인 요금, 조·석식 포함)부터 **WEB** www.saigakukan.co.jp

타박타박
온천가 산책

공상의 숲 아르테지오(artegio) 空想の森 アルテジオ

음악과 관련된 예술작품을 전시하는 작은 갤러리. 노출 콘크리트의 모던한 외관이 주변 숲 풍경과 잘 어우러진다. 카페와 초콜릿 숍도 함께 운영하며, 비스피크와 같은 료칸 산소 무라타山荘無量塔 계열답게 디저트 메뉴가 특출하다.

COST 입장료 600엔, 치즈케이크(카페) 570엔 **OPEN** 10:00~17:00 **TEL** 0977-28-8686

후쇼안 不生庵

산 중턱에 덜렁 자리한 소바집. 소바 장인이 만드는 신슈산 메밀가루의 담담한 수제 소바를 맛볼 수 있다. 창밖으로 내려다보는 산과 마을의 탁 트인 풍광은 보너스. 이곳의 식사 영수증이 있으면 같은 계열사인 아르테지오의 커피 음료 요금을 할인받을 수 있다.

COST 소바 935엔 **OPEN** 11:00~15:00, 월·화 휴무 **TEL** 0977-85-2210

슈퍼 드러그 코스모스

スーパードラッグ コスモス 湯布院店

온천가에선 보기 드문 드러그 스토어. 꽤 규모가 커서 평소 사고 싶던 일본 화장품, 비타민제, 생활용품, 간식거리 등을 저렴하게 구입할 수 있다.

OPEN 10:00~21:00 **TEL** 0977-28-4300

유후인 온천

유후인 온천은 생각보다 넓고 멀리 퍼져 있다. 걷자면 못 걸을 것도 없지만 체력에 자신 없는 사람이라면 섣불리 시도하지 말자. 역 관광안내소에서 자전거를 빌리는 것이 하나의 해결책. 자전거를 타고 강둑을 달리는 기분이 꽤 상쾌하다. 단, 언덕배기 중턱에 자리한 공상의 숲 아르테지오 방면은 자전거보다는 택시를 추천한다.

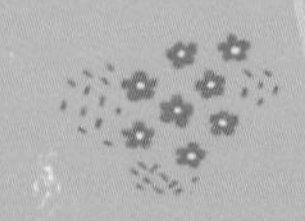

유노타케안 湯の岳庵

넓은 부지 내의 나무 가득한 정원을 보며 식사할 수 있는 레스토랑. 호텔 가메노이 벳소 안에 있다. 스테이크가 유명하긴 하지만 런치 메뉴로 간단하게 먹을 수 있는 계절정식은 채소 위주의 건강 식단. 정갈하다는 말에 딱 맞는 상차림으로 특히 여성에게 추천.

COST 계절정식(런치) 1,980엔 **OPEN** 11:00~21:00(런치 ~15:00) **TEL** 0977-84-2970

가기야 鍵屋

호텔 가메노이 벳소 부지 안의 잡화점. 유후인의 잼, 사이다, 술, 요구르트 같은 지역산 가공음식부터 비누, 컵 같은 공예품도 판매하며 커피도 마실 수 있다. 유노타케안에서 식사할 때 들러 둘러보면 좋다. 잡화점 옆으로 쉬어갈 수 있는 벤치와 휴게소가 있다.

COST 유후인 사이다 248엔 **OPEN** 09:00~19:00 **TEL** 0977-85-3301

카페 라루시 Cafe La Ruche カフェ・ラ・リューシュ

긴린코 호수를 바라보며 느긋하게 커피 한 잔 즐기기 좋은 카페. 특히 호숫가 테라스 자리가 명당. 모닝 세트와 런치 메뉴도 있다.

COST 모닝세트 1,300엔 **OPEN** 09:00~17:30(일·공휴일 08:00~(수요일 휴무)) **TEL** 0977-28-8500

비스피크 B-speak

유후인 롤 케이크의 대명사. 폭신한 스펀지케이크와 많이 달지 않으면서 산뜻한 생크림은 디저트를 그다지 좋아하지 않는 사람도 살살 녹일 정도로 맛있다. 매진되는 경우가 많으니 첫날 도착해 예약 후 그 다음 날 받는 것도 한 방법.

COST P롤 플레인·초콜릿 1,520엔 **OPEN** 10:00~17:00 **TEL** 0977-28-2166

유후후 ゆふふ

역에서 도보 1분 거리에 있는 심플한 카페. 귀여운 유리병에 든 푸딩이 유명하다. 열차 탑승 시간까지 여유가 있으면 들러서 먹어보기를 추천.

COST 유후 고원 푸딩 378엔 **OPEN** 10:00~18:00 **TEL** 0977-85-5839

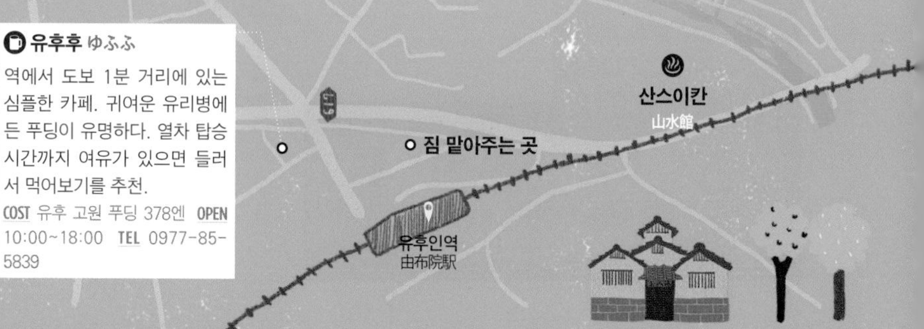

어떻게 다닐까?

100엔 순환버스

하카타역, 캐널시티, 덴진 지하상가 등 시내의 주요 관광지를 순환하는 버스. 거리에 상관없이 1회 요금이 100엔으로 일반 노선버스보다 저렴해 관광객이 많이 애용한다. 한국어 안내 방송이 나오는 점도 한결 편안하다.

후쿠오카시 지하철

후쿠오카 시민의 출퇴근 주요 교통수단으로 구코선空港線, 하코자키선箱崎線, 나나쿠마선七隈線의 세 노선이 있다. 관광객은 후쿠오카공항에서 출발해 하카타博多역, 덴진天神역을 거쳐 메이노하마姪浜역이 종점인 구코선空港線을 주로 이용한다. 기본요금은 210엔이며 거리에 따라 요금이 가산된다. 하루 종일 무제한 탑승할 수 있는 1일 승차권은 어른 640엔, 어린이 320엔이다.

어디를 갈까?

1

❶ JR하카타시티 JR博多シティ

후쿠오카 도심의 관문이자 백화점, 패션 매장, 레스토랑 등이 밀집해 있어 인파가 끊이지 않는 역 쇼핑몰. 한큐 백화점, 도큐핸즈 등을 비롯해 젊은 감각의 패션 · 뷰티 · 라이프스타일 브랜드가 입점한 아뮤 이스트AMU EST, 하카타 라멘과 특산품이 총집결한 데이토스DEITOS, 고급스러운 전문 식당가 시티 다이닝 구텐くうてん 등 후쿠오카를 먹고 사고 즐길 수 있다. 역 앞 광장에서는 지역 특산품 마켓 등 때때로 이벤트가 열려 특별한 볼거리를 제공한다.

ACCESS JR하카타博多역 또는 지하철 하카타博多역 바로 WEB www.jrhakatacity.com

2

❷ 캐널시티 하카타 キャナルシティ 博多

나카스 강中洲川 강변의 복합문화상업시설. '도시의 극장'을 모티브로 곡선의 건축물이 180m의 인공운하와 어우러진 열린 공간이다. 뮤지컬과 음악 공연이 열리는 극장(Canal City Theater)을 비롯해 호텔(Grand Hyatt), 영화관(United Cinemas) 등이 자리하며, 규슈 최대 규모의 무지MUJI 등 200여 개의 상점과 하카타 라멘을 맛볼 수 있는 라멘 스타디움 등 60곳 남짓의 레스토랑이 있다. 인공운하에서 매시간 펼쳐지는 음악 분수쇼는 캐널시티의 소소한 즐거움 중 하나.

ACCESS 시내 노선버스 또는 100엔 순환버스 이용, 캐널시티キャナルシティ 하차
WEB canalcity.co.jp

❸ 후쿠오카 야타이 福岡屋台

후쿠오카의 밤 문화를 완성하는 포장마차. 날이 어스름해지면 길가에 저마다 개성을 뽐내는 노점이 자리 잡기 시작한다. 나카스 강변의 운치를 즐길 수 있는 나카스 야타이中洲屋台와 도심 대로변에 점점이 자리한 덴진 야타이天神屋台가 특히 유명하다. 나카스 야타이가 주변 분위기에 취한다면, 덴진 야타이에서는 후쿠오카 넥타이 부대의 퇴근 후 일상에 녹아들 수 있다.

ACCESS 시내 노선버스 또는 100엔 순환버스 이용, 캐널시티キャナルシティ 하차, 나카스 강 방면으로 도보 5분(나카스 야타이). 또는 지하철 덴진天神역 주변 쇼와도리昭和通り 거리(덴진 야타이)

❹ 덴진 지하상가 天神地下街

후쿠오카 최대의 지하상가로 약 600m의 통로를 따라 1번가에서 12번가까지 1천여 개의 매장이 집결해 있다. 의류는 물론 신발, 가장, 액세서리, 화장품, 잡화, 인테리어 소품 등 다양하게 쇼핑할 수 있으며 간단하게 식사를 하거나 커피와 디저트를 즐길 수 있는 카페도 자리한다. 19세기 유럽을 이미지화한 어둑한 불빛의 벽돌 공간이 특색 있다.

ACCESS 지하철 덴진天神역에서 미나미덴진南天神역 사이 WEB www.tenchika.com

❺ 에키카라 산밧포 요코초 駅から三百歩横丁

하카타역 지하에 조성된 실내 포장마차 골목. '역에서 300보'라는 이름처럼 최적의 입지를 자랑한다. 후쿠오카 시내에서 내로라하는 이자카야 10곳을 엄선해 어디를 들어가도 실패할 확률이 적다. 특히 야끼교자 야오만ヤオマン에서는 가고시마 흑돼지와 규슈의 채소를 넣어 만든 겉은 바삭, 속은 촉촉한 후쿠오카 '히토구치 교자(한입 크기의 만두)'의 진수를 맛볼 수 있다. 치즈, 새우, 시소 맛 등 종류도 다양하다.

ACCESS 지JR하카타역 지하1층 WEB www.jrhakatacity.com/jrjp_hakata

03

구마모토현 구로카와 온천 黒川温泉

2009년 〈미슐랭 그린 가이드 재팬〉에서 온천으로는 이례적으로 별 2개를 받은 구로카와 온천. 후쿠오카 시내에서 버스로 3시간 남짓, 가까운 기차역도 변변치 않은 이 산골오지 온천 마을의 매력은 무엇보다도 다양한 노천탕에 있다. 숙박 시설의 대부분인 24곳에 노천탕이 있고, 이를 여행자들에게 개방하고 있는 것. 자연과 한껏 어우러진 노천탕 리스트를 보며 즐거운 비명을 지를 수밖에 없다. 온천가를 가로지르며 상쾌한 기운을 내뿜는 다노하라 강田の原川 계곡을 중심으로 옹기종기 모여 있는 료칸 사이를 거닐다 마음에 드는 노천탕을 찾아 들어가는 것이 이곳의 가장 중요한 이벤트. 유카타를 입고 수건을 목에 두른 여행자의 모습이 이 풍경에 방점을 찍는다. 한 가지 염두에 두어야 할 것은 이 노천탕 중에는 혼욕탕도 있다는 점이다. 일본의 오랜 목욕 문화였던 혼욕은 에도시대에 전면 금지되어 이젠 구로카와 온천처럼 도심과 멀리 떨어진 벽지에서나 가능하다. 함께 여행을 와서 따로 온천을 하는 것이 아쉬웠던 연인이나 가족에겐 분명 특별한 경험이 될 것이다. 단, 관광객이 많이 찾는 료칸의 혼욕탕은 남성 전용이나 다름없으니 눈치를 잘 살펴 시도하도록 하자.

♨ 온천 성분

활화산인 아소산의 영향으로 온천에 유황 성분을 함유하고 있으며 지층에서 80~98도의 높은 온도로 솟아난다. 이를 알맞은 온도로 식혀서 원천을 그대로 흘려보내는 가케나가시 방식을 고수하는 곳이 대부분이다.

♨ 온천 시설

공공 온천탕인 지조유地蔵湯와 아나유穴湯가 있다. 그중 계곡 아래 자리한 아나유는 관광객보다는 마을 주민이 종종 찾는 초가지붕의 소박한 탕이다. 혼욕탕이고 무색투명해 여성에게는 접근이 쉽지 않다. 그나마 여성 탈의실이 따로 마련되어 있어 부끄러움을 약간 덜어준다. 지조유로 내려가는 계단 입구에는 고개를 숙여 온천 증기를 쬘 수 있는 미스트 시설도 있다. 계곡 옆의 족욕 시설은 지친 발을 쉬이기 좋다. 맞은편의 료칸 야마노유旅館やまの湯에 사용료 200엔을 지불해야 한다.

♨ 숙박 시설

관광안내소 주변 온천가에서 산 안쪽 깊숙한 곳까지 온천 호텔과 료칸 29곳이 자리하고 있다. 유메구리(온천 순례)를 여유 있게 즐기려면 아무래도 온천가가 낫고 누구의 방해도 없이 온전히 자연과 어우러진 하룻밤을 보내고 싶다면 좀 떨어진 숙소를 선택하자.

♨ 찾아가는 방법

후쿠오카공항에서 고속버스 이용, 구로카와온센黒川温泉 하차(약 2시간 15분 소요, 하루 4회 왕복 운행). 정류장에서 도보 이동 또는 각 료칸의 송영 차량 이용.

TEL 0967-44-0076 **WEB** www.kurokawaonsen.or.jp

온천 마니아를 위한 유메구리(온천 순례)

27곳의 참가 숙소 중 3곳의 노천탕을 이용할 수 있는 뉴토테가타入湯手形를 1,300엔에 구입할 수 있다. 입욕료가 최소 500엔이므로 3곳이면 무조건 이득. 오전 8시 30분부터 저녁 9시까지 청소 시간을 제외한 어느 때나 입욕할 수 있고, 각 료칸 프런트에 티켓을 제시하면 뒷면의 스티커 하나를 떼고 스탬프를 찍어준다. 구로카와 온천 관광안내소 및 료칸 조합에서 판매하며, 아담한 사이즈의 어린이용 데카타는 700엔이다. 한 사람당 하나의 뉴토테가타를 이용해야 한다.

노천탕	√
당일 입욕	√
족욕탕	
노천탕 객실	
전세탕	√
목욕용품	√

마을을 되살린 명물 동굴탕

야마노야도 신메이칸 山の宿 新明館

떡갈나무와 너도밤나무가 무성한 뒷산을 병풍처럼 두르고 맑은 계곡이 코앞으로 지나는 노포 료칸. 온천가의 가장 중심에 자리한 신메이칸은 구로카와 온천 발전에 있어서도 핵심적인 역할을 했다. 신메이칸의 희귀한 동굴 노천탕이 입소문 나면서 덩달아 마을 전체가 유명세를 얻게 된 것. 희뿌연 온천 증기가 뿜어져 나오는 동굴탕은 개미굴처럼 안쪽으로 계속 이어져 있어 신비한 분위기를 자아낸다. 당연히 자연 동굴일 거라 짐작했는데 뜻밖에 한 사람이 쇠망치로 10년에 걸쳐 만든 인공 동굴이다. 현재의 당주가 20대 때 만든 것으로, 쇠퇴해가는 마을을 살리기 위한 열정의 결과물이나 다름없다. 옅은 노란빛이 도는 염화물 황산염천의 온천은 신경통, 냉증, 만성소화기병에 효과가 있으며, 물 온도가 그리 높지 않아 오랫동안 즐길 수 있다. 동굴탕은 혼욕탕 1곳, 여성 전용 1곳이다. 남성 전용이 따로 없다 보니 아무래도 혼욕탕은 거의 남성 차지다. 혼욕 노천탕과 여성 전용 노천탕이 각각 1곳씩 더 있다. 당일 입욕 시 여성 전용 동굴탕 1곳과 혼욕 노천탕 1곳만 개방하기 때문에 남성은 숙박할 경우에만 동굴탕을 이용할 수 있다.

ADD 熊本県阿蘇郡南小国町黒川温泉 **ACCESS** 구로카와온센 정류장에서 도보 7분 **TEL** 0967-44-0916 **ROOMS** 16 **PRICE** 16,500엔(2인 이용 시 1인 요금, 조·석식 포함)부터 **ONE-DAY BATHING** 10:30~21:00, 500엔 또는 뉴토테가타 사용 가능 **WEB** www.sinmeikan.jp

울울창창 숲에 안긴 하룻밤

이야시노사토 기야시키 いやしの里 樹やしき

온천가에서 구불구불 산길을 올라 울울창창한 삼나무와 편백나무 숲 한가운데 기야시키가 있다. 차분하게 가라앉은 주변 공기와 나무로 지어진 포근한 공간은 이리와 쉬어 가라고 말하는 듯하다. 긴 띠창을 통해 광대한 녹음의 풍경이 펼쳐지는 바 라운지에서 웰컴 녹차를 마시며 비일상의 시간으로 들어갈 준비를 한다. 가장 안쪽에 본관이 있고, 본관으로 향하는 숲길에 별동으로 된 노천탕 객실이 점점이 자리하고 있다. 건물 안으로 들어갔다가 다시 숲으로 나오고, 다시 안으로 들어가는 일련의 과정 또한 특별하다. 노천탕 객실에는 숲으로 감싸이고 두셋은 넉넉히 들어갈 수 있는 탕이 저마다 다른 매력을 뽐낸다. 신혼부부나 어린 자녀가 있는 가족에겐 더없이 편안한 시간이 될 터. 보다 너른 품의 공공 노천탕에는 남녀 각각의 시설과 함께 혼욕탕이 있다. 대부분 혼욕탕이 그 료칸의 가장 좋은 풍경과 분위기를 자랑하니 꼭 경험하자. 숙박객을 위한 전세 노천탕도 있는데 하늘과 숲만 오롯이 바라다보인다. 미색을 띠는 온천수는 약산성의 단순유황천으로 메타규산을 다량 함유해 피부 미용에 특효다.

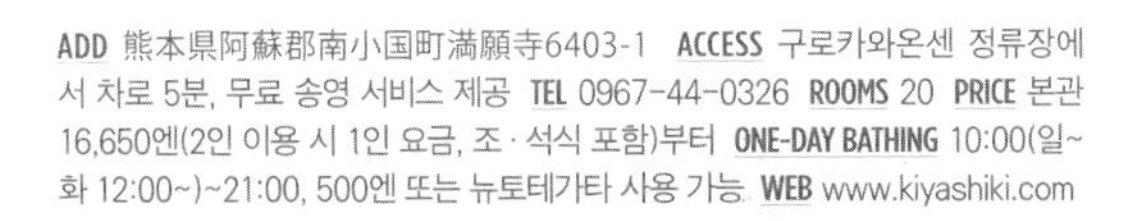

ADD 熊本県阿蘇郡南小国町満願寺6403-1 **ACCESS** 구로카와온센 정류장에서 차로 5분, 무료 송영 서비스 제공 **TEL** 0967-44-0326 **ROOMS** 20 **PRICE** 본관 16,650엔(2인 이용 시 1인 요금, 조·석식 포함)부터 **ONE-DAY BATHING** 10:00(일~화 12:00~)~21:00, 500엔 또는 뉴토테가타 사용 가능 **WEB** www.kiyashiki.com

구로카와 온천의 인기 스타

이코이 료칸 いこい旅館

단정한 단발머리에 가느다란 눈매를 가진 일본 미인 그림이 단번에 마음을 사로잡는 이코이 료칸. 이로리(화덕)가 놓인 좌식 휴게실과 무료 족욕탕, 온천물에 익어가는 계란 등 아기자기한 앞마당과 소박하면서도 따뜻한 분위기의 목조 건물은 누구든 환영하는 듯하다. 실제 이곳은 숙박객보다 당일 입욕을 즐기려는 사람들이 더 많이 드나든다. 관내에 온천 시설이 13곳이나 되는 데다가, 이 중 2곳의 혼욕 노천탕과 1곳의 혼욕 실내탕, 2곳의 여성 전용 노천탕, 4곳의 전세탕 등 9곳을 여행자들에게 열어두고 있기 때문. 가슴 높이까지 오는 입식탕 다치유立ち湯와 계곡의 우렁찬 물소리가 탕을 가득 채우는 비진유美人湯, 두 줄기 폭포수가 호쾌하게 떨어지는 다키노유滝の湯와 같은 여러 노천탕과 장지문에서 은은하게 빛이 들어오는 전세탕 등 이 한 곳에서 온천 순례를 해도 될 정도로 다채롭다. 옅은 황갈색의 함식염 · 유황 · 황화수소천의 온천은 부들부들하면서도 단단한 질감이 느껴지고, 수온이 68도인 원천 그대로를 방류해 몸속 깊숙이 열기가 전해진다.

ADD 熊本県阿蘇郡南小国町黒川温泉川端通り ACCESS 구로카와온센 정류장에서 도보 5분 TEL 0967-44-0552 ROOMS 17 PRICE 본관 20,900엔(2인 이용 시 1인 요금, 조 · 석식 포함)부터 ONE-DAY BATHING 08:30~21:00, 500엔 또는 뉴토테가타 사용 가능 WEB www.ikoi-ryokan.com

노천탕	√
당일 입욕	√
족욕탕	
노천탕 객실	√
전세탕	√
목욕용품	√

자연 속 온천을 만나러 가는 길

구로카와소 黒川荘

구로카와소는 '물소리와 새소리가 전부'라는 주인장의 겸손한 인사말과 달리 섬세한 손길이 곳곳에서 느껴지는 료칸이다. 이끼 낀 석조등과 작은 오솔길 사이로 꽃과 나무가 정성스레 가꿔진 작은 정원은 물론 일본식과 서양식이 적절히 혼재된 우아한 로비, 앤티크 가구와 멋스러운 그림액자로 꾸며진 카페 겸 휴게실 등 발길이 머무는 자리마다 미소가 절로 지어진다. 온천 시설은 남녀 각각 2곳의 노천탕과 1곳의 실내탕이 마련되어 있다. 널찍한 실내탕을 지나 밖으로 나서니 아늑한 바위탕이 하나 나오고, 그 옆 오솔길을 따라 가면 나무로 둘러싸인 또 하나의 넓은 바위탕이 자리하고 있다. 울타리 너머 흐르는 우렁찬 계곡의 물소리와 함께 여유로운 노천욕을 즐길 수 있다. 만약 당일 입욕으로 구로카와소를 방문한다면, 이곳을 찾아가는 여정 자체가 꽤 인상적인 경험이 될 것이다. 강 계곡과 흙길, 대나무 숲, 구름다리를 차례로 지나며 자연 속으로 한 발 한 발 걸어 들어가는 기분을 느낄 수 있다.

ADD 熊本県阿蘇郡南小国町大字満願寺6775 **ACCESS** 구로카와온센 정류장에서 도보 15분 또는 셔틀 버스 이용 **TEL** 0967-44-0211 **ROOMS** 26 **PRICE** 25,000엔(조·석식 포함)부터 **ONE-DAY BATHING** 10:30~21:00, 600엔 또는 뉴토테가타 사용 가능 **WEB** www.kurokawaso.com

타박타박 온천가 산책

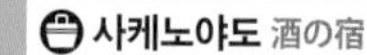

사케노야도 酒の宿

아소 지역을 비롯해 구마모토현의 다양한 토속주를 취급하는 주류 판매점. 이곳에서 제조한 요구르트 리큐어 '아소 피에스アソ・ピエス'는 식전주로 가볍게 마시기 좋다. 니혼슈도 여러 종류.

COST 아소 피에스 500엔 OPEN 09:30~18:00 TEL 0967-44-0488

라이후 雑貨 来風

구로카와 온천의 나무, 솔방울, 도토리 등 자연재료로 만든 오리지널 잡화를 파는 곳. 투박하면서도 귀여운 잡화는 인테리어 소품으로 좋다.

OPEN 08:30~18:00 TEL 0967-44-0309

후쿠로쿠 ふくろく

손수건, 타월, 파우치, 가방, 북 커버 등 아기자기하고 세련된 디자인의 제품을 판매하는 셀렉트 숍. 손님 셋만 있어도 꽉 찰 정도로 작은 매장이지만 주인장의 탁월한 안목이 느껴지는 제품은 하나하나 다 사고 싶다.

COST 구마몬 타월 648엔 OPEN 09:00~18:00 TEL 0967-44-0296

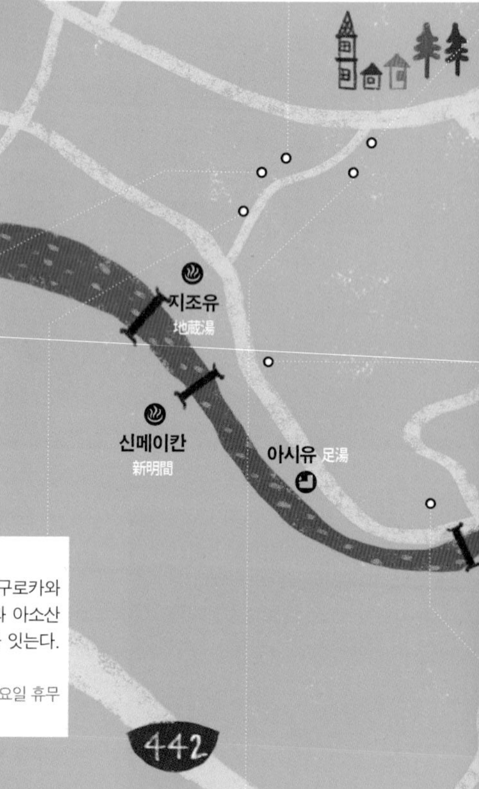

파티스리 로쿠 パティスリー 麓

달콤한 냄새가 폴폴 풍겨 끝내 발길을 붙잡는 구로카와 온천의 인기 베이커리. 남자 주먹만 한 슈크림과 아소산 달걀을 넣어 만든 롤 케이크를 사는 손님이 줄을 잇는다. 푸딩도 인기.

COST 로쿠 롤 케이크 1,100엔 OPEN 09:00~18:00, 화요일 휴무 TEL 0967-48-8101

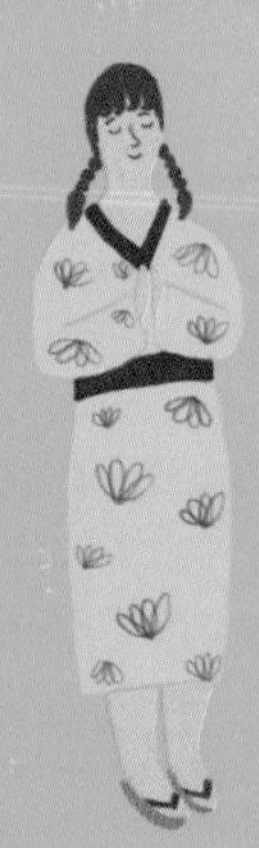

도라야키야 도라도라 どら焼き家どらどら

도라야키는 설탕, 밀가루, 계란 반죽을 둥글납작하게 구운 팬케이크 두 쪽 사이에 팥소를 넣은 일본 대표 간식. 도라도라에서는 매일 직접 도라야키를 굽는다. 팥소와 찹쌀떡에 녹차, 한라봉 등 각각 다섯 가지 맛의 도라도라 버거가 인기.

COST 도라도라 버거 216엔 OPEN 09:30~18:00(수요일 휴무) TEL 0967-44-1055

구로카와 온천

구로카와 온천의 상징인 거대한 뉴토테가타가 세워져 있는 관광안내소에서 마을 지도를 받아 산책을 시작하자. 온천 중심가로 내려가는 계단과 신메이칸 앞쪽 길가에 올망졸망 상점이 자리한다. 오르막 내리막이 좀 있어서 그렇지 실제 상점가의 규모는 작은 편이라 꼼꼼히 보고 다녀도 시간은 넉넉하다.

고토사케텐 後藤酒店

구로카와 한정 지역 맥주(지비루)와 함께 여러 종류의 니혼슈, 각종 기념품 등을 파는 가게. 페일 에일, 다크 라거, 필스너 세 종류의 지비루는 패키지가 예뻐 기념품으로 좋다. 온천가 유일의 슈퍼마켓도 한쪽에 있다.

COST 구로카와 지비루(맥주) 544엔 OPEN 08:40~22:00, 첫째 · 셋째 수요일 휴무 TEL 0967-44-0027

구로카와 온천 관광안내소 가제노야 風の舎

구로카와의 산책이 시작되는 곳이다. 멀리 떨어진 료칸들은 이곳까지 차량으로 안내해준다. 일반적인 관광안내소의 역할은 물론 온천을 돌아보기에 좋은 귀여운 온천상품도 판매한다. 한국어 대응 가능한 직원이 있어 물어보기에도 좋다.

COST 온천 용품이 든 주머니 900엔 OPEN 09:00~18:00 TEL 0967-44-0076

아나유 穴湯

이코이료칸 いこい旅館

스미요시 식당 すみよし食堂

온천가 중심에 있는 작은 식당. 가정집 한쪽을 식당으로 사용하고 있어 화장실 갈 때는 방 안으로 들어간다. 저렴한 가격에 한 끼 식사를 해결하기 좋다. 밤에도 영업해 간단히 술 한잔하기 괜찮다.

COST 나물밥&우동 세트 680엔 OPEN 11:00~18:00 TEL 0967-44-0657

와로쿠야 わろく屋

구로카와 특산 말고기를 넣은 카레를 맛볼 수 있는 곳. 진하고 부드러워 남녀노소 누구나 좋아할 맛이다. 그밖에 지역의 저지소(젖소의 한 품종)의 우유와 히고肥後 닭을 이용한 시로카레白カレー(흰 카레), 아소의 흑돼지를 넣은 구로카레黒カレー(검은 카레)도 있다.

COST 말고기 카레 1,050엔 OPEN 10:00~18:00(목 휴무) TEL 0967-44-0283

442

어떻게 다닐까?

구마모토 노면전차

구마모토 시내를 잇는 두 개의 노선이 있다. JR구마모토역 앞인 구마모토에키마에熊本駅前역에서 구마모토성熊本城과 스이젠지 공원水前寺公園을 가는 2호선이 주로 관광객의 발이 된다. 1회 승차요금은 170엔이며 1일권은 500엔이다. 1일 승차권은 해당 연월일을 긁어서 표시하는 스크래치 형식으로, 잘못 긁지 않도록 조심한다. 내릴 때 승무원에게 보여주면 된다.

어디를 갈까?

❶ 구마모토성 熊本城

나고야성, 히메지성과 더불어 일본 3대 명성으로 꼽히는 성. 입구에서 본 건물까지는 약 20분 정도 걸어 올라간다. 돌아보고 나오기까지는 한 시간 정도 예상하면 된다. 조금 오래 걸리는 다케노마루竹の丸 쪽으로 가면 성이 조금씩 가까워지는 드라마틱한 풍경을 감상할 수 있다. 입장료 800엔. 지진 피해로 인해 복구공사가 진행 중이지만 개방 기간에는 입장할 수 있다.

ACCESS 노면전차 구마모토조 · 시야쿠쇼마에熊本城·市役所前역에서 도보 3분
WEB www.castle.kumamoto-guide.jp

❷ 시모토리 아케이드 상점가 下通アーケード

구마모토성 근처에 있는 구마모토 최대의 쇼핑아케이드. 백화점은 물론 각종 로드숍들이 널찍한 길 양쪽으로 늘어서 돌아보는 것만으로도 즐겁다. 너무 조급하게 다니려고 하면 생각보다 넓어 힘드니 느긋이 산책하는 기분으로 둘러보자.

ACCESS 노면전차 가라시마초辛島町~도리초스지通町筋 사이의 각 역에서 도보 1분 WEB shimotoori.com

❸ 스이젠지 조주엔 정원 水前寺成趣園

구마모토에서 후지산 풍경을 즐길 수 있도록 정원으로 꾸며놓은 곳이다. 전체적으로 천천히 한 바퀴 걸으면 40분 정도 소요. 들어가자마자 눈앞에 보이는 후지산을 상징하는 언덕에 감탄하게 된다. 400엔의 입장료가 아깝지 않은 일본 정원을 감상할 수 있다.

ACCESS 노면전차 스이젠지코엔水前寺公園역에서 도보 1분 WEB www.suizenji.or.jp

❹ 구마모토시 현대미술관 熊本市現代美術館

구마모토 시내 중심가의 쇼핑센터 3층에 자리한 미술관으로 양질의 현대미술을 시민들이 보다 쉽게 만날 수 있다. 제임스 터렐, 마리나 아브라모비치, 쿠사마 야요이, 미야지마 타츠오 등 전위적인 현대미술 작가의 작품을 상설 전시하고, 시민들이 참여하는 미술 워크숍과 참신한 기획 전시 등이 열린다. 특히 시민의 쉼터이자 정기적으로 피아노 콘서트와 영화 상영회가 열리는 서가는 마리나 아브라모비치가 디자인한 작품이기도 하다.

ACCESS 노면전차 도리초스지通町筋역에서 도보 1분 WEB www.camk.jp

04

가고시마현 이부스키 온천 指宿温泉

가고시마현 남동부의 해변에 자리한 이부스키 온천은 천연모래를 이용한 찜질, 즉 스나유砂湯의 본고장이다. 가고시마 만 남단의 해저 칼데라인 아타阿多 칼데라의 열원으로 이부스키 해변의 모래를 파면 뜨거운 온천수가 솟아난다. 300년 전부터 민간요법으로 전해지던 스나유는 가고시마 대학 의학부의 다나카 교수가 의학적인 효능을 입증하면서 더욱 알려졌다. 혈액순환을 촉진해 체내 노폐물을 배출하고 염증과 통증을 완화함으로써 지친 몸을 재충전하는 효과가 일반 온천의 3~4배로 높다는 것. 이부스키 온천은 스나유로 유명한 스리가하마 온천摺ヶ浜温泉을 비롯해 야지가유 온천弥次ヶ湯温泉, 니가쓰덴 온천二月田温泉 등 해변을 따라 그 범위가 꽤 넓다. 연간 평균 기온이 19도로 연중 온화하고 곳곳에서 야자수를 볼 수 있어 '동양의 하와이'로 불리며 1960년대 신혼여행지로도 인기 있었다.

♨ 온천 성분

주요 성분은 나트륨 염화물천으로 원천의 개수가 500개 정도이며 하루 용출량은 약 12만 톤이다. 용출 온도는 50~60도가 대부분이지만 100도에 달하는 것도 있다. 스나유에 적합한 온도는 50도 정도.

♨ 온천 시설

당일 스나유를 즐길 수 있는 온천 시설로는 스나무시카이칸 사라쿠砂むし会館 砂樂가 유명하며, 온천 호텔 중에는 하쿠스이칸白水館 등이 있다. 아시유足湯 시설은 JR이부스키역 앞이 가장 크고, 해변이 썰물일 때 갯바위에 자연적으로 만들어지는 바다 족탕과 가이조 호텔海上ホテル의 전용 해변에서 즐기는 모래 족욕 등 이부스키만의 독특한 족욕도 경험해보자.

♨ 숙박 시설

해변을 따라 점점이 23곳의 료칸 및 온천 호텔이 자리하고 있으며, 특히 스리가하마 온천에 대규모 시설이 밀집해 있다.

♨ 찾아가는 방법

가고시마공항에서 고속버스를 이용해 이부스키 온천指宿温泉하차, 1시간 45분 소요. 또는, 후쿠오카공항에서 버스 또는 지하철로 JR 하카타博多역 이동, 신칸센 탑승해 JR가고시마주오鹿児島中央역까지 약 1시간 30~50분 소요, 열차 환승해 대략 1시간 후 JR이부스키指宿역 하차, 도보나 택시 이동 또는 각 숙박 시설의 송영 차량 서비스 이용.

TEL 0993-22-2111(이부스키관광협회) WEB www.ibusuki.or.jp/spa(이부스키관광협회)

노천탕	
당일 입욕	√
족욕탕	
노천탕 객실	
전세탕	
목욕용품	√

검은 모래찜질로 후끈

스나무시카이칸 사라쿠 砂むし会館 砂楽

가고시마 만이 내려다보이는 바닷가에 자리한 스나유 체험 시설. 유카타로 갈아입고 검은 모래사장으로 나가면 직원이 자리를 안내해준다. 수건으로 머리를 감싼 후 누우면 숙련된 솜씨로 얼굴을 제외한 전체를 파묻기 시작하는데 점점 압박해오는 모래의 무게가 상당하다. 이내 전신에 땀이 차오르고 10분 정도면 유카타가 흠뻑 젖는다. 어느 정도 참기 어렵다고 느껴지면 상체를 세워 벌떡 일어나면 된다. 고온의 사우나를 하고 나온 듯 한결 가볍고 상쾌한 기분을 느낄 수 있다. 모래 범벅이 된 유카타를 벗고 온천으로 마무리한다. 땀을 많이 쏟기 때문에 체험 전후에 물을 충분히 보충해주는 것이 좋다. 프런트에서 모래찜질 시 착용할 유카타를 빌려주고, 머리를 감쌀 수건은 자기 것을 쓰거나 대여할 수 있다.

ADD 鹿児島県指宿市湯の浜5-25-18 **ACCESS** JR이부스키역에서 도보 15분, 또는 노선버스 이용, 약 5분 후 스나무시카이칸砂むし会館 정류장 하차 **TEL** 0993-23-3900 **ONE-DAY BATHING** 08:30~21:00, 1,100엔(유카타 대여비 포함) **WEB** sa-raku.sakura.ne.jp

그림을 재현한 듯한 온천

하쿠스이칸 白水館

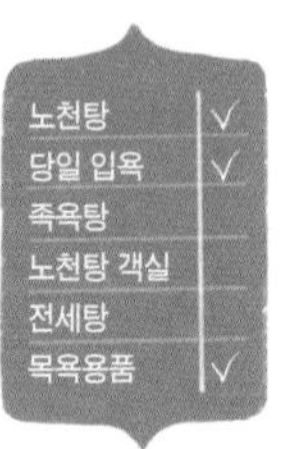

온천 위로 다리가 지나가고 곳곳의 쉼터에는 일본 풍속화인 우키요에浮世絵가 그려져 있는, 연극 무대 같은 분위기의 온천 호텔. 황토방 사우나가 있는가 하면 이부스키 온천의 자랑인 모래찜질 온천도 가능하다. 노천탕도 바닷소리가 들리는 곳과 널찍한 정원을 바라보는 풍취가 다른 두 곳이 있어 묵는 내내 신선한 기분으로 다양한 온천 체험을 할 수 있다. 심플한 침대방부터 히노키 욕조가 딸린 방까지 예산과 인원에 맞추어 선택할 수 있는 폭이 넓은 것도 대규모 시설의 장점. 넓은 부지에는 여유롭게 산책할 수 있는 두 개의 정원도 있다. 특히 일식, 양식, 이탈리안 등 각기 세 명의 셰프가 요리를 선보이는 하쿠스이칸의 레스토랑은 지역 맛집으로도 유명하다.

ADD 鹿児島県指宿市東方12126-12 ACCESS JR이부스키역에서 차로 7분, 송영 차량 서비스 제공 TEL 0993-22-3131 ROOMS 195 PRICE 18,700엔(2인 이용 시 1인 요금, 조·석식 포함)부터 ONE-DAY BATHING 05:30~09:30, 15:00~18:00, 3,300엔 WEB www.hakusuikan.co.jp

어떻게 다닐까?

가고시마 시영 전차

가고시마 중심부를 달리는 노면전차로 1계통과 2계통으로 나누어 운행한다. 전 구간 170엔. 시티뷰버스, 시내버스까지 이용할 수 있는 1일 승차권은 600엔이며 관광지 할인 혜택까지 있다. 전철이나 버스 기사에게 구입 가능. 신칸센을 탈 수 있는 가고시마추오에키마에鹿児島中央駅前역과 가고시마항과 가까운 가고시마에키마에鹿児島駅前역을 헷갈리지 말도록 하자.

시티뷰버스

가고시마 시내의 주요 관광스폿을 도는 버스. 저녁에만 운영하는 야경 코스도 있다. 1회 승차 190엔. 지점마다 기사가 설명을 더해준다.

WEB www.kagoshima-yokanavi.jp/article/city-view

어디를 갈까?

❶ 덴몬칸 상점가 天文館

가고시마 최대의 번화가. 백화점과 패션 쇼핑몰, 영화관은 물론 가고시마 흑돼지 전문 음식점과 여름에 더욱 생각나는 가고시마 과일 빙수를 파는 카페, 가고시마 소주를 즐길 수 있는 이자카야 등 상업 시설이 빼곡하게 들어차 있다.

ACCESS 노면전차 덴몬칸도리天文館通 정류장 하차 후 바로

❷ 가곳마 후루사토 야타이무라 かごっま ふるさと屋台村

가고시마의 식문화를 알리기 위해 문을 연 포장마차촌. '가곳마'는 이곳 사투리로 가고시마를 의미. 제철 해산물과 흑돼지고기, 채소 등을 활용한 25곳의 포장마차와 어묵도 팔면서 관광객 안내도 하는 1곳의 인포메이션 센터로 이루어져 있다. 오후 6시에 문을 열어 자정에 다가갈수록 분위기가 무르익는, 주당이라면 결코 지나칠 수 없는 곳이다.

ACCESS JR가고시마추오鹿児島中央역에서 도보 3분 **WEB** www.yataimura.info

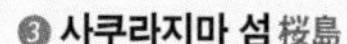

❸ 사쿠라지마 섬 桜島

긴코 만錦江湾에 동그랗게 위치한 사쿠라지마 섬. 가고시마의 심벌로 유명한 화산섬이다. 활동 중인 화산이지만 섬 내에 주민들이 살고 있고 곳곳에 섬과 바다를 조망할 수 있는 산책로와 전망대가 설치되어 있다. 바닷가에는 온천향도 위치한다. 가고시마 시내의 시티투어버스를 이용해서 시로야마 산 위에 사쿠라지마 전망소에서 사쿠라지마 섬의 전체 모습을 보는 것도 좋다.

ACCESS 노면전차 스이조쿠칸水族館역에서 도보 5분인 가고시마항에서 페리로 약 15분 **WEB** www.sakurajima.gr.jp

05

사가현 우레시노 온천 嬉野温泉

매끄러운 온천수 덕분에 미인온천으로 알려진 우레시노 온천. 상처를 입은 병사가 온천에 몸을 담갔더니 낫는 것을 보고 "우레시이嬉しい(기쁘다)"라고 한 왕후의 말에서 유래됐다는 설이 잘 알려져 있는데, 지금은 치유보다 미용 효과로 더 유명하다. 약알칼리성으로 매끄럽게 피부의 굳은 각질을 녹여내 주고, 먹으면 위와 간장의 기능을 증진시켜준다고 하니 몸 안팎으로 아름다워질 수 있는 온천이다. 온천 수질상 욕탕 안이 매우 미끄러우니 주의가 필요하다. 홈페이지에서 한글판 워킹맵을 얻을 수 있으며, 특히 규슈올레길이 지나가는 길이라 낯익은 간세 마크와 리본을 마을 곳곳에서 만날 수 있다. 한적한 마을 풍경과 달리 온천과 레스토랑에는 관광객이 제법 많다. 또 우레시노 지역은 녹차 산지로 유명하며, 우레시노가 속한 사가현은 일본에 도기가 처음 전래된 곳이라 하여 아리타, 가라쓰 등의 유명한 그릇 브랜드가 있어 명기名器에 명차를 맛볼 수 있다. 차는 마시기도 하지만 향으로 사용하기도 하고, 특히 온천이 유명한 우레시노에서는 차를 이용한 온천을 즐기기도 한다.

♨ 온천 성분

나트륨-탄산수소염 · 염화물천. 무색투명하고 피부에 닿으면 매끄럽다. 특히 수소이온과 나트륨이 적당량 함유되어 있다. 온천수로 끓인 두부인 온센유도후温泉湯豆腐가 유명한데 온천수에 두부가 녹아난 부드러운 식감이 꼭 스튜를 먹는 것 같다.

♨ 온천 시설

공공 온천시설인 시볼트노유シーボルトの湯와 무료 아시유足湯 시설이 있다. 시볼트노유에서는 식사도 즐길 수 있는데, 1층의 기계에서 마을 식당의 음식을 주문하면 2층으로 배달해주는 재미있는 시스템이다.

♨ 숙박 시설

깔끔하게 정비된 도로에서 마을 안쪽 길, 강변을 따라 33곳의 숙박시설과 레스토랑 등이 점점이 놓여 있다. 온천 마을의 구조가 복잡하지는 않지만 시설마다 거리가 조금 있는 편이다.

♨ 찾아가는 방법

후쿠오카공항에서 니시테츠西鉄 고속버스 '규슈호九州号' 이용, 약 1시간 20분 후 우레시노 버스센터嬉野バスセンター 하차 후 바로. 또는 사가공항에서 9인승 점보택시(1인 3,000엔, 예약제) 타고 1시간 소요. 또는 하카타역에서 신칸센으로 1시간 후에 우레시노온센역 하차

TEL 0954-43-0137(우레시노 온천 관광협회) **WEB** spa-u.net

온천 마니아를 위한 유메구리(온천 순례)

1,500엔에 12장의 쿠폰이 달린 유유湯遊 티켓을 관광안내소에서 구매할 수 있다. 각 시설마다 입욕 시에 필요한 장수(4~6장)를 떼고 수첩에 스탬프를 찍어준다. 약 23곳의 온천 시설에 입욕이 가능한데, 6장짜리 시설 2곳을 이용하는 방법을 추천.

우레시노 녹차에 몸을 담그는

차고코로노야도 와라쿠엔 茶心の宿 和楽園

시설 이름 앞에 붙은 '차고코로노야도'는 차를 사랑하는 마음을 표현한 말이다. 명차인 우레시노 녹차를 마시는 것은 물론 입욕 시에도 즐길 수 있다. 노천탕으로 나가면 커다란 돌 찻주전자에서 차를 우려낸 온천수가 욕탕으로 쏟아지고 있고, 그 옆에 입욕용 특제 녹차백이 놓여 있다. 누구나 그 티백을 온천에 적셔 사용할 수 있는데 차 특유의 고소한 향에 절로 눈을 감고 음미하게 된다. 온천수의 색도 차와 섞여 노르스름한 녹색을 띠고 녹차 성분의 산뜻함 때문인지 매끄러움은 조금 누그러든 느낌. 로비 옆의 갤러리 겸 숍에서는 규슈의 유명한 도기인 아리타와 이마리 도자기를 감상하고 구매할 수 있다. 식사로 우레시노 특유의 온센유도후(온천두부)를 먹을 수 있다.

ADD 佐賀県嬉野市嬉野町下野甲33 **ACCESS** 우레시노 버스센터에서 도보 5분 **TEL** 0954-43-3181 **ROOMS** 50 **PRICE** 16,300엔(2인 이용 시 1인 요금, 조·석식 포함)부터 **ONE-DAY BATHING** 11:30~20:00(화요일 15:00부터), 1,000엔(타월 포함, 유유 티켓 6장) **WEB** www.warakuen.co.jp

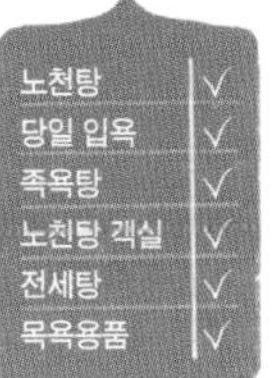

화장수를 지나 이건 에센스

요시다야 吉田屋

온천 시설에 들어간 순간 바닥과 온천수에 떠 있는 거품 때문에 살짝 얼굴을 찡그릴 수도 있겠다. 하지만 온천에 몸을 담그면 납득이 된다. 매끄러운 걸 넘어서 피부에 찰싹 달라붙는 온천수가 흘러나와 움직이면 몽글몽글한 거품이 만들어지는 것이다. 반 노천탕은 약간 좁은 듯하지만 온천의 수질과 8톤짜리 바위를 파내 만든 예술작품 같은 욕조에 마음이 스르르 풀린다. 미인 온천으로 유명한 우레시노 온천은 여성이라면 꼭 입욕해보기를 권한다. 관내가 조금 복잡하여 직원이 온천까지 안내해준다. 료칸 옆에 병설된 잡화점과 카페도 반드시 들러보자. 숙박객은 무료로 세 종류의 전세탕을 이용할 수 있다.

ADD 佐賀県嬉野市嬉野町大字岩屋川内甲379 ACCESS 우레시노 버스센터에서 도보 5분 TEL 0954-42-0026 ROOMS 19 PRICE 18,000엔(2인 이용 시 1인 요금, 조·석식 포함)부터 ONE-DAY BATHING 15:30~23:30(주말·공휴일 10:30부터) 1,100엔(타월 포함, 유유 티켓 6장) WEB www.yoshidaya-web.com

06

사가현 후루유 온천 古湯温泉

사가 시내에서 북쪽으로 20km 떨어진 해발 200m의 산골짜기에 자리한 작은 온천 마을, 후루유 온천. 관광객보다는 현지인에게 더 잘 알려져 있고, 특히 한적한 분위기의 온천을 찾아서 오는 이들이 많다. 전통적인 료칸이 대부분이고 객실 수도 15실을 넘는 경우가 드물어서 그만큼 정성 어린 대접을 받을 수 있고 오롯한 휴식의 시간을 만끽할 수 있다. 중국의 서복이 진시황의 명을 받고 불로초를 찾아 이곳까지 왔다가 온천을 발견했다는 고사가 전해질 정도로 유서가 깊고 일본의 국민 보양 온천지로 지정되기도 한 탁월한 수질의 온천 마을이다. 후루유 온천은 '누루유ぬる湯'라는 입욕법으로 유명하다. 누루유는 체온과 비슷한 38도의 온천에서 1시간 정도 느긋하게 몸을 담그는 방식을 의미한다. 미지근한 온천에서 일행과 수다를 떨며 즐기다가 마지막 10분 정도 뜨거운 온천에 담그면 열기가 더 오래 몸 안에 남는다. 가이세키 요리로는 유명한 사가규(사가 지역 소고기)와 약수로 비린내를 제거한 잉어회를 맛볼 수 있다. 온천가는 그다지 크지 않지만 독특한 콘셉트의 작은 도서관과 롤케이크가 맛있는 빵집이 자리한다. 온천 후 아침이나 저녁 산책으로 시원하게 흐르는 강을 따라 걸어도 좋다.

♨ 온천 성분

pH 9.5의 알칼리성 단순천으로 메타규산을 함유하고 있어서 물을 만졌을 때 매끌매끌하고 온천 후 피부가 보들보들해지는 것을 느낄 수 있다. 자극이 적어서 목욕뿐 아니라 음용도 가능하다.

♨ 온천 시설

온천가에 작은 족욕탕이 1곳 자리하며, 에이류 온천(옛 온천관) 앞에 음용 시설이 있다. 모든 온천 숙박 시설에서 당일치기 입욕이 가능하고 전세탕을 이용할 수 있는 곳도 많다.

♨ 숙박 시설

13곳의 숙박 시설이 자리하고 있으며, 온천가에서 좀 떨어진 고지대의 대형 온천 호텔 온크리ONCRI를 제외하면 대체로 몰려 있다.

♨ 찾아가는 방법

사가공항에서 시영 버스로 35분 후 하차, JR사가역 앞 버스터미널에서 후루유온센 · 기타야마古湯・北山선 쇼와昭和 버스 타고 45분 후 하차

TEL 0952-51-8126(후루유,구마노유 온천관광컨벤션) **WEB** www.fuji.-spa.com

TIP

온천 마니아를 위한 유메구리(온천 순례)

후루유 온천과 구마노카와 온천의 료칸 및 온천 시설 중 세 곳을 이용할 수 있는 누루유 테가타ぬる湯手形가 1,600엔이다. 후루유 온천의 시설 11곳, 구마노카와 온천의 시설 5곳이 해당된다.

WEB www.fuji-spa.com/tegata/about

노천탕	√
당일 입욕	√
족욕탕	
노천탕 객실	√
전세탕	√
목욕용품	√

가족적인 분위기의 정통 료칸

야마토야 旅館 大和屋

1902년에 창업해 대를 이어 운영하고 있는 야마토야는 일본 정통 료칸의 분위기를 느낄 수 있는 곳이다. 아기자기한 정원과 수목에 둘러싸인 목조 건물 료칸은 요란스럽지 않게 존재감을 드러내는데, 가족적인 분위기와 전통에 대한 자부심이 사람과 공간마다 뚝뚝 묻어난다. 옛 모습을 지키면서도 대를 거듭하며 새로운 것들을 추가했다. 예를 들어 1층 카페 및 객실마다 놓여 있는 LP 턴테이블은 현 주인장의 취향이다. 또 얼마 전에는 전용탕이 딸리고 침대가 놓인 별채를 새로 짓기도 했다. 특정 요일, 지름이 180cm인 큰 나무 술통의 전세탕에는 장미와 난꽃(팔레놉시스)을 띄워주는데 로맨틱한 분위기를 물씬 풍긴다. 벽난로의 장작이 타닥타닥 타 들어가는 카페에서는 에디오피아산 원두로 내린 핸드 드립 커피를 즐길 수 있다. 매주 화·목·토요일에는 밤 9시부터 10시까지 사가 지역 소주를 1,100엔에 무제한으로 제공하는 이벤트도 운영한다.

ADD 佐賀県佐賀市富士町古湯860 **ACCESS** 후루유온센 버스 정류장에서 도보 2분) **TEL** 0952-58-2101 **ROOMS** 11 **PRICE** 17,000엔(2인 이용 시 1인 요금, 조·석식 포함)부터 **ONE-DAY BATHING** 06:30~10:00, 15:00~22:30, 700엔(전세탕 1,700엔, 꽃탕 2,700엔) **WEB** www.furuyu-yamatoya.jp

최소의 비용, 최고의 수질

후루유 원천 에이류 온천 古湯源泉 英龍温泉

노천탕	
당일 입욕	√
족욕탕	
노천탕 객실	
전세탕	√
목욕용품	√

현지에서는 예전에 불리던 '온천관'으로 통칭된다. 딱 동네 목욕탕 정도의 모양새에 요금이 저렴하고 입구와 로비에서 지역 채소와 과일 좌판이 펼쳐진 풍경이 정겹다. 좁은 탈의실을 지나 탕으로 들어가면 앞이 잘 안보일 정도로 수증기가 자욱한데, 온천의 온도가 꽤 높다는 것을 짐작할 수 있다. 약간 큰 탕과 그보다 작은 탕이 칸막이로 나누어져 있으며, 큰 쪽이 누루유를 즐기기에 딱 적당한 온도라면 작은 쪽은 열탕이다. 금세 얼굴이 빨갛게 달아오를 정도라서 뜨거운 온천을 좋아한다면 이곳이 아주 마음에 들 것이다. 물의 매끄러운 촉감도 제대로 된 온천수임을 말해준다. 전세탕이 있어서 일행이 있는 경우 좀 더 여유롭게 즐길 수 있다. 숙박의 경우 식사를 하지 않는 스도마리素泊まり로도 이용 가능하다.

ADD 佐賀県佐賀市富士町古湯835 **ACCESS** 후루유온센 버스 정류장 하차, 바로
TEL 0952-58-2135 **ROOMS** 8 **PRICE** 6,200엔(조·석식 포함) **ONE-DAY BATHING** 09:00~20:30(셋째 주 화요일 및 연말연시 휴관), 400엔

최고의 전망 온천

스기노야 杉乃家

후루유 온천에서 가장 높은 곳에 위치한 스기노야는 최고의 전망을 자랑한다. 사계절에 따라 객실과 탕에서 파노라마로 펼쳐지는 산세는 오랫동안 잊지 못할 장면으로 기억된다. 여섯 곳의 별채 객실은 노천탕 또는 반 노천탕을 포함하고 있어서 천천히 오붓하게 온천을 즐길 수 있다. 본관 객실은 침대와 다다미방 중 고를 수 있으며, 공용 노천탕의 경우 남녀의 이용 시간을 달리해서 운영하고 있다. 그밖에 편백나무 바닥에 자연석과 대리석 등으로 꾸민 서로 다른 분위기의 전세탕 세 곳을 이용할 수 있다. 이곳에서 바라보는 경치도 절경이다. 가이세키로 유명한 사가규를 비롯해 잉어회, 은어구이, 곤약 요리 등 지역의 향토 요리를 즐길 수 있다. 어린 자녀를 위해 사가규 함박스테이크가 포함된 식단도 마련해두어 가족 여행자의 고민을 덜어주었다.

ADD 佐賀県佐賀市富士町小副川2635 **ACCESS** 후루유온센 버스 정류장에서 산 쪽으로 도보 15분 또는 셔틀버스 이용 **TEL** 0952-58-2216 **ROOMS** 11 **PRICE** 본관 16,500엔(2인 이용 시 1인 요금, 조 · 석식 포함)부터 **WEB** www.furuyu-suginoya.com

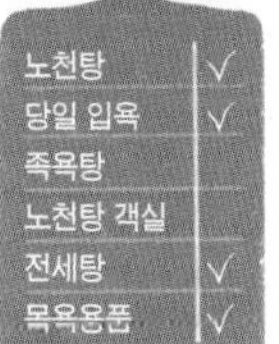

노천탕 객실에서 보내는 휴가

야마아카리 山あかり

130년 된 쌀가게에 들어선 야마아카리는 노천탕이 딸린 별채 여섯 곳으로만 이루어진 프라이빗한 료칸이다. '바람의 속삭임(가제노 사사야키風のささやき)', '반딧불이 사는 집(호타루노 스미카ほたるの棲家)'와 같이 낭만적인 이름이 붙어 있는 객실은 시골 별장에 온 듯 정감 있고 따듯한 분위기를 자아낸다. 다다미 방과 침대 매트리스가 놓인 마루로 공간이 나뉘어 있으며 침실 앞에 노천탕이 자리한다. 객실 두 곳은 도자기 탕, 네 곳은 편백나무 탕이다. 대욕장은 객실을 나와 밖에 따로 마련되어 있고, 바위 노천탕과 접이식 창문으로 된 반 노천탕은 하루씩 남녀가 번갈아 바뀐다. 두 곳 모두 즐기려면 다음 날 아침 온천을 놓치지 말자.

ADD 佐賀県佐賀市富士町古湯792-1 ACCESS 후루유온센 버스 정류장에서 도보 3분 TEL0952-58-2106 ROOMS 6 PRICE 23,000엔(2인 이용 시 1인 요금, 조·석식 포함)부터 ONE-DAY BATHING 11:00~14:00·18:30~20:00, 1,000엔) WEBwww.yamaakari.com

어디를 갈까?

❶ 다케오시 도서관 武雄市図書館

츠타야 서점이 다케오시로부터 위탁 운영을 맡아 전면 리모델링 후 2013년 문을 연 다케오시 도서관은 기존의 책 대출뿐 아니라 서점, 카페가 한데 어우러진 문화공간이다. 젊은 층이 빠져나간 소도시의 문화적 대안이자, 단순한 서점을 넘어 문화 허브로서의 츠타야가 널리 알려진 계기가 되기도 했다.

ACCESS JR다케오온센武雄温泉역에서 도보 12분 WEB www.takeo.city-library.jp

❷ 아리타야키 고라쿠요 트레저 헌팅 有田焼 幸楽窯トレジャーハンティング

150년 역사의 아리타야키 공방 고라쿠요에서 하루 2번, 오전 10시와 오후 1시에 도자기 창고를 개방한다. 미리 예약한 관광객은 90분 동안 창고에 쌓여 있는 나무 박스 안에서 '보물찾기'를 시작하면 된다. 제공된 플라스틱 장바구니에 가득 담아 가져갈 수 있으며 5,500엔과 11,000엔 코스가 있다. 문양이 화려한 도자기 쪽이 아무래도 더 비싼 코스다.

ACCESS JR아리타有田역에서 택시로 5분 WEB kouraku.jp.net

❸ 도잔 신사 陶山神社

400년 역사의 아리타야키는 정유재란 때 일본으로 끌려간 도공 이삼평이 사가의 아리타에서 한국인 도예공들과 도기를 구우면서 시작되었다. 그것을 기리는 신사가 아리타 시내 높은 언덕 위에 자리한다. 도자기로 만든 도리이와 함께 초창기 아리타야키에서 엿볼 수 있는 청화백자가 줄지어 놓인 신사는 독특한 분위기를 자아낸다.

ACCESS JR가미아리타上有田역에서 도보 10분 WEB arita-toso.net

❹ 도마레루 도쇼칸 아카쯔키 泊まれる図書館 暁

낮에는 누구든 책을 읽고 커피 한잔 즐길 수 있는 도서관으로, 밤에는 단 한 팀만 숙박할 수 있는 게스트하우스로 변신하는, 이름 그대로 '숙박하는 도서관'이다. 책을 좋아하는 주인장은 다양한 연령과 직업의 70인에게 각 20권의 책을 추천 받아 이곳을 채웠다. 폭신한 다다미의 오래된 민가에서 타인의 취향을 엿보다 하룻밤 보낼 수 있다. 숙박 시에는 유카타와 수건, 세면도구가 제공된다. 코로나로 카페 영업은 중지됐다.

ACCESS 후루유 온천 내 WEB library-inn.jp

07

나가사키현 운젠 온천 雲仙温泉

일본에서 처음으로 국립공원에 지정된 운젠. 운젠산을 배경으로 한 온천 마을은 온천 수증기와 푸른 자연에 폭 안겨 있다. 덕분에 주변에는 늪과 호수, 운젠지고쿠雲仙地獄(지옥계곡) 등 다양한 자연환경이 보존되어 있어 난이도가 있는 등산뿐만 아니라 누구나 편하게 즐길 수 있는 트레킹을 온천과 함께 즐길 수 있는 곳이다. 예로부터 '온천温泉'이라는 일본어를 '온센'과 더불어 '운젠'이라 읽기도 했다. 온천가의 서쪽에 있는 오묘한 물색의 오시도리 연못 주변은 산책하기에 더할 나위 없다. 온천수를 끌어오는 운젠지고쿠 쪽으로 가다 보면 길가에서도 수증기가 뿜어져 나오고 있는 모습을 볼 수 있다. 강한 유황 냄새를 뿜어내는 수증기는 최고 120도의 온도인 경우도 있으니 가까이에서 직접적으로 쐬지 않도록 하자. 운젠지고쿠까지 간다면 지열과 수증기를 족욕으로 체험할 수 있는 시설이 있다. 뜨거우므로 양말을 신고 체험하기를 권장한다. 자연현상을 그대로 체험하므로 처음에 뜨겁지 않더라도 급변할 수 있다. 온천가의 공공 입욕 시설 중 고지코쿠(작은 지옥) 온천관이라는 곳이 있는데, 이름과는 달리 귀엽게도 온천 뒤편에 하트 모양의 원천이 있다. 원천처럼 사랑이 솟아나는 곳으로 인기 스폿.

♨ 온천 성분
강한 산성의 유황천이다. 살균력이 높아 습진, 동상 등의 피부 질환에 전반적으로 좋다. 효과적으로 온천의 혜택을 누리려면 고혈압 환자는 배꼽까지 담그는 반신욕을, 나머지는 어깨까지 푹 담그기를 추천한다.

♨ 온천 시설
운젠 온천에서 가장 오래된 유노사토湯の里를 포함해 5곳의 공공 입욕 시설이 있고, 족욕을 즐길 수 있는 아시유足湯 시설과 함께 신기하게도 손가락 전용 탕인 유비유指湯가 있다. 또한, 13곳의 온천 숙소에서 당일 입욕을 즐길 수 있다.

♨ 숙박 시설
국립공원의 자연과 조화를 이루는 13곳의 료칸을 비롯해 저렴하게 이용할 수 있는 7곳의 국민숙사 및 민박집이 있다.

♨ 찾아가는 방법
후쿠오카공항에서 버스 또는 지하철로 JR하카타博多역 이동, 특급열차로 약 1시간 40분 후 JR이사하야諫早역 하차, 도보 5분 거리의 이사하야 버스터미널에서 버스로 환승해 80분 후 운젠 종점 하차. 또는 나가사키공항에서 직행 버스(숙박자 전용, 예약제)로 2시간 후 운젠 하차.

TEL 0957-73-3434(운젠 온천 관광협회) **WEB** unzen.org

노천탕	√
당일 입욕	
족욕탕	
노천탕 객실	√
전세탕	√
목욕용품	√

내 별장에 머물듯 즐기는

료테이 한즈이료 旅亭 半水盧

6천 평의 부지 내에 건물이 14동. 모든 건물에는 1층에서 일본 정원을 내다볼 수 있는 거실이 있고 히노키 욕조의 욕실도 갖추고 있다. 한 동에는 한 팀만 숙박한다. 들어가는 입구부터 옛 무사 저택의 입구처럼 주인을 맞는 프라이빗한 공간으로 조성되어 있어 그야말로 나만을 위해 마련된 별장 같다. 숙박동의 1층에서 매달 구성이 달라지는 가이세키 요리를 맛볼 수 있으며, 맛은 물론이고 재료와 계절감을 살린 그릇에 더해 플레이팅까지 일본 가이세키 요리에 기대하는 모든 것을 갖추고 있다. 널찍하게 즐길 수 있는 노천탕이 2곳 있지만 객실과 정원을 즐기다 보면 온천은 플러스 알파의 기능처럼 느껴질 정도. 정원에는 차를 마실 수 있는 곳도 따로 마련되어 있다.

ADD 長崎県雲仙市小浜町雲仙380-1 **ACCESS** 이사하야역에서 버스 이용, 약 1시간 20분 후 시라쿠모노이케이리구치白雲の池入口 하차, 도보 1분(숙박자는 미리 상담 시 운젠 내 또는 이사하야역까지 송영 차량 서비스 제공) **TEL** 0957-73-2111 **ROOMS** 14동 **PRICE** 66,000엔(2인 이용 시 1인 요금, 조·석식 포함)부터 **WEB** hanzuiryo.jp

어떻게 다닐까?

나가사키 노면전차

나가사키 시내를 잇는 5개의 노선이 있다. 관광객은 나가사키에키마에長崎駅前역과 데지마出島역, 쓰키마치築町역을 연결하는 사쿠라마치桜町 노선(3계통)과 쓰키마치築町역에서 오우라텐슈도시타大浦天主堂下역, 이시바시石橋역을 잇는 오우라大浦 노선(5계통)을 주로 이용한다. 1회 승차 요금은 140엔이며 1일권은 600엔이다. 노면전차 역 사이의 거리는 매우 짧아서 한두 구간 정도는 충분히 걸어 다닐 만하다.

어디를 갈까?

1

❶ 그라바엔(Glover Garden) グラバー園

나가사키의 개항기 서양인이 많이 모여 살던 미나미야마테南山手 언덕의 서양식 건축을 모아 조성한 테마 공원. 그중에는 무역 상인으로 이름 떨쳤던 토마스 글로버가 1863년 지은 저택도 있는데, 이는 일본에서 가장 오래된 목조 주택이자 일본의 국가지정중요문화재이다. 온실까지 있는 대저택으로 당시의 생활상을 엿볼 수 있다. 그 앞마당에 서면 항구와 어우러진 나가사키 도시 전체가 파노라마처럼 펼쳐진다.

ACCESS 노면전차 오우라텐슈도시타大浦天主堂下역에서 도보 5분 WEB www.glover-garden.jp

❷ 오우라 천주당 大浦天主堂

1864년 프랑스 선교사가 나가사키에서 순교한 26인의 성인을 기리기 위해 건립한 성당. 고딕과 바로크 양식이 혼합된 건축에서 웅장한 멋을 느낄 수 있고, 천주당 안에는 100년 전 제작된 스테인드글라스가 은은한 빛을 뿜어내고 있다. 그라바엔으로 이어지는 언덕길에 자리한다.

ACCESS 노면전차 오우라텐슈도시타大浦天主堂下역에서 도보 5분

2

❸ 오란다자카 オランダ坂

오란다자카, 즉 네덜란드 언덕은 나가사키 개항 초기 네덜란드인이 정착한 이후 각국 영사관이 주로 들어서며 '영사관의 언덕'으로도 불린다. 서양식 건축물과 돌바닥의 거리가 잘 남아 있고, 프랑스 영사관으로도 쓰였던 히가시야마테 13번관東山手13番館 등을 관광객에게 무료로 개방하고 있어 당시의 풍속을 엿볼 수 있다. 이국적인 풍경을 배경으로 기념 촬영하기 좋은 곳.

ACCESS 노면전차 시민뵤인마에市民病院前역 또는 오우라카이간도리大浦海岸通り역 하차, 갓스이여성대학活水女子大 방향으로 도보 5분

❹ 데지마 워프 出島ワーフ

데지마는 1636년 기독교를 포교하기 위해 내항하는 포르투갈인을 격리 · 거주시키려는 목적으로 건설된 인공 섬으로, 개항 후에는 서구 문물의 주요 창구가 되었다. 데지마 워프는 이 섬에 자리한 복합상업시설로 일본, 중국, 이탈리아 등 각국 요리를 즐길 수 있는 레스토랑과 여러 쇼핑 시설이 입점해 있다. 항구의 석양과 야경이 아름다워 연인들이 즐겨 찾는다.

ACCESS 노면전차 데지마出島역에서 도보 3분 WEB dejimawharf.com

❺ 나가사키현 미술관 長崎県美術館

나가사키 수변공원의 물길이 건물과 건물 사이에 흐르는 현대적인 미술관. 외교관이자 예술품 수집가였던 스마 야키치로須磨弥吉郎가 기증한 스페인 컬렉션을 중심으로 나가사키 및 규슈 지역 작가의 작품을 소개하고 있다. 유리, 나무, 돌을 소재로 한 담백하면서도 품위 있는 공간 연출이 매력적인 미술관은 쿠마 켄고隈研吾가 설계했다. 옥상 테라스에서는 시원한 바다와 함께 이나시야마 전망대와 그라바엔까지 한눈에 내려다 보이고, 널찍한 아트리움의 로비 공간에서는 음악회가 열리는 등 시민을 향해 활짝 열려 있다.

ACCESS 노면전차 데지마역에서 도보 5분 WEB www.nagasaki-museum.jp

❻ 신치추카가이 新地中華街

나가사키 짬뽕의 발상지인 차이나타운. 한창 때 나가사키시 인구의 7분의 1이 중국인이었을 정도로 위세가 대단했다. 중국 상인이 바다를 매립해 새로 조성하였으므로 '신치新地'라는 이름이 붙었다. 동서남북 입구에 중화문中華門이 세워져 있으며 거리 곳곳에는 용 장식과 등불이 화려하게 장식되어 있고 중국 음식점과 기념품점 등 30여 개의 점포가 자리하고 있다.

ACCESS 노면전차 쓰키마치築町역에서 도보 2분 WEB www.nagasaki-chinatown.com

5

5

6

⑦ 이나사야마 전망대 · 나가사키 로프웨이

稲佐山展望台·長崎ロープウェイ

나가사키 한가운데에 솟은 해발 333m의 이나사야마 전망대에서는 '천만 달러짜리 야경'이라는 찬사가 아깝지 않은 나가사키의 야경을 만끽할 수 있다. 후치신사淵神社역에서 이나사다케稲佐岳역을 연결하는 로프웨이(2016년 2월 6일 리뉴얼 오픈)를 이용하면 단 5분 만에 오를 수 있고 발아래 펼쳐진 산과 항구, 도심이 어우러진 풍경이 내내 감탄을 자아낸다.

ACCESS 나가사키長崎역 앞에서 3번 또는 4번 계통 버스 탑승, 7분 후 로프웨이마에ロープウェイ前 정류장 하차, 도보 2분 **WEB** www.isayama.com/ropeway

⑧ 하우스텐보스 HUIS TEN BOSCH

중세 네덜란드를 모티브로 한 나가사키의 대표 테마파크. 입장료가 제법 비싸지만 일부는 무료로 개방하고 있다. 축구장이 200개 넘게 들어갈 수 있는 넓이라 자전거를 빌려 돌아봐도 좋다. 부내에 3개의 호텔이 있어 숙박도 가능. 전체적으로 어트랙션보다는 산책하며 풍경을 즐기는 곳이라 꽃이 많은 봄~여름에 추천한다. 계절마다 관내 이벤트가 다양하게 진행되니 한국어 홈페이지에서 체크해볼 것.

ACCESS JR하우스텐보스ハウステンボス역에서 하차, 도보 5분 **WEB** www.huistenbosch.co.kr

⑦

⑧

ㅇ